빠른 정답

KB199581

Ⅰ. 유리수의 표현과 식의 계산

8쪽 **1** (1) 유한 (2) 무한 (3) 무한

2 (1) 유 (2) 무 (3) 유 (4) 유 (5) 무 (6) 무

3 (1) $0.8333\cdots$, 무 (2) 1.75, 유 (3) $0.090909\cdots$, 무

(4) $0.444\cdots$, 무 (5) -0.3, 유 (6) $-0.3157\cdots$, 무

9쪽 **1** (1) 순환소수이다 (2) 순환소수이다

(3) 순환소수가 아니다 **2** (1) ○ (2) × (3) ○ (4) × (5) ○

3 (1) 5, $0.\dot{5}$ (2) 94, $0.8\dot{9}\dot{4}$

4 (1) 5, $3.\dot{5}$ (2) 46, $1.\dot{4}\dot{6}$ (3) 27, $0.0\dot{2}\dot{7}$

(4) 384, $0.\dot{3}8\dot{4}$ (5) 267, $7.\dot{2}6\dot{7}$ (6) 375, $1.1\dot{3}7\dot{5}$

10~11쪽 **1** (1) (왼쪽에서부터) $3 / 3, 3, 3 / 375, 3 / 375 / 0.375$

(2) (왼쪽에서부터) $2 / 3, 2, 2 / 8, 2 / 8 / 0.08$

(3) (왼쪽에서부터) $2 / 2, 2, 2 / 14, 2, 2 / 14, 2 / 14 / 0.14$

(4) (왼쪽에서부터) $2 / 5, 2, 5 / 45, 3, 3 / 45, 3 / 45 / 0.045$

2 (1) $2, 5$, 있다 (2) 7, 없다 (3) 2, 있다 (4) 3, 없다

3 (1) $\dfrac{4}{25}$, $\dfrac{4}{5^2}$, 유한소수 (2) $\dfrac{17}{33}$, $\dfrac{17}{3\times 11}$, 순환소수

(3) $\dfrac{21}{88}$, $\dfrac{21}{2^3\times 11}$, 순환소수 (4) $\dfrac{27}{40}$, $\dfrac{27}{2^3\times 5}$, 유한소수

(5) $\dfrac{9}{28}$, $\dfrac{9}{2^2\times 7}$, 순환소수 (6) $\dfrac{9}{80}$, $\dfrac{9}{2^4\times 5}$, 유한소수

4 (1) $11, 11$ (2) 7 (3) $3, 3$ (4) 13 (5) $3, 3$ (6) 7 (7) 21

12~13쪽 **1** $2.222\cdots$, $2.222\cdots$, 2, 2

2 (1) $10, 9, 9, \dfrac{5}{3}$ (2) $100, 99, \dfrac{205}{99}$

(3) $1000, 999, 999, \dfrac{15}{37}$ (4) $1000, 999, \dfrac{3151}{999}$

3 (1) $100, 10, 90, 90, \dfrac{83}{45}$ (2) $1000, 10, 990, 990, \dfrac{17}{55}$

(3) $1000, 100, 900, 900, \dfrac{97}{450}$

4 (1) ㄴ (2) ㅂ (3) ㄹ (4) ㄱ (5) ㅁ (6) ㄷ

5 (1) $\dfrac{8}{9}$ (2) $\dfrac{41}{333}$ (3) $\dfrac{277}{90}$ (4) $\dfrac{29}{110}$ (5) $\dfrac{134}{55}$

14쪽 **1** (1) 6, $\dfrac{2}{3}$ (2) 99 (3) 173 (4) $2, 257$

(5) $3, 999$, $\dfrac{3424}{999}$ (6) $\dfrac{5}{11}$ (7) $\dfrac{1504}{333}$

2 (1) 6, $\dfrac{59}{90}$ (2) $65, 586$, $\dfrac{293}{45}$ (3) 23, $\dfrac{2323}{990}$

(4) $17, 990, 1767$, $\dfrac{589}{330}$ (5) $\dfrac{47}{90}$ (6) $\dfrac{3161}{990}$ (7) $\dfrac{71}{150}$

15쪽 **1** (1) ○ (2) × (3) ○ (4) ○ (5) × (6) ○

2 (1) ○ (2) × (3) ○ (4) ○ (5) ○ (6) ○ (7) ×

16쪽 **1** (1) $1, 10$ (2) 5^{11} (3) y^9 (4) $4, 4, 9$ (5) 3^{14}

(6) x^{11} (7) a^{12} (8) 2^{14}

2 (1) $7, 12$ (2) $x^7 y^4$ (3) $3, 5, 5, 8$ (4) $a^5 b^7$ (5) $2^9\times 5^6$ (6) $x^8 y^7$

17쪽 **1** (1) $2, 12$ (2) 10^9 (3) x^{21} (4) 5^{18}

2 (1) $5, 15, 15, 16$ (2) 7^8 (3) a^{18} (4) 3^{23}

3 (1) $6, 8, 6, 8, 6, 8, 11, 8$ (2) $x^{10}y^{15}$ (3) $x^{16}y^8$ (4) $a^{18}b^3$

(5) $x^{22}y^{28}$ (6) $a^{12}b^{11}$

18쪽 **1** $9, 5$ (2) 1 (3) $8, 4$ (4) 7^4 (5) 1 (6) $\dfrac{1}{2^{13}}$

(7) $2, 2, 2$ (8) x^5

2 (1) $15, 12, 15, 12, 3$ (2) $\dfrac{1}{x^2}$ (3) 1 (4) $12, 6, 12, 6, 4$ (5) 5 (6) $\dfrac{1}{a^2}$

19쪽 **1** (1) $16, 4$ (2) $27b^3$ (3) $x^5 y^5$ (4) $9, 6$ (5) $a^4 b^2$

(6) $x^6 y^{18}$ (7) 7 (8) $36b^4$ (9) $-32a^{10}b^{15}$

2 (1) 6 (2) $\dfrac{y^{12}}{81}$ (3) $\dfrac{x^{14}}{y^{21}}$ (4) $10, 15$ (5) $\dfrac{y^{30}}{x^{24}}$ (6) $-\dfrac{a^{15}}{27}$

(7) $36, 6, 25, 4$ (8) $\dfrac{b^{10}}{32a^5}$ (9) $\dfrac{9y^{14}}{16x^8}$

20쪽 **1** (1) x, $15xy$ (2) a^4, $28a^9$

(3) $-\dfrac{1}{3}$, y^3, $-3x^3 y^5$ (4) $3, 3, -8, 3, -8a^7 b^3$

2 (1) $21xy$ (2) $-\dfrac{1}{3}a^2 b$ (3) $-2a^5 b^8$ (4) $-x^3 y^4$ (5) $50xy^2$

(6) $-81a^4 b^6$ (7) $24a^5 b^9$ (8) $80x^5 y^{12}$ (9) $-12x^7 y^6$

21쪽 **1** (1) $3a^5, 3, a^5, 5a$ (2) $x^3, -2x^4 y$

(3) $\dfrac{4}{3}$, x^5, $\dfrac{8}{x^3}$ (4) $4a^8 b$, $\dfrac{5}{4}$, $a^8 b$, $\dfrac{20b}{a^6}$

2 (1) $\dfrac{x^4}{4y}$ (2) $4xy$ (3) $12ab^4$ (4) $\dfrac{20b^2}{a}$

3 (1) $x^2 y^2$, $4x$, 4, $x^2 y^2$, $2y^7$ (2) $-3a^6 b$ (3) $18y^2$

22쪽 **1** (1) 4, $a^3 b^2$, 4, $a^3 b^2$, 4, $a^3 b^2$, $12ab$

(2) $-8a^3$, $-8a^3$, 8, a^3, $3a^4$ (3) 8, $-4a^2 b^3$, $8, 4, 8$, $a^2 b^3$, $-4a^2 b^4$

2 (1) x^3 (2) $-\dfrac{7}{2}a$ (3) $-96xy$ (4) $\dfrac{6}{y^2}$ (5) $12a^6$

(6) $-x^7 y^6$ (7) $-\dfrac{50}{x^3 y^2}$ (8) $x^3 y^6$

23~24쪽 **1** (1) $4x$, $6x+2y$ (2) b, $a+8b$ (3) $5x+2y$

(4) $-7a-4b$ (5) $-4x+y$ (6) $4a+16b$ (7) $x-\dfrac{6}{5}y$

2 (1) $3y, 3y, 2x+7y$ (2) $6a, 6a, 15a+b$ (3) $-7a-11b$

(4) $11x+8y$ (5) $x-y$ (6) $-20a+11b$ (7) $-\dfrac{1}{2}x+\dfrac{4}{5}y$

3 (1) $\dfrac{1}{2}a-\dfrac{5}{6}b$ (2) $\dfrac{1}{6}x-\dfrac{2}{3}y$ (3) $\dfrac{17}{20}x+\dfrac{7}{10}y$

(4) $\dfrac{1}{6}x+\dfrac{5}{3}y$ (5) $-\dfrac{7}{12}a+\dfrac{5}{6}b$

4 (1) $13x-8y$ (2) $4a$ (3) $5x$ (4) $7x-6y$ (5) $2a+2b+2$

25쪽 **1** (1) ○ (2) × (3) ○ (4) × (5) ○ (6) ×

2 (1) $4x$, $4x^2+2x-2$ (2) $-2x^2+2x-3$ (3) $2x^2+2x-3$

(4) $-7x^2-4x+1$ (5) $7x$, $7x$, $8x^2-3x-5$

(6) $x^2+3x+13$ (7) $12x^2+7x+5$ (8) $18a^2-11a+2$

26쪽 **1** (1) $2ab$ (2) $4y^2$ (3) $-4a^2$ (4) $3xy$

2 (1) $2x^2+2x$ (2) $-10y+15y^2$ (3) $-2ab-4a$

(4) $4x^2-3xy$ (5) $8a^2+12a$ (6) $-6x^2-8xy$ (7) $6a^2-4ab$

(8) $-4a^2+8ab+28a$ (9) $10x^2+15x-5xy$

(10) $-xy+3y^2-6y$

27쪽 **1** (1) b, $-6a^2 b$, $-6a^2+b$ (2) $5x+3$

(3) $3a-2$ (4) $-2y+3$ (5) $-3b+2a$ (6) $-xy-6y$

2 (1) $\dfrac{2}{b}$, $\dfrac{2}{b}$, $\dfrac{2}{b}$, $6a-10b$ (2) $8x+24$ (3) $15ab+10a$

(4) $-20x-12y$ (5) $-20a-10b$ (6) $-4x+12y$

28쪽

1 (1) $6a$, $\dfrac{3}{2b}$, $\dfrac{3}{2b}$, $6a$, $12b$, $-2a^2+3a+12b$

(2) $-5a$, $-5a$, $6a^2$, $-a$, $6a^2$, $-6a^2+8a-2$

(3) $4x^2 y$, $4x^2 y^2$, $4x^2 y^2$, $6x$, y, $6x$, $2x^2-3x-y$

2 (1) $4a^2-5ab$ (2) $2x^2-x-6$ (3) $3x^2+x$

(4) $6a^2+6ab+6$ (5) $2a^2-3ab-3a+1$

(6) $-2x-3y+3$

6 (1) $x \le -2$　(2) $x > 10$　(3) $x < -5$　(4) $x \ge 9$　(5) $x > -7$

7 ㄱ, ㄹ, ㅁ

8 (1) $x \ge 2$　(2) $x < -3$　(3) $x < -3$　(4) $x < 2$　(5) $x \le -2$
　(6) $x \ge 3$

9 (1) $x \ge 2$　(2) $x < -1$　(3) $x < 3$　(4) $x \ge 5$　(5) $x > -2$
　(6) $x \ge -5$

10 (1) 4　(2) -1　(3) 1　　11 25, 26, 27

12 94점　13 9개　14 16 cm 15 9 cm　16 15개　17 63장

18 3 km　19 5 km　20 1200 m　　21 ㄱ, ㄹ

22 (1) $7x-2y=59$　(2) $2x+4y=38$　(3) $\dfrac{5}{2}(x+8)=y$

23 (1) 8, 6, 4, 2, 0 / (1, 8), (2, 6), (3, 4), (4, 2)
　(2) 9, 6, 3, 0, -3 / (1, 9), (2, 6), (3, 3)
　(3) 6, $\dfrac{9}{2}$, 3, $\dfrac{3}{2}$, 0 / (1, 6), (3, 3)

24 ㄱ, ㄷ

25 (1) $a=-2, b=1$　(2) $a=2, b=-4$　(3) $a=-7, b=-3$
　(4) $a=-1, b=2$

26 (1) $x=2, y=1$　(2) $x=4, y=-5$　(3) $x=-3, y=-7$
　(4) $x=4, y=3$　(5) $x=1, y=2$　(6) $x=3, y=2$

27 (1) $x=2, y=4$　(2) $x=3, y=2$　(3) $x=3, y=5$
　(4) $x=1, y=-2$　(5) $x=2, y=-1$　(6) $x=-2, y=1$

28 (1) $x=2, y=3$　(2) $x=2, y=-3$　(3) $x=2, y=3$
　(4) $x=1, y=1$　(5) $x=-2, y=5$　(6) $x=\dfrac{1}{2}, y=-3$

29 (1) $x=1, y=2$　(2) $x=1, y=-1$　(3) $x=-1, y=2$

30 (1) $x=1, y=7$　(2) $x=3, y=6$　(3) $x=6, y=6$

31 (1) 해가 없다.　(2) 해가 무수히 많다.　(3) 해가 없다.
　(4) 해가 무수히 많다.　(5) 해가 무수히 많다.　(6) 해가 없다.

32 3개, 6개　　　33 48　　　34 14세, 41세

35 8 cm　　　36 1 km, 1 km　　　37 85 km

38 2 km　　　39 10 km

19~28쪽　Ⅲ. 일차함수

1 (1) ○　(2) ○　(3) ×

2 (1) $y=3x$　(2) $y=\dfrac{24}{x}$　(3) $y=20x$　(4) $y=\dfrac{300}{x}$　(5) $y=40x$

3 (1) 2　(2) -8　(3) 1　(4) 6　　4 (1) -12　(2) 3　(3) -6　(4) 7

5 (1) 2　(2) 3　(3) 4　(4) 5　　6 ㄱ, ㄷ

7 (1) $3000-500x$, ○　(2) $100-2x$, ○　(3) $\dfrac{100}{x}$, ×

8 (1) -4　(2) 2

9 (1) $y=-3x+3$　(2) $y=6x-2$
　(3) $y=\dfrac{3}{2}x+\dfrac{1}{2}$　(4) $y=-\dfrac{7}{4}x-\dfrac{3}{7}$

10 (1) 2, 2　(2) -2, 1

11 (1) -1, 1　(2) 4, -16　(3) 6, 2　(4) -4, -3

12 (1) 1, -1　(2) 2, 4　　(3) -4, 2　　(4) -4, -1

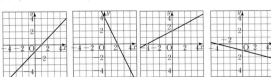

13 (1) 2　(2) $-\dfrac{2}{3}$　14 (1) 9　(2) $\dfrac{3}{4}$　15 (1) $\dfrac{1}{2}$　(2) $\dfrac{2}{3}$

16 (1) 1, 2　　(2) -3, -1　　(3) $\dfrac{2}{3}$, -2　　(4) $-\dfrac{1}{2}$, 3

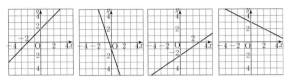

17 (1) ㄱ, ㄴ, ㄹ, ㅂ　(2) ㄷ, ㅁ　(3) ㄷ, ㄹ, ㅂ

18 (1) $a<0, b>0$　(2) $a<0, b<0$
　(3) $a>0, b>0$　(4) $a>0, b<0$

19 (1) 4　(2) -7　(3) $-\dfrac{2}{5}$

20 (1) $a=3, b=\dfrac{1}{2}$　(2) $a=-\dfrac{5}{6}, b=-1$　(3) $a=5, b=2$

21 (1) $y=2x-3$　(2) $y=-\dfrac{4}{5}x+7$　(3) $y=-3x-1$
　(4) $y=3x-2$　(5) $y=-4x+9$　(6) $y=\dfrac{3}{2}x+4$

22 (1) $y=-6x-4$　(2) $y=\dfrac{1}{3}x-4$　(3) $y=-2x+24$
　(4) $y=\dfrac{1}{2}x-\dfrac{13}{2}$　(5) $y=-3x+23$　(6) $y=\dfrac{2}{3}x+10$

23 (1) $y=-2x+4$　(2) $y=-\dfrac{1}{4}x+\dfrac{7}{2}$　(3) $y=-9x-28$

24 (1) $y=\dfrac{1}{2}x-\dfrac{3}{2}$　(2) $y=-x+6$　(3) $y=x-3$

25 (1) $y=\dfrac{3}{4}x+3$　(2) $y=\dfrac{1}{4}x-2$　(3) $y=3x+9$

26 (1) $y=-x+5$　(2) $y=-\dfrac{3}{4}x-6$　(3) $y=\dfrac{6}{7}x-6$

27 (1) $y=60-\dfrac{4}{5}x$　(2) 28 cm

28 (1) $y=22-6x$　(2) 5 km

29 (1) $y=400-80x$　(2) 3시간

30 (1) 　(2) 　31

32 (1) $y=2x-3$　(2) $y=-x+2$　(3) $y=-\dfrac{1}{2}x-\dfrac{3}{2}$

33 (1) $x=-4$　　(2) $y=\dfrac{5}{2}$

34 (1) $y=-6$　　(2) $x=4$　(3) $x=3$　(4) $y=6$

35 (1) $x=2, y=4$　(2) $x=1, y=3$　(3) $x=0, y=2$

　(4) $x=2, y=-1$

36 (1) $a=\dfrac{1}{4}, b=4$
　(2) $a=3, b=6$
　(3) $a=-2, b=-10$

37 (1) $-\dfrac{2}{3}$　(2) -6　(3) 6

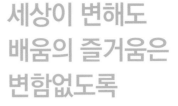

세상이 변해도
배움의 즐거움은
변함없도록

시대는 빠르게 변해도
배움의 즐거움은
변함없어야 하기에

어제의 비상은
남다른 교재부터
결이 다른 콘텐츠
전에 없던 교육 플랫폼까지

변함없는 혁신으로
교육 문화 환경의 새로운 전형을
실현해왔습니다.

비상은 오늘, 다시 한번
새로운 교육 문화 환경을 실현하기 위한
또 하나의 혁신을 시작합니다.

오늘의 내가 어제의 나를 초월하고
오늘의 교육이 어제의 교육을 초월하여
배움의 즐거움을 지속하는 혁신,

바로, 메타인지 기반 완전 학습을.

상상을 실현하는 교육 문화 기업 비상

메타인지 기반 완전 학습
초월을 뜻하는 meta와 생각을 뜻하는 인지가 결합한 메타인지는
자신이 알고 모르는 것을 스스로 구분하고 학습계획을 세우도록 하는
궁극의 학습 능력입니다. 비상의 메타인지 기반 완전 학습 시스템은
잠들어 있는 메타인지를 깨워 공부를 100% 내 것으로 만들도록 합니다.

1 (1) 해가 없다. (2) 해가 무수히 많다.

2 (1) $\frac{1}{3}$, $\frac{b}{9}$, -3, -9 (2) $a=-2$, $b=-3$ (3) $a=-7$, $b=7$

3 (1) -4, 8 (2) $\frac{1}{2}$ (3) 6

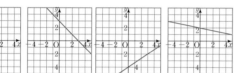

1 (1) ○ (2) ○ (3) × (4) × **2** (1) 6 (2) -3 (3) -4 (4) -6

3 (1) $12-x$, ○ (2) $\frac{x}{2}$, ○ (3) $\frac{100}{x}$, ×

4 (1) $y=3x-5$ (2) $y=-\frac{6}{5}x+4$ (3) $y=-9x+1$

(4) $y=\frac{3}{8}x+\frac{9}{2}$

5 (1) 3, -9 (2) $\frac{3}{4}$, 6 (3) $-\frac{4}{3}$, -1

6 (1) 5 (2) $\frac{1}{3}$ (3) $-\frac{5}{8}$ **7** (1) -6 (2) -1 (3) $\frac{2}{3}$

8 (1)　　　(2)　　　(3)　　　(4)

9 (1) ㄱ, ㄷ, ㅁ (2) ㄴ, ㄹ, ㅂ (3) ㄹ, ㅁ (4) ㄴ, ㅂ

10 (1) -5 (2) $-\frac{1}{6}$

11 (1) $a=-2$, $b=-8$ (2) $a=3$, $b=-5$

12 (1) $y=8x-3$ (2) $y=-\frac{1}{3}x+2$ (3) $y=-2x+5$

(4) $y=\frac{5}{2}x-8$ (5) $y=\frac{1}{2}x+\frac{7}{2}$ (6) $y=\frac{1}{2}x-4$

13 $94℃$ **14** (1)　　　(2)

15 (1) × (2) ○ (3) ○ (4) × (5) ×

16 (1) $y=6$ (2) $x=4$ (3) $x=7$ (4) $y=-4$

17 (1) $x=3$, $y=2$ (2) $x=-1$, $y=1$

18 (1) $a=12$, $b=-\frac{5}{3}$ (2) $a=-2$, $b=4$

19 (1) $-\frac{5}{3}$ (2) -3

익힘북

1 ㄱ, ㄷ, ㄹ, ㅂ　　**2** ㄱ, ㄹ, ㅁ

3 (1) $0.\dot{7}$ (2) $-1.\dot{2}\dot{8}$ (3) $-2.0\dot{4}\dot{3}$ (4) $3.5\dot{1}\dot{2}$ (5) $31.2\dot{3}\dot{1}$

4 (1) 0.032 (2) 0.175

5 유한소수: ㄱ, ㅁ, ㅅ, ㅇ / 순환소수: ㄴ, ㄷ, ㄹ, ㅂ, ㅈ

6 (1) 7 (2) 3 (3) 9 (4) 21　　**7** (1) ㄱ (2) ㄴ (3) ㄷ (4) ㅁ

8 (1) $\frac{7}{9}$ (2) $\frac{124}{99}$ (3) $\frac{542}{999}$ (4) $\frac{142}{45}$ (5) $\frac{97}{330}$ (6) $\frac{80}{37}$

9 (1) 8 (2) 27, $\frac{3}{11}$ (3) 2, $\frac{245}{99}$ (4) 5, $\frac{49}{90}$ (5) 123, 900, $\frac{371}{300}$

10 (1) $\frac{1}{3}$ (2) $\frac{61}{33}$ (3) $\frac{161}{999}$ (4) $\frac{17}{90}$ (5) $\frac{1081}{495}$ (6) $\frac{86}{75}$

11 4개

12 (1) × (2) × (3) ○ (4) ○ (5) × (6) ○ (7) × (8) × (9) ○

13 (1) x^5 (2) 7^9 (3) a^8 (4) b^{12}

(5) x^6y^2 (6) $2^9\times3^8$ (7) a^5b^6 (8) $x^{10}y^3$

14 (1) x^{10} (2) a^{16} (3) 5^{18} (4) $x^{13}y^{16}$

(5) $a^{12}b^{28}$ (6) $x^{17}y^{17}$ (7) $x^{15}y^{12}$ (8) $a^{23}b^{24}$

15 (1) x^3 (2) $\frac{1}{7^5}$ (3) x^4 (4) 1 (5) x^{10} (6) $\frac{1}{3^8}$ (7) x^5 (8) $\frac{1}{a^5}$

16 (1) $64x^3$ (2) a^6b^6 (3) x^8y^6 (4) $-8a^9b^{15}$

(5) $\frac{a^3}{b^{12}}$ (6) $\frac{32}{y^{15}}$ (7) $-\frac{y^9}{x^{12}}$ (8) $\frac{125b^{18}}{27a^9}$

17 (1) $35x^5$ (2) $12x^7y^5$ (3) $4a^5b^7$ (4) $2x^{10}y^{10}$

(5) $-4a^9b^7$ (6) $36x^{14}y^{14}$ (7) $-6a^{11}b^{16}$ (8) $\frac{72}{5}x^{17}y^{12}$

18 (1) $3x$ (2) $\frac{5y}{x}$ (3) $-18a^4b^2$ (4) $\frac{9x^2}{2y^3}$

(5) $-\frac{7a^3}{9b^{11}}$ (6) $\frac{9}{y^2}$ (7) $\frac{12y^3}{x}$ (8) $-\frac{b^2}{16a^2}$

19 (1) $-3x^4$ (2) $24a^4b^6$ (3) $8x^9y^2$ (4) $-\frac{9}{16}a^{15}b^{14}$

(5) $\frac{2}{9}x^5y^7$ (6) $-\frac{1}{3}a^9b^{11}$ (7) $\frac{2}{x^2y^4}$ (8) $-\frac{24a^{12}}{b^3}$

20 (1) $7x+y$ (2) $-2a+9b$ (3) $-3y$ (4) $-\frac{1}{3}x+\frac{2}{5}y$

(5) $\frac{1}{4}x+\frac{3}{4}y$ (6) $\frac{17}{5}x-\frac{4}{5}y$ (7) $\frac{11}{12}x+\frac{7}{6}y$

(8) $-\frac{1}{15}a+\frac{4}{15}b$

21 (1) $3x+y$ (2) $5x-4y$ (3) $-6a+5b$ (4) $3a-8b$

(5) $-13a-7b$ (6) $-a+7b$ (7) x (8) $x-17y$

22 ㄱ, ㄷ, ㅁ, ㅂ

23 (1) $5x^2-6x+5$ (2) $2x^2-3$ (3) $5a^2-a-2$

(4) $-2x^2-2x-1$ (5) a^2-3a+4 (6) $-x^2+10$

24 (1) $6x^2+3x$ (2) $6a^2-9ab$ (3) $-4x^2+6xy$

(4) $-9xy+12y^2$ (5) $-6x^2+4xy-2x$ (6) $-3ab+9b^2-12b$

(7) $4xy-6y^2+3y$ (8) $9a^2-3ab-6a$

25 (1) $4x+2$ (2) $\frac{x^2}{y}-4y$ (3) $\frac{3}{2}x-2y$ (4) ab^3-3a^3

(5) $10y+6x^2$ (6) $3x-2x^3y$ (7) $-21a^2+14b^2$

(8) $-2x+20x^3y^3$

26 (1) $5x^2-4y^3$ (2) $5a^3+7a^2b^2$ (3) $7x^4y^2+4x^2y$ (4) a^3b^3-2ab

(5) $x+8$ (6) $-4a^2b^4-b$ (7) xy (8) $-3a-b$

1 (1) $x<3$ (2) $x\geq5$ (3) $x-5\geq8$ (4) $1500+900x>7000$

2 (1) -1 (2) -1, 0 (3) 0, 1 (4) -1, 0

3 (1) $\geq$ (2) $<$ (3) $\geq$ (4) $<$

4 (1) $<$ (2) $>$ (3) $\geq$ (4) $\leq$

5 (1)  (2) (3)

(4)　　　(5)

1 ㄱ, ㄷ, ㅁ, ㅂ

2 (1) 64, $0.\dot{6}\dot{4}$ (2) 2, $2.1\dot{2}$ (3) 201, $-1.\dot{2}0\dot{1}$ (4) 4, $0.05\dot{4}$

3 ㄱ, ㄴ, ㅁ, ㅂ **4** (1) 7 (2) 3 (3) 3 (4) 21

5 (교차 연결선)

6 (1) $\dfrac{103}{999}$ (2) $\dfrac{23}{9}$ (3) $\dfrac{463}{90}$ (4) $\dfrac{469}{330}$

7 ㄱ, ㄷ

8 (1) 7^7 (2) $a^6 b^2$ (3) $x^{10} y^5$ (4) x^9 (5) 5^{16} (6) $a^{10} b^{23}$

9 (1) 1 (2) y^2 (3) $\dfrac{1}{x^4}$ (4) $8a^6 b^3$ (5) $16x^6 y^8$ (6) $-\dfrac{27y^{18}}{x^9}$

10 (1) $12x^6$ (2) $-10x^4 y^3$ (3) $32a^4 b^8$ (4) $2x$ (5) $\dfrac{10b^2}{a}$

(6) $-\dfrac{15y^3}{x^2}$ **11** (1) $3a^5$ (2) $-2xy^7$ (3) $\dfrac{5b^{11}}{a^7}$

12 (1) $2x+6y$ (2) $2a-12b$ (3) $16x+9y$ (4) $\dfrac{2}{3}a+\dfrac{1}{2}b$

(5) $-\dfrac{1}{6}x+\dfrac{1}{12}y$ (6) $6a-2b$ (7) $-x-2y$

13 (1) $3x^2-x+2$ (2) $4x^2-6x+13$ (3) $3x^2+5x+14$

14 (1) $15x^2+10xy$ (2) $-6ab+10b^2$ (3) $-12xy+3y^2+8y$

(4) $-5-3y$ (5) $\dfrac{x}{2}-3y^2$ (6) $-8ab+6b^2$

15 (1) $-3x^2-3$ (2) $-2a^2+5b^2+\dfrac{5}{2}$

Ⅱ. 부등식과 연립방정식

1 (1) ○ (2) ○ (3) × (4) ×

2 (1) $>$ (2) $<$ (3) $\leq$ (4) $\leq$ (5) $>$ (6) $\leq$

3 (1) $3\times2-1=5$, $>$, 거짓 / $3\times3-1=8$, $>$, 거짓 / 1

(2) $-1+3=2$, $=$, 참 / $-2+3=1$, $<$, 참 /
$-3+3=0$, $<$, 참 / 1, 2, 3

(3) $-4\times1+1=-3$, $=$, 거짓 / $-4\times2+1=-7$, $<$, 참 /
$-4\times3+1=-11$, $<$, 참 / 2, 3

1 (1) $>$ (2) $>$ (3) 2, $>$ (4) -9, $<$

2 (1) $\leq$, $\leq$, $\leq$ (2) $>$ (3) $>$, $>$, $>$ (4) $\leq$

3 (1) $<$, $<$, $<$ (2) $<$ (3) $\geq$ (4) $<$

1 (수직선 그래프 8개)

2 (1) $x\geq6$ (2) $x<-5$ (3) $x>-2$ (4) $x\geq-9$

(5) $x\leq3$ (6) $x<4$ (7) $x\leq-1$ (8) $x>8$

1 (1) $x-5$, ○ (2) x, ○ (3) 3, × (4) $-3x+1$, ○

2 (1) 3, 1, (수직선) (2) $x\leq-2$, (수직선)

(3) $x<-3$, (수직선) (4) $x\geq-2$, (수직선)

3 (1) $3x$, 2, 12, -2 (2) $x\geq-1$ (3) $x<-3$ (4) $x\leq2$ (5) $x\geq5$

1 (1) 6, -6, 1, $\dfrac{1}{2}$ (2) $x\leq1$ (3) $x\leq-\dfrac{5}{3}$

(4) $x\leq3$ (5) $x>-1$ **2** (1) $10x$, $10x$, -9, -5 (2) $x\geq-\dfrac{1}{2}$

(3) $x>4$ (4) $x\leq6$ (5) $x<\dfrac{5}{3}$

3 (1) 6, $8x$, 6, 6 (2) $x\leq-12$ (3) $x<-7$ (4) $x<5$ (5) $x\leq-1$

4 (1) a, $\dfrac{5+a}{3}$, $\dfrac{5+a}{3}$, 12, 7 (2) 3 (3) 11 (4) -2

1 (1) $2x-6$ (2) $2x-6\leq40$ (3) $x\leq23$ (4) 23

2 7 **3** (1) $10-x$, $500(10-x)$ (2) $1000x+500(10-x)\leq7000$

(3) $x\leq4$ (4) 4자루

4 5장 **5** (1) $\dfrac{1}{2}\times(5+x)\times8$

(2) $\dfrac{1}{2}\times(5+x)\times8\leq56$ (3) $x\leq9$ (4) $9\ \text{cm}$

6 $23\ \text{cm}$ **7** (1) $550x$, 1440 (2) $700x>550x+1440$

(3) $x>\dfrac{48}{5}$ (4) 10송이 **8** 6권

1 (1) $x\ \text{km}$, $\dfrac{x}{4}$ 시간 (2) $\dfrac{7}{2}$, $\dfrac{x}{3}+\dfrac{x}{4}\leq\dfrac{7}{2}$ (3) $x\leq6$ (4) $6\ \text{km}$

2 (1) $\dfrac{x}{4}$ 시간, $\dfrac{1}{2}$ 시간, $\dfrac{x}{4}$ 시간 (2) 2, $\dfrac{x}{4}+\dfrac{1}{2}+\dfrac{x}{4}\leq2$

(3) $x\leq3$ (4) $3\ \text{km}$

1 (1) × (2) × (3) ○ (4) × (5) ○

(6) $5x-y-6$, ○ (7) y, ×

2 (1) $3x+4y=34$ (2) $4x+5y=91$ (3) $800x+1200y=5600$

(4) $\dfrac{9}{2}x=y$ (5) $\dfrac{x}{4}+\dfrac{y}{6}=5$

1 (1) ○, 4, 3, 24, 해이다 (2) × (3) × (4) ○

(5) × **2** (1) 4, 1, -2 / $(1, 4)$, $(2, 1)$

(2) 7, 5, 3, 1, -1 / $(1, 7)$, $(2, 5)$, $(3, 3)$, $(4, 1)$

(3) 7, 4, 1, -2 / $(1, 7)$, $(2, 4)$, $(3, 1)$

(4) 6, 4, 2, 0 / $(1, 6)$, $(2, 4)$, $(3, 2)$

1 2, 4, 4, 8, 10 / 3, 3, 5, 7, 9 / $(3, 4)$

2 (1) 1, 2, 1, 2, ○ (2) × (3) ○

3 (1) $a=-2$, $b=3$ (2) $a=2$, $b=2$ (3) $a=-2$, $b=-3$

1 (1) $2x$, 2, 3, 3, 6 (2) $x=-1$, $y=2$ (3) $x=2$, $y=1$

(4) $x=4$, $y=-2$ (5) $2y+5$, $2y+5$, 7, -2, -2, 1

(6) $x=-3$, $y=2$ (7) $x=1$, $y=-1$ (8) $x=3$, $y=-1$

1 (1) $+$, 7, 2, 2, 4, 4 (2) $x=10$, $y=4$ (3) $x=3$, $y=3$

(4) $x=2$, $y=9$ (5) -40, 27, -35, -70, 2, 2, 18, -4

(6) $x=3$, $y=4$ (7) $x=2$, $y=3$ (8) $x=5$, $y=-5$

1 (1) $5x-2y$, 9, 1, 1, 4, $\dfrac{1}{2}$ (2) 3, 2 / $x=-2$, $y=4$

(3) $x=5$, $y=-3$ **2** (1) 10, 5, -2, -2, 6, 6, 18, 14

(2) 3, 4, 2 / $x=-1$, $y=1$ (3) $x=2$, $y=2$

(4) $x=10$, $y=13$ (5) $x=1$, $y=1$

3 (1) 12, 2, 3, 8, 6, 2, 2, 4, $\dfrac{16}{3}$ (2) 2, 8 / $x=4$, $y=2$

(3) $x=10$, $y=12$ (4) $x=6$, $y=-6$ (5) $x=4$, $y=0$

4 (1) 2, 5, 3, -12 / $x=-3$, $y=2$ (2) $x=-1$, $y=3$

(3) $x=3$, $y=2$

1 (1) $3x+2y$, $x-2y$ / $x=2$, $y=-1$

(2) $x=3$, $y=1$ (3) $4x-y$, $3x+y$ / $x=2$, $y=1$ (4) $x=3$, $y=1$

2 (1) $\dfrac{x-y}{2}$, $\dfrac{x-3y}{3}$ / $x=\dfrac{3}{2}$, $y=-\dfrac{1}{2}$

(2) $\dfrac{-x+4y}{2}$, $\dfrac{2x+y}{5}$ / $x=6$, $y=3$

(3) $\dfrac{x-y}{3}$, $\dfrac{3x+y}{2}$ / $x=-1$, $y=-7$

1 (1) 해가 무수히 많다., 9, 15, 무수히 많다   (2) 해가 무수히 많다.
(3) 해가 무수히 많다.   (4) 해가 무수히 많다.   (5) 해가 없다., 4, 16, 없다
(6) 해가 없다.   (7) 해가 없다.   (8) 해가 없다.

1 (1) $2000x$, $3000y$, 48000

(2) $\begin{cases} x+y=20 \\ 2000x+3000y=48000 \end{cases}$ (3) $x=12$, $y=8$ (4) 12송이

2 (1) $2x$, $4y$, 94 (2) $\begin{cases} x+y=35 \\ 2x+4y=94 \end{cases}$

(3) $x=23$, $y=12$ (4) 23마리, 12마리

3 (1) y, x, $10y+x$ (2) $\begin{cases} x+y=9 \\ 10y+x=(10x+y)+9 \end{cases}$

(3) $x=4$, $y=5$ (4) 45

4 (1) $x+14$, $y+14$ (2) $\begin{cases} x-y=40 \\ x+14=3(y+14) \end{cases}$

(3) $x=46$, $y=6$ (4) 46세, 6세

1 (1) 시속 $60\,\mathrm{km}$, 시속 $4\,\mathrm{km}$ / $\dfrac{x}{60}$시간, $\dfrac{y}{4}$시간

(2) $\dfrac{3}{2}$, $\begin{cases} x+y=48 \\ \dfrac{x}{60}+\dfrac{y}{4}=\dfrac{3}{2} \end{cases}$ (3) $x=45$, $y=3$ (4) $3\,\mathrm{km}$

2 (1) $\dfrac{x}{3}$시간, $\dfrac{y}{6}$시간   (2) $\begin{cases} y=x+6 \\ \dfrac{x}{3}+\dfrac{y}{6}=3 \end{cases}$

(3) $x=4$, $y=10$ (4) $10\,\mathrm{km}$

대단원 개념 마무리

1 참 / $3\times1-2=1$, $<$, 4, 참 / $3\times2-2=4$, $=$, 4, 참 /
$3\times3-2=7$, $>$, 4, 거짓 / $3\times4-2=10$, $>$, 4, 거짓 / 0, 1, 2

2 (1) $>$ (2) $>$ (3) $\leq$ (4) $\leq$

3 (1) ⟞⟞⟞ 8   (2) ⟝⟝⟝ 1   (3) ⟝⟝⟝ 2   (4) ⟝⟝⟝ 2

4 (1) $x\leq\dfrac{5}{2}$ (2) $x<-20$ (3) $x<-9$ (4) $x>1$

5 (1) 3   (2) 12   (3) -11 6 50개   7 $\dfrac{25}{6}\,\mathrm{km}$

8 (1) $\times$ (2) ○   (3) ○   (4) $\times$ (5) $\times$ (6) ○

9 (1) $(1,3)$, $(3,2)$, $(5,1)$ (2) $(3,3)$, $(6,1)$
(3) $(1,14)$, $(2,9)$, $(3,4)$ 10 (1) ○   (2) ○   (3) $\times$

11 (1) $a=2$, $b=3$ (2) $a=4$, $b=-1$ (3) $a=-6$, $b=5$

12 (1) $x=-3$, $y=2$ (2) $x=2$, $y=3$ (3) $x=6$, $y=4$
(4) $x=28$, $y=5$ (5) $x=1$, $y=3$ (6) $x=-1$, $y=-2$

13 (1) $x=3$, $y=-1$ (2) $x=2$, $y=6$ (3) $x=0$, $y=2$
(4) $x=2$, $y=-3$

14 (1) $x=1$, $y=4$ (2) $x=3$, $y=3$ (3) $x=6$, $y=0$

15 (1) 해가 없다.   (2) 해가 무수히 많다.   (3) 해가 없다.
(4) 해가 무수히 많다.   (5) 해가 무수히 많다.

16 $11\,\mathrm{cm}$ 17 $1\,\mathrm{km}$

Ⅲ. 일차함수

1 (1) ○ / 7 / 8 / 9   (2) $\times$ / 1, 1 / 1, 3
(3) $\times$ / -2, 2 / -3, 3 / -4, 4   (4) ○ / 1 / 2 / 3
(5) $\times$ / 1, 2, … / 2, 4, … / 3, 6, … / 4, 8, …

(6) $\times$ / 1, 2 / 1, 3 / 1, 2, 4   (7) ○ / 1 / 2 / 3
(8) ○ / 1 / $\dfrac{1}{2}$ / $\dfrac{1}{3}$ / $\dfrac{1}{4}$

2 (1) 10, 20, 30, 40 / y는 x의 함수이다.   (2) $y=10x$

3 (1) 60, 30, 20, 15 / y는 x의 함수이다.   (2) $y=\dfrac{60}{x}$

4 (1) 11, 10, 9, 8 / y는 x의 함수이다.   (2) $y=12-x$

5 (1) $y=3x$ (2) $y=500x$ (3) $y=\dfrac{4}{x}$ (4) $y=\dfrac{40}{x}$

(5) $y=24-x$ (6) $y=80-x$

1 (1) 1, -5 (2) 2, -10 (3) 3, -15

2 (1) -2, -4 (2) 4, 2   (3) 8, 1

3 (1) -1 (2) 2   (3) 6   4 (1) 14   (2) -7 (3) $\dfrac{7}{2}$

5 (1) -6 (2) 9   (3) 3   6 (1) 0   (2) -1 (3) 1

1 (1) ○   (2) $\times$ (3) ○   (4) x^2-2x, $\times$ (5) $\dfrac{5}{x}$, $\times$

(6) $\dfrac{2}{3}x-2$, ○

2 (1) $5000+1000x$, ○   (2) $1000x+100$, ○   (3) $200-3x$, ○

(4) $\dfrac{100}{x}$, $\times$ (5) $4x$, ○   (6) πx^2, $\times$

1 (1) -2, -1, 0, 1, 2 / 0, 1, 2, 3, 4
(2) -2, -1, 0, 1, 2 / -5, -4, -3, -2, -1
(3) 6, 3, 0, -3, -6 / 9, 6, 3, 0, -3
(4) 2, 1, 0, -1, -2 / 0, -1, -2, -3, -4

(1)   (2)   (3)

(4)   2 (1) 4   (2) -4 3 (1) 3   (2) -3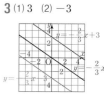

4 (1) $y=5x+2$ (2) $y=-6x+3$ (3) $y=-8x-5$

(4) $y=\dfrac{1}{3}x-1$ (5) $y=\dfrac{1}{2}x+\dfrac{4}{3}$ (6) $y=-\dfrac{3}{4}x-\dfrac{1}{4}$

(7) $y=4x-3$ (8) $y=-\dfrac{5}{2}x+\dfrac{1}{2}$

1 (1) -2, 2   (2) 2, -1 (3) 2, 4   (4) -2, -6

2 (1) 1, -2, 1, -2 (2) -2, 10   (3) 3, 12   (4) -3, -6
(5) 6, -4 (6) 8, 4   (7) -5, -3

1 (1) 3, -6 / 3, -6 / 3, -6 (2) 1, 3
(3) -2, -2 (4) 4, -2 (5) 4, 6

(1)   (2)   (3)

(4)   (5)

68쪽

1 (1) $+4$, 4, 4, 1　(2) $+2$, $\frac{2}{3}$　(3) -2, -2, 3, $-\frac{2}{3}$

　(4) -4, -2　　2 (1) 4　(2) $\frac{3}{2}$　(3) -5

3 (1) 7, 3, 1　(2) -4, -5, $-\frac{1}{5}$　(3) -1, 3, $\frac{2}{3}$

69쪽

1 (1) 4, 4, 6, 4, 6　(2) -3, -3, -5, -3, -5

2 (1) 3, 2　　(2) $\frac{3}{2}$, -4　　(3) $-\frac{3}{4}$, 1

70~71쪽

1 (1) ×　(2) ○

　(3) ○　(4) ×

　(5) ×

3 (1) ㄱ, ㄷ, ㄹ　(2) ㄴ, ㅁ, ㅂ　(3) ㄱ, ㄷ, ㄹ　(4) ㄴ, ㅁ, ㅂ

　(5) ㄴ, ㅂ　(6) ㄷ, ㄹ, ㅁ

4 (1) 제1사분면,
제2사분면,
제3사분면

(2) 제1사분면,
제3사분면,
제4사분면

(3) 제1사분면,
제2사분면,
제4사분면

(4) 제2사분면,
제3사분면,
제4사분면

72쪽　1 (1) ㄷ과 ㅂ, ㄹ과 ㅅ　(2) ㄱ과 ㅁ　(3) ㄴ　(4) ㅇ

2 (1) -2　(2) $\frac{1}{3}$　(3) -5

3 (1) $a=2$, $b=5$　(2) $a=-\frac{3}{2}$, $b=-5$　(3) $a=-2$, $b=-3$

73쪽

1 (1) 3, -2, $3x-2$　(2) $y=-5x+9$　(3) $y=\frac{3}{5}x+5$

　(4) $y=-\frac{4}{3}x-7$　(5) $y=2x+6$　(6) $y=-\frac{1}{4}x+4$

2 (1) 3, $y=3x-\frac{1}{3}$　(2) -2, $y=-2x-6$

　(3) 1, $y=x-1$　(4) $-\frac{1}{2}$, -4, $y=-\frac{1}{2}x-4$

74쪽

1 (1) -4, 5, -4, 1, $-4x+1$　(2) $y=3x-1$

　(3) $y=\frac{1}{6}x+3$　(4) $y=-4x-4$　(5) $y=-\frac{2}{3}x+2$

2 (1) $\frac{3}{2}$, $y=\frac{3}{2}x+3$　(2) $-\frac{1}{3}$, $y=-\frac{1}{3}x-6$

　(3) 3, $y=3x-2$　(4) $\frac{3}{2}$, -5, $y=\frac{3}{2}x+\frac{15}{2}$

75쪽

1 (1) 5, 4, $\frac{3}{4}$, $\frac{3}{4}$, $\frac{9}{4}$, $\frac{3}{4}x+\frac{9}{4}$　(2) $y=x+4$

　(3) $y=-x+3$　(4) $y=2x$　(5) $y=-\frac{1}{2}x-10$

2 (1) $(-1, 4)$, $(1, 1)$, $y=-\frac{3}{2}x+\frac{5}{2}$

　(2) $(1, 1)$, $(4, 7)$, $y=2x-1$

　(3) $(-2, 1)$, $(3, 4)$, $y=\frac{3}{5}x+\frac{11}{5}$

　(4) $(-4, 2)$, $(1, -3)$, $y=-x-2$

76쪽

1 (1) 2, $\frac{2}{5}$, $\frac{2}{5}$, $\frac{2}{5}x+2$　(2) $y=-\frac{4}{3}x-4$　(3) $y=\frac{7}{2}x+7$

　(4) $y=-2x+6$

2 (1) -5, 8, $y=\frac{8}{5}x+8$　(2) 2, 4, $y=-2x+4$

　(3) 6, -4, $y=\frac{2}{3}x-4$　(4) -2, -2, $y=-x-2$

77~78쪽　1 (1) $y=35+3x$　(2) 21, 56, 56　(3) 65, $3x$, 10, 10

2 (1) $y=50-2x$　(2) 34 cm

3 (1) $y=20-6x$　(2) 24, -4, -4　(3) -10, $6x$, 5, 5

4 (1) 2 ℃　(2) $y=10+2x$　(3) 18분

5 (1) $\frac{3}{2}$ L　(2) $y=7+\frac{3}{2}x$　(3) 18, 25, 25　(4) 40, $\frac{3}{2}x$, 22, 22

6 (1) $\frac{1}{10}$ L　(2) $y=50-\frac{1}{10}x$　(3) 30 L　(4) 500 km

7 (1) $y=420-70x$　(2) 140, 280, 280　(3) 140, $70x$, 4, 4

8 (1) $y=80-15x$　(2) 35 km　(3) 4시간

79쪽　1 (1) 4, 3, 2, 1, 0

(2) 　(3)

2 (1) 11, 9, 7, 5, 3, 1　(2) 　(3)

80쪽　1 (1) $-x-4$, $\frac{1}{2}x+2$, $\frac{1}{2}$, -4, 2

(2) $-3x+6$, $-\frac{3}{2}x+3$, $-\frac{3}{2}$, 2, 3

(1) 　(2)

2 (1) ×　(2) ×　(3) ○　(4) ○　(5) ○

3 (1) ○　(2) ×　(3) ○　(4) ×　(5) ×

81쪽　1 (1) -2, y

(2) 12, 4, 4, y　(3) 4, x

(4) -6, -3, -3, x

2 (1) $x=5$　(2) $y=-6$

3 (1) $y=-1$　(2) $x=2$　(3) $x=-2$　(4) $y=3$

82쪽　1 (1) $x=3$, $y=1$　(2) $x=1$, $y=-\frac{3}{2}$

2 1, 3, -2, -1, -2, -1

3 (1) $x=3$, $y=1$　(2) $x=2$, $y=1$　(3) $x=1$, $y=-1$

한끝 · 내공의 힘 · 오투 · 완자 · 개념+유형 · 만렙 · that 중학영어 · 최고득점 수학

비상교재 강의
온리원 중등에 다 있다!

오투, 개념플러스유형 등 교재 강의 듣기
비상교재 강의 7일
무제한 수강

QR 찍고
무료체험
신청!

우리 학교 교과서 맞춤 강의 듣기
학교 시험 특강
0원 무료 수강

QR 찍고
시험 특강
듣기!

과목·유형별 특강 듣고 만점 자료 다운 받기
수행평가 자료 30회
이용권

무료체험
신청하고
다운!

콕 강의 30회
무료 쿠폰

※ 박스 안을 연필 또는 샤프 펜슬로
칠하면 번호가 보입니다.

콕 쿠폰
등록하고
바로 수강!

의 사항
강의 수강 및 수행평가 자료를 받기 위해 먼저 온리원 중등 무료체험을 신청해 주시기 바랍니다.
(휴대폰 번호 당 1회 참여 가능)
· 온리원 중등 무료체험 신청 후 체험 안내 해피콜이 진행됩니다.(체험기기 배송비&반납비 무료)
· 콕 강의 쿠폰은 QR코드를 통해 등록 가능하며 ID 당 1회만 가능합니다.
· 온리원 중등 무료체험 이벤트는 체험 신청 후 인증 시(로그인 시) 혜택 제공되며 경품은 매월 변경됩니다.
· 콕 강의 쿠폰 등록 시 혜택이 제공되며 경품은 두 달마다 변경됩니다.
· 이벤트는 사전 예고 없이 변경 또는 중단될 수 있습니다.

visang

검증된 성적 향상의 이유
중등 1위* 비상교육 온리원

*2014~2022 국가브랜드 [중고등 교재] 부문

10명 중 8명
내신 최상위권

최상위
성적
81.23%

*2023년 2학기 기말고사 기준 전체 성적장학생 중,
모범, 으뜸, 우수상 수상자(평균 93점 이상) 비율 81.23%

특목고 합격생
2년 만에 167% 달성

*특목고 합격생 수 2022학년도 대비
2024학년도 167.4%

성적 장학생
1년 만에 2배 증가

역대최다!

2022년
3,499명*

2023년
6,888명*

*22-1학기: 21년 1학기 중간 - 22년 1학기 중간 누적 /
23-1학기: 21년 1학기 중간 - 23년 1학기 중간 누적

눈으로 확인하는 공부
메타인지 시스템

공부 빈틈을 찾아 채우고
장기 기억화 하는 메타인지 학습

최강 선생님 노하우 집약
내신 전문 강의

검증된 베스트셀러 교재로
인기 선생님이 진행하는 독점 강좌

꾸준히 가능한 완전 학습
리얼타임 메타코칭

학습의 시작부터 끝까지
출결, 성취 기반 맞춤 피드백 제시

100% 당첨

BONUS!
온리원 중등 100% 당첨 이벤트

강좌 체험 시 상품권, 간식 등 100% 선물 받는다!
지금 바로 '온리원 중등' 체험하고 혜택 받자!

※ 이벤트는 당사 사정으로 예고 없이 변경 또는 중단될 수 있습니다.

문의 1588-6563 | www.only1.co.kr

교과서
개념
잡기

중학 수학
2·1

structure

• 단원별 중요 개념만을
모아 모아!
알기 쉽게 설명했어요.

기본 문제로 개념 이해 쏙쏙! •
중요 개념은 **기억**하자로
콕! 짚어 놨어요.

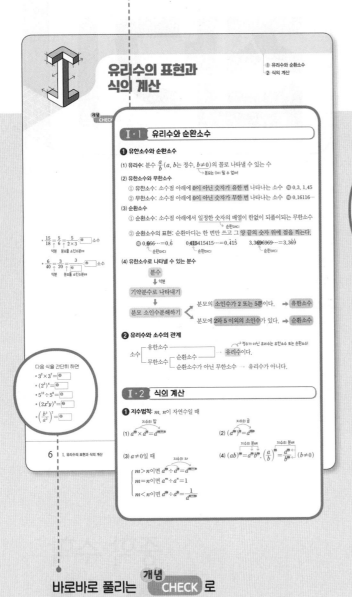

바로바로 풀리는 **개념 CHECK** 로
개념을 확실히 잡을 수 있어요.

유사 문제를 풀고! 풀고!
반복 학습을
할 수 있어요.

개념 설명이 필요한
문제는 **조금 더** 에
핵심 개념을 넣었어요.

☑ 교과서 개념을 꼼꼼하게 학습할 수 있어요!

☑ 기초 문제로 쉽게 공부할 수 있어요!

☑ 3주 안에 빠르게 끝낼 수 있어요!

● 단원별 마무리 문제로
실력을 점검해 봐요.

대단원 개념 마무리

▶정답과 해설 8쪽

1 다음 보기의 분수 중에서 소수로 나타냈을 때, 무한
소수인 것을 모두 고르시오.

보기
ㄱ. $\frac{4}{9}$ ㄴ. $\frac{5}{16}$ ㄷ. $\frac{1}{6}$
ㄹ. $-\frac{7}{8}$ ㅁ. $\frac{10}{9}$ ㅂ. $\frac{15}{22}$

2 다음 순환소수의 순환마디를 구하고, 이를 이용하여
순환소수를 간단히 나타내시오.

(1) 0.646464…

(2) 2.1222…

(3) −1.201201…

(4) 0.05444…

3 다음 보기의 분수 중에서 유한소수로 나타낼 수 있는
것을 모두 고르시오.

보기
ㄱ. $\frac{3}{2^2}$ ㄴ. $\frac{7}{2^2 \times 5^2}$ ㄷ. $\frac{1}{3^2 \times 5}$
ㄹ. $\frac{3}{2 \times 5 \times 7}$ ㅁ. $\frac{11}{5^3 \times 11}$ ㅂ. $\frac{11}{2 \times 5^2}$

4 다음 분수에 어떤 자연수를 곱하면 유한소수로 나타
낼 수 있다. 어떤 자연수 중 가장 작은 자연수를 □
안에 쓰시오.

(1) $\frac{3}{2 \times 7} \times \boxed{}$

(2) $\frac{6}{2^2 \times 3^2 \times 5} \times \boxed{}$

(3) $\frac{7}{30} \times \boxed{}$

(4) $\frac{30}{252} \times \boxed{}$

5 다음 순환소수를 x라 하고 분수로 나타낼 때, 가장
편리한 식을 바르게 연결하시오.

(1) $0.2\dot{6}$ •   • $10x - x$

(2) $1.\dot{3}$ •   • $1000x - 10x$

(3) $0.3\dot{7}\dot{8}$ •   • $100x - x$

(4) $2.\dot{3}0\dot{5}$ •   • $1000x - x$

6 다음 순환소수를 기약분수로 나타내시오.

(1) $0.\dot{1}0\dot{3}$

(2) $2.\dot{5}$

(3) $5.1\dot{4}$

(4) $1.4\dot{2}\dot{1}$

대단원 개념 마무리 29

유리수의 표현과 식의 계산

▶정답과 해설 23쪽

Ⅰ·1 유리수와 순환소수

❶ 유한소수와 무한소수의 구분

1 다음 보기에서 유한소수를 모두 고르시오.

보기
ㄱ. 0.725   ㄴ. 0.2555…   ㄷ. 0.414141…
ㄹ. $\frac{5}{8}$ ㅁ. $\frac{7}{7}$ ㅂ. $\frac{7}{10}$

❸ 유한소수 또는 순환소수로 나타낼 수 있는 분수

4 다음 분수를 10의 거듭제곱을 이용하여 유한소수로
나타내시오.

(1) $\frac{4}{125}$

(2) $\frac{7}{40}$

5 다음 보기에서 유한소수와 순환소수를 각각 모두 고르
시오.

보기
ㄱ. $\frac{3}{20}$ ㄴ. $\frac{1}{60}$ ㄷ. $\frac{1}{2^2 \times 5}$
ㄹ. $\frac{5}{2^2 \times 7}$ ㅁ. $\frac{28}{140}$ ㅂ. $\frac{1}{180}$
ㅅ. $\frac{27}{3^2 \times 5}$ ㅇ. $\frac{33}{2 \times 5^3 \times 11}$ ㅈ. $\frac{13}{36}$

유한소수: 순환소수:

❷ 순환소수의 표현

2 다음 보기에서 순환소수를 모두 고르시오.

보기
ㄱ. 0.222…   ㄴ. 0.123123123
ㄷ. 1.020030004…   ㄹ. 1.363636…
ㅁ. 2.12353535…   ㅂ. 3.091929…

6 다음 분수가 유한소수로 나타내어질 때, a의 값이 될
수 있는 가장 작은 자연수를 구하시오.

(1) $\frac{1}{2 \times 5^2 \times 7} \times a$

(2) $\frac{7}{2^2 \times 3 \times 5^2 \times 7} \times a$

3 다음 순환소수를 순환마디를 써서 간단히 나타내시오.

(1) 0.777…

(2) −1.282828…

(3) −2.0434343…

(4) 3.512512512…

(5) 31.231231231…

(3) $\frac{5}{18} \times a$

(4) $\frac{15}{630} \times a$

익힘북

개념별 문제를
한 번 더 확인해요.

2 익힘북

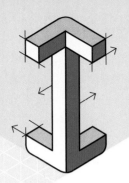

유리수의 표현과 식의 계산

개념
CHECK

I·1 유리수와 순환소수

❶ 유한소수와 순환소수

(1) **유리수**: 분수 $\dfrac{a}{b}$ (a, b는 정수, $b\neq0$)의 꼴로 나타낼 수 있는 수

→ 분모는 0이 될 수 없어!

(2) **유한소수와 무한소수**

① 유한소수: 소수점 아래에 0이 아닌 숫자가 유한 번 나타나는 소수 예 0.3, 1.45

② 무한소수: 소수점 아래에 0이 아닌 숫자가 무한 번 나타나는 소수 예 0.16116⋯

(3) **순환소수**

① 순환소수: 소수점 아래에서 일정한 숫자의 배열이 한없이 되풀이되는 무한소수
→ 순환마디

② 순환소수의 표현: 순환마디는 한 번만 쓰고 그 양 끝의 숫자 위에 점을 찍는다.

예 $0.666\cdots=0.\dot6$ $0.415415415\cdots=0.\dot4\dot15$ $3.3696969\cdots=3.3\dot6\dot9$
   순환마디   순환마디   순환마디

(4) **유한소수로 나타낼 수 있는 분수**

분수
↓ 약분
기약분수로 나타내기
↓
분모 소인수분해하기

분모의 소인수가 2 또는 5뿐이다. ➡ 유한소수

분모에 2와 5 이외의 소인수가 있다. ➡ 순환소수

❷ 유리수와 소수의 관계

→ 정수가 아닌 유리수는 유한소수 또는 순환소수!

소수 ┬ 유한소수 ─────────────┐
     └ 무한소수 ┬ 순환소수 ────┴→ 유리수이다.
               └ 순환소수가 아닌 무한소수 → 유리수가 아니다.

* $\dfrac{15}{18} = \dfrac{5}{6} = \dfrac{5}{2\times3}$: ❶ [ ] 소수
  ↑약분 ↑분모를 소인수분해

* $\dfrac{6}{40} = \dfrac{3}{20} = \dfrac{3}{❷[\ ]}$: ❸ [ ] 소수
  ↑약분 ↑분모를 소인수분해

I·2 식의 계산

❶ 지수법칙: m, n이 자연수일 때

지수의 합
(1) $a^m \times a^n = a^{m+n}$

지수의 곱
(2) $(a^m)^n = a^{mn}$

(3) $a\neq0$일 때

지수의 차
$$\begin{cases} m>n\text{이면 } a^m \div a^n = a^{m-n} \\ m=n\text{이면 } a^m \div a^n = 1 \\ m<n\text{이면 } a^m \div a^n = \dfrac{1}{a^{n-m}} \end{cases}$$

지수의 분배   지수의 분배
(4) $(ab)^m = a^m b^m$, $\left(\dfrac{a}{b}\right)^m = \dfrac{a^m}{b^m}$ ($b\neq0$)

다음 식을 간단히 하면
* $3^2 \times 3^7 =$ ❹ [ ]
* $(2^3)^4 =$ ❺ [ ]
* $5^{12} \div 5^8 =$ ❻ [ ]
* $(2x^2y)^3 =$ ❼ [ ]
* $\left(\dfrac{b^3}{a^2}\right)^2 =$ ❽ [ ]

❷ 단항식의 계산

(1) 단항식의 곱셈

① 계수는 계수끼리, 문자는 문자끼리 곱한다.

② 같은 문자끼리의 곱셈은 지수법칙을 이용한다.

예 $2x^2y^3 \times 3x^4y^5 = (2 \times 3) \times (x^2 \times x^4) \times (y^3 \times y^5) = 6x^6y^8$

ㄴ 지수법칙을 이용해! ┘

(2) 단항식의 나눗셈

방법 **1** 분수 꼴로 바꾸기

➡ $A \div B = \dfrac{A}{B}$

예 $12x^2y \div 4xy = \dfrac{12x^2y}{4xy} = 3x$

방법 **2** 역수 곱하기

➡ $A \div B = A \times \dfrac{1}{B} = \dfrac{A}{B}$

예 $12x^2y \div 4xy = 12x^2y \times \dfrac{1}{4xy} = 3x$

참고 나눗셈을 할 때, 분수 꼴인 항이 있으면 방법 **2**를 이용하는 것이 편리하다.

❸ 다항식의 계산

(1) 다항식의 덧셈과 뺄셈

→ 문자가 같고, 차수도 같은 항

① 다항식의 덧셈: 괄호를 풀고 동류항끼리 모아서 계산한다.

② 다항식의 뺄셈: 빼는 식의 각 항의 부호를 바꾸어 더한다.

예 $(2x+5y+9) - (x-y+4) = 2x+5y+9-x+y-4$
$= 2x-x+5y+y+9-4 = x+6y+5$

동류항

(2) 이차식의 덧셈과 뺄셈

① 이차식: 다항식의 각 항의 차수 중 가장 큰 차수가 2인 다항식

② 이차식의 덧셈과 뺄셈: 괄호를 풀고 동류항끼리 모아서 계산한다.

예 $(3x^2-2x+1) - (x^2+3x) = 3x^2-2x+1-x^2-3x = 2x^2-5x+1$

(3) (단항식)×(다항식): 분배법칙을 이용하여 식을 전개한다.

예 $2x(x+y-3) \xrightarrow{\text{전개}} 2x^2+2xy-6x$

단항식 다항식   전개식

(4) (다항식)÷(단항식)

방법 **1** 분수 꼴로 바꾸기 → 나누는 항의 계수가 정수일 때

➡ $(A+B) \div C = \dfrac{A+B}{C}$

방법 **2** 역수 곱하기 → 나누는 항의 계수가 분수일 때

➡ $(A+B) \div C = (A+B) \times \dfrac{1}{C} = \dfrac{A+B}{C}$

(5) 덧셈, 뺄셈, 곱셈, 나눗셈이 혼합된 식의 계산

❶ 괄호가 있는 거듭제곱이 있으면 지수법칙을 이용하여 괄호를 푼다.

❷ 여러 가지 괄호가 섞여 있는 경우 (소괄호) → {중괄호} → [대괄호]의 순서대로 푼다.

❸ 분배법칙을 이용하여 곱셈, 나눗셈을 한다.

❹ 동류항끼리 모아서 덧셈, 뺄셈을 한다.

- $(2x-7y)+(3x+8y)$ ┐ 괄호 풀기
  $= 2x-7y+3x+8y$ ┐ 동류항끼리 모으기
  $= 2x+\boxed{⑨}\ -7y+8y$ ┐ 동류항끼리 계산
  $= \boxed{⑩}\ +y$

- $(3xy-6x) \div 3x$
  $= \dfrac{3xy-6x}{\boxed{⑪}} = \boxed{⑫}$

- $(2x^2-3x) \div \dfrac{1}{2}x$
  $= (2x^2-3x) \times \boxed{⑬} = \boxed{⑭}$

정답

❶ 순환 ❷ $2^2 \times 5$ ❸ 유한 ❹ 3^9

❺ 2^{12} ❻ 5^4 ❼ $8x^6y^3$ ❽ $\dfrac{b^6}{a^4}$

❾ $3x$ ❿ $5x$ ⑪ $3x$ ⑫ $y-2$ ⑬ $\dfrac{2}{x}$

⑭ $4x-6$

유한소수와 무한소수의 구분

▶ 정답과 해설 2쪽

다음 분수를 소수로 나타내고, 유한소수와 무한소수로 구분하시오.

(1) $\frac{1}{5}=1\div5=0.2$
(2) $\frac{3}{4}=3\div4=0.75$

소수점 아래에 0이 아닌 숫자가 유한 번 나타난다. ➡ **유한소수**

(3) $\frac{1}{3}=1\div3=0.333\cdots$
(4) $\frac{5}{11}=5\div11=0.4545\cdots$

소수점 아래에 0이 아닌 숫자가 무한 번 나타난다. ➡ **무한소수**

○ 익힘북 2쪽

1 다음 중에서 옳은 것에 ○표를 하시오.

(1) 0.42
➡ 소수점 아래에 0이 아닌 숫자가 유한 번 나타나므로 (유한, 무한)소수이다.

(2) 0.696969⋯
➡ 소수점 아래에 0이 아닌 숫자가 무한 번 나타나므로 (유한, 무한)소수이다.

(3) 0.010010001⋯
➡ 소수점 아래에 0이 아닌 숫자가 무한 번 나타나므로 (유한, 무한)소수이다.

2 다음 소수가 유한소수이면 '유', 무한소수이면 '무'를 ( ) 안에 쓰시오.

(1) 0.15 ( )

(2) 0.3222⋯ ( )

(3) 0.384384 ( )

(4) −1.463 ( )

(5) −2.1555⋯ ( )

(6) −3.72616161⋯ ( )

3 다음 분수를 소수로 나타내고 유한소수이면 '유', 무한소수이면 '무'를 ( ) 안에 쓰시오.

(1) $\frac{5}{6}$ ➡ _____ ( )

(2) $\frac{7}{4}$ ➡ _____ ( )

(3) $\frac{1}{11}$ ➡ _____ ( )

(4) $\frac{4}{9}$ ➡ _____ ( )

(5) $-\frac{3}{10}$ ➡ _____ ( )

(6) $-\frac{6}{19}$ ➡ _____ ( )

순환소수의 표현

다음 순환소수를 간단히 나타내시오.

순환소수	순환마디		순환소수의 표현
0.222···	0.222···	➡ 2	0.2̇
3.163163163···	3.163163163···	➡ 163	3.1̇63̇
1.2343434···	1.2343434···	➡ 34	1.23̇4̇

 주의하자
- 순환마디의 숫자가 3개 이상이면 양 끝의 숫자 위에만 점을 찍어!
  예 3.163163163··· ➡ 3.1̇63̇ (×)
- 순환마디는 소수점 아래에서 처음으로 반복되는 부분이야!
  예 3.163163163··· ➡ 3.1̇6̇ (×)
  ➡ 3.163̇1̇ (×)

○익힘북 2쪽

1 다음 중에서 옳은 것에 ○표를 하시오.

(1) 0.333···
➡ 소수점 아래에서 3이 한없이 되풀이되므로 (순환소수이다, 순환소수가 아니다).

(2) 0.242424···
➡ 소수점 아래에서 24가 한없이 되풀이되므로 (순환소수이다, 순환소수가 아니다).

(3) 0.1010010001···
➡ 소수점 아래에서 되풀이되는 일정한 숫자의 배열이 없으므로 (순환소수이다, 순환소수가 아니다).

2 다음 소수 중 순환소수인 것은 ○표, 순환소수가 아닌 것은 ×표를 ( ) 안에 쓰시오.

(1) 0.212121···　　　　　(　)

(2) 0.342375···　　　　　(　)

(3) 4.327327327···　　　(　)

(4) 0.525252　　　　　　(　)

(5) 1.2383838···　　　　(　)

3 다음 순환소수에 대하여 □ 안에 알맞은 수를 쓰시오.

(1) 0.555···
➡ 순환마디는 □이다.
➡ 점을 찍어 간단히 나타내면 □이다.

(2) 0.8949494···
➡ 순환마디는 □이다.
➡ 점을 찍어 간단히 나타내면 □이다.

4 다음 순환소수의 순환마디를 구하고, 순환마디에 점을 찍어 간단히 나타내시오.

	순환마디	순환소수의 표현
(1) 3.555···		
(2) 1.464646···		
(3) 0.0272727···		
(4) 0.384384···		
(5) 7.267267···		
(6) 1.1375375···		

유한소수 또는 순환소수로 나타낼 수 있는 분수

▶정답과 해설 2쪽

다음 분수를 유한소수로 나타낼 수 있는 것과 순환소수로 나타낼 수 있는 것으로 구분하시오.

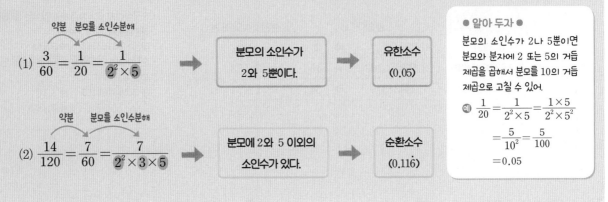

● 알아 두자 ●

분모의 소인수가 2나 5뿐이면 분모와 분자에 2 또는 5의 거듭제곱을 곱해서 분모를 10의 거듭제곱으로 고칠 수 있어.

예 $\dfrac{1}{20} = \dfrac{1}{2^2 \times 5} = \dfrac{1 \times 5}{2^2 \times 5^2}$

$= \dfrac{5}{10^2} = \dfrac{5}{100}$

$= 0.05$

◉익힘북 2쪽

1 다음은 기약분수를 분모가 10의 거듭제곱인 분수로 고쳐서 유한소수로 나타내는 과정이다. □ 안에 알맞은 수를 쓰시오.

(1) $\dfrac{3}{8} = \dfrac{3}{2^{\square}} = \dfrac{3 \times 5^{\square}}{2^{\square} \times 5^{\square}} = \dfrac{\square}{10^{\square}} = \dfrac{\square}{1000} = \square$

(2) $\dfrac{2}{25} = \dfrac{2}{5^{\square}} = \dfrac{2^{\square}}{5^{\square} \times 2^{\square}} = \dfrac{\square}{10^{\square}} = \dfrac{\square}{100} = \square$

(3) $\dfrac{7}{50} = \dfrac{7}{2 \times 5^{\square}} = \dfrac{7 \times \square}{2 \times 5^{\square} \times \square} = \dfrac{\square}{2^{\square} \times 5^{\square}}$

$= \dfrac{\square}{10^{\square}} = \dfrac{\square}{100} = \square$

(4) $\dfrac{9}{200} = \dfrac{9}{2^3 \times 5^{\square}} = \dfrac{9 \times \square}{2^3 \times 5^{\square} \times \square} = \dfrac{\square}{2^{\square} \times 5^{\square}}$

$= \dfrac{\square}{10^{\square}} = \dfrac{\square}{1000} = \square$

2 다음 □ 안에 알맞은 수를 쓰고, 옳은 것에 ○표를 하시오.

(1) $\dfrac{1}{40} = \dfrac{1}{2^3 \times 5}$

➡ 분모의 소인수가 □와 □뿐이다.

➡ 유한소수로 나타낼 수 (있다, 없다).

(2) $\dfrac{3}{70} = \dfrac{3}{2 \times 5 \times 7}$

➡ 분모에 2나 5 이외의 소인수 □이 있다.

➡ 유한소수로 나타낼 수 (있다, 없다).

(3) $\dfrac{7}{28} = \dfrac{1}{4} = \dfrac{1}{2^2}$

➡ 분모의 소인수가 □뿐이다.

➡ 유한소수로 나타낼 수 (있다, 없다).

(4) $\dfrac{14}{168} = \dfrac{1}{12} = \dfrac{1}{2^2 \times 3}$

➡ 분모에 2나 5 이외의 소인수 □이 있다.

➡ 유한소수로 나타낼 수 (있다, 없다).

3 다음 □ 안에 알맞은 수를 쓰고, 옳은 것에 ○표를 하시오.

(1) $\dfrac{12}{75}$ $\xrightarrow{\text{약분}}$ □ $\xrightarrow{\text{분모를 소인수분해}}$ □

→ (유한소수, 순환소수)

(2) $\dfrac{34}{66}$ $\xrightarrow{\text{약분}}$ □ $\xrightarrow{\text{분모를 소인수분해}}$ □

→ (유한소수, 순환소수)

(3) $\dfrac{42}{176}$ $\xrightarrow{\text{약분}}$ □ $\xrightarrow{\text{분모를 소인수분해}}$ □

→ (유한소수, 순환소수)

(4) $\dfrac{135}{200}$ $\xrightarrow{\text{약분}}$ □ $\xrightarrow{\text{분모를 소인수분해}}$ □

→ (유한소수, 순환소수)

(5) $\dfrac{99}{308}$ $\xrightarrow{\text{약분}}$ □ $\xrightarrow{\text{분모를 소인수분해}}$ □

→ (유한소수, 순환소수)

(6) $\dfrac{81}{720}$ $\xrightarrow{\text{약분}}$ □ $\xrightarrow{\text{분모를 소인수분해}}$ □

→ (유한소수, 순환소수)

조금 더+ **분수가 유한소수가 되도록 하는 자연수 곱하기**

$\dfrac{1}{70} \times$ □ 를 유한소수로 나타낼 수 있을 때, □ 안에 들어갈 가장 작은 자연수는?

$$\dfrac{1}{70} \times \square \xrightarrow{\text{분모를 소인수분해}} \dfrac{1}{2 \times 5 \times 7} \times \square$$

➡ 유한소수가 되려면 분모의 소인수가 2나 5뿐이어야 하므로 분모의 소인수 7이 약분되어 없어지도록 7의 배수를 곱한다.

➡ □ 안에 들어갈 수 있는 자연수는 7, 14, 21, 28, …

➡ 이 중 가장 작은 자연수는 7이다.

4 다음 분수에 어떤 자연수를 곱하면 유한소수로 나타낼 수 있다. 어떤 자연수 중 가장 작은 자연수를 □ 안에 쓰시오.

(1) $\dfrac{2}{5 \times 11} \times$ □

➡ 분모의 소인수가 2나 5뿐이 되도록 하는 가장 작은 자연수 □ 을 곱한다.

(2) $\dfrac{1}{2^2 \times 7} \times$ □

(3) $\dfrac{3}{2 \times 3^2 \times 5^2} \times$ □

➡ $\dfrac{3}{2 \times 3^2 \times 5^2} = \dfrac{1}{2 \times 3 \times 5^2}$ 이므로

➡ 분모의 소인수가 2나 5뿐이 되도록 하는 가장 작은 자연수 □ 을 곱한다.

(4) $\dfrac{11}{5^2 \times 11 \times 13} \times$ □

(5) $\dfrac{7}{60} \times$ □

➡ $\dfrac{7}{60} = \dfrac{7}{2^2 \times 3 \times 5}$ 이므로

➡ 분모의 소인수가 2나 5뿐이 되도록 하는 가장 작은 자연수 □ 을 곱한다.

(6) $\dfrac{3}{140} \times$ □

(7) $\dfrac{39}{630} \times$ □

4 순환소수를 분수로 나타내기 (1)

▶ 정답과 해설 2쪽

순환소수 $0.\dot{1}\dot{5}$를 기약분수로 나타내시오.

❶ $x=$(순환소수)로 놓기

❷ 소수점 옮기기

❸ 분수로 나타내기

$x=0.1515\cdots$ $\cdots$㉠

$\longrightarrow$

㉠의 양변에 100을 곱하여
소수점을 첫 순환마디 뒤로
옮기기

➡ $100x=15.1515\cdots$ $\cdots$㉡

$\longrightarrow$

㉡－㉠을 하면

소수 부분이 같다.

$100x=15.1515\cdots$

$-)\ \ \ \ x=\ \ 0.1515\cdots$

$99x=15$

$\therefore x=\dfrac{15}{99}=\dfrac{5}{33}$

◎익힘북 3쪽

1 다음은 순환소수 $0.\dot{2}$를 기약분수로 나타내는 과정이다. □ 안에 알맞은 수를 쓰시오.

> $0.\dot{2}$를 x라고 하면
>
> $x=0.222\cdots$ $\cdots$㉠
>
> $10x=\boxed{}$ $\cdots$㉡
>
> ㉠과 ㉡은 소수 부분이 같으므로 ㉡－㉠을 하면
>
> $10x=\boxed{}$
>
> $-)\ \ \ x=0.2222\cdots$
>
> $9x=\boxed{}$
>
> $\therefore x=\dfrac{\boxed{}}{9}$

2 다음은 순환소수를 기약분수로 나타내는 과정이다. □ 안에 알맞은 수를 쓰시오.

(1) $1.\dot{6}$

➡ $1.\dot{6}$을 x라고 하면 $x=1.666\cdots$

$\boxed{}x=16.666\cdots$

$-)\ \ \ \ x=\ \ 1.666\cdots$

$\boxed{}x=15$

$\therefore x=\dfrac{15}{\boxed{}}=\boxed{}$

(2) $2.\dot{0}\dot{7}$

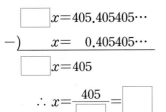

➡ $2.\dot{0}\dot{7}$을 x라고 하면 $x=2.070707\cdots$

$\boxed{}x=207.070707\cdots$

$-)\ \ \ \ x=\ \ 2.070707\cdots$

$\boxed{}x=205$

$\therefore x=\boxed{}$

(3) $0.\dot{4}0\dot{5}$

➡ $0.\dot{4}0\dot{5}$를 x라고 하면 $x=0.405405\cdots$

$\boxed{}x=405.405405\cdots$

$-)\ \ \ \ x=\ \ 0.405405\cdots$

$\boxed{}x=405$

$\therefore x=\dfrac{405}{\boxed{}}=\boxed{}$

(4) $3.\dot{1}5\dot{4}$

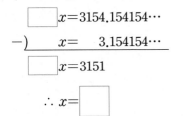

➡ $x=3.\dot{1}5\dot{4}$를 x라고 하면 $x=3.154154\cdots$

$\boxed{}x=3154.154154\cdots$

$-)\ \ \ \ x=\ \ 3.154154\cdots$

$\boxed{}x=3151$

$\therefore x=\boxed{}$

조금 더+ **소수점 아래 바로 순환마디가 오지 않는 경우**

순환소수의 소수 부분이 같아지도록 소수점을 첫 순환마디의 앞,
뒤로 옮겨 봐!

예 $0.1\dot{7}\dot{6}$을 x라고 하면 $x=0.1767676\cdots$

$\quad\quad 1000x=176.767676\cdots$ ← 소수점을 첫 순환마디 뒤로 옮긴 식

$\quad -)\quad 10x=\quad\ 1.767676\cdots$ ← 소수점을 첫 순환마디 앞으로 옮긴 식

$\quad\quad\ 990x=175$

$\quad\quad \therefore x=\dfrac{175}{990}=\dfrac{35}{198}$

3 다음은 순환소수를 기약분수로 나타내는 과정이다.
□ 안에 알맞은 수를 쓰시오.

(1) $1.8\dot{4}$

➡ $1.8\dot{4}$를 x라고 하면 $x=1.8444\cdots$

$\quad\boxed{}\,x=184.444\cdots$

$-)\ \boxed{}\,x=\ 18.444\cdots$

$\quad\boxed{}\,x=166$

$\quad\quad \therefore x=\dfrac{166}{\boxed{}}=\boxed{}$

(2) $0.3\dot{0}\dot{9}$

➡ $0.3\dot{0}\dot{9}$를 x라고 하면 $x=0.3090909\cdots$

$\quad\boxed{}\,x=309.090909\cdots$

$-)\ \boxed{}\,x=\ \ 3.090909\cdots$

$\quad\boxed{}\,x=306$

$\quad\quad \therefore x=\dfrac{306}{\boxed{}}=\boxed{}$

(3) $0.21\dot{5}$

➡ $x=0.21\dot{5}$를 x라고 하면 $x=0.21555\cdots$

$\quad\boxed{}\,x=215.555\cdots$

$-)\ \boxed{}\,x=\ 21.555\cdots$

$\quad\boxed{}\,x=194$

$\quad\quad \therefore x=\dfrac{194}{\boxed{}}=\boxed{}$

4 다음 순환소수를 x라 하고 분수로 나타낼 때, 가장
편리한 식을 보기에서 찾아 그 기호를 쓰시오.

보기

ㄱ. $10x-x$ ㄴ. $100x-x$

ㄷ. $100x-10x$ ㄹ. $1000x-x$

ㅁ. $1000x-10x$ ㅂ. $1000x-100x$

(1) $0.\dot{3}\dot{8}$ _____

(2) $0.71\dot{3}$ _____

(3) $3.\dot{2}1\dot{5}$ _____

(4) $1.\dot{7}$ _____

(5) $2.3\dot{2}\dot{4}$ _____

(6) $0.2\dot{5}$ _____

5 다음 순환소수를 기약분수로 나타내시오.

(1) $0.\dot{8}$ _____

(2) $0.\dot{1}2\dot{3}$ _____

(3) $3.0\dot{7}$ _____

(4) $0.2\dot{6}\dot{3}$ _____

(5) $2.4\dot{3}\dot{6}$ _____

5 순환소수를 분수로 나타내기 (2)

▶정답과 해설 3쪽

다음 순환소수를 기약분수로 나타내시오.

기억하자

- 분모: 순환마디를 이루는 숫자의 개수만큼 9를 쓰고, 그 뒤에 소수점 아래에서 순환하지 않는 숫자의 개수만큼 0을 쓰면 돼!

- 분자:
$$(전체의 수) - \left(\begin{array}{c}순환하지 않는 \\ 부분의 수\end{array}\right)$$

소수점 아래 바로 순환마디가 오는 경우

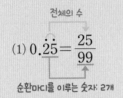

전체의 수

$$(1)\ 0.\dot{2}\dot{5} = \frac{25}{99}$$

순환마디를 이루는 숫자: 2개

소수점 아래 바로 순환마디가 오지 않는 경우

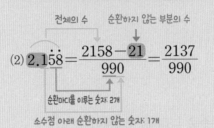

전체의 수 　 순환하지 않는 부분의 수

$$(2)\ 2.1\dot{5}\dot{8} = \frac{2158 - 21}{990} = \frac{2137}{990}$$

순환마디를 이루는 숫자: 2개

소수점 아래 순환하지 않는 숫자: 1개

○익힘북 3쪽

[소수점 아래 바로 순환마디가 오는 경우]

1 다음은 순환소수를 기약분수로 나타내는 과정이다. ☐ 안에 알맞은 수를 쓰시오.

(1) $0.\dot{6} = \dfrac{\boxed{}}{9} = \boxed{}$

(2) $0.\dot{3}\dot{4} = \dfrac{34}{\boxed{}}$

(3) $0.\dot{1}7\dot{3} = \dfrac{\boxed{}}{999}$

(4) $2.\dot{5}\dot{9} = \dfrac{259 - \boxed{}}{99} = \dfrac{\boxed{}}{99}$

(5) $3.\dot{4}2\dot{7} = \dfrac{3427 - \boxed{}}{\boxed{}} = \boxed{}$

(6) $0.\dot{4}\dot{5} = \boxed{}$

(7) $4.\dot{5}1\dot{6} = \boxed{}$

[소수점 아래 바로 순환마디가 오지 않는 경우]

2 다음은 순환소수를 기약분수로 나타내는 과정이다. ☐ 안에 알맞은 수를 쓰시오.

(1) $0.6\dot{5} = \dfrac{65 - \boxed{}}{90} = \boxed{}$

(2) $6.5\dot{1} = \dfrac{651 - \boxed{}}{90} = \dfrac{\boxed{}}{90} = \boxed{}$

(3) $2.3\dot{4}\dot{6} = \dfrac{2346 - \boxed{}}{990} = \boxed{}$

(4) $1.7\dot{8}\dot{4} = \dfrac{1784 - \boxed{}}{\boxed{}} = \dfrac{\boxed{}}{990} = \boxed{}$

(5) $0.5\dot{2} = \boxed{}$

(6) $3.1\dot{9}\dot{2} = \boxed{}$

(7) $0.4\dot{7}\dot{3} = \boxed{}$

14 I. 유리수의 표현과 식의 계산

유리수와 소수의 관계

다음 보기의 수를 해당하는 영역의 빈칸에 쓰시오.

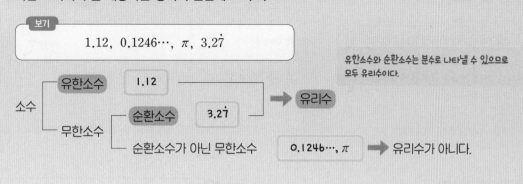

유한소수와 순환소수는 분수로 나타낼 수 있으므로 모두 유리수이다.

◐ 익힘북 **4쪽**

1 다음 중 유리수인 것은 ○표, 유리수가 <u>아닌</u> 것은 ×표를 ( ) 안에 쓰시오.

(1) $-\dfrac{5}{21}$ ( )

(2) $0.357914\cdots$ ( )

(3) $1.25\dot{8}$ ( )

(4) 0 ( )

(5) $\pi+1$ ( )

(6) $0.8717171\cdots$ ( )

2 다음은 유리수와 소수에 대한 설명이다. 옳은 것은 ○표, 옳지 <u>않은</u> 것은 ×표를 ( ) 안에 쓰시오.

(1) 모든 유리수는 분수로 나타낼 수 있다. ( )

(2) 모든 무한소수는 유리수이다. ( )

(3) 모든 순환소수는 유리수이다. ( )

(4) 모든 유한소수는 유리수이다. ( )

(5) 무한소수 중에는 유리수가 아닌 것도 있다.
( )

(6) 모든 순환소수는 분수로 나타낼 수 있다.
( )

(7) 정수가 아닌 유리수는 모두 유한소수로 나타낼 수 있다. ( )

지수법칙 (1) – 지수의 합

▶ 정답과 해설 4쪽

다음 식을 간단히 하시오.

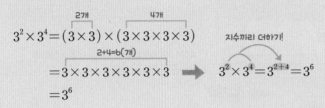

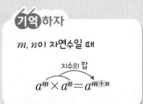

m, n이 자연수일 때

지수의 합

$$a^m \times a^n = a^{m+n}$$

◎익힘북 4쪽

1 다음 식을 간단히 하시오.

(1) $x \times x^9 = x^{\square+9} = x^{\square}$

(2) $5^3 \times 5^8$ _____

(3) $y^2 \times y^7$ _____

(4) $a^2 \times a^4 \times a^3 = a^{2+\square} \times a^3 = a^{2+\square+3} = a^{\square}$

(5) $3^5 \times 3 \times 3^8$ _____

(6) $x^3 \times x^6 \times x^2$ _____

(7) $a^3 \times a^5 \times a^2 \times a^2$ _____

(8) $2^4 \times 2^2 \times 2^3 \times 2^5$ _____

조금 더⁺ **밑이 다른 거듭제곱이 있는 경우**

지수법칙은 밑이 서로 같을 때만 이용할 수 있어!

예 $x^3 \times y^2 \times x^5 \times y^4 = \underset{밑이\ x}{x^3 \times x^5} \times \underset{밑이\ y}{y^2 \times y^4}$

$\qquad\qquad = x^{3+5} \times y^{2+4}$

$\qquad\qquad = x^8 y^6$

2 다음 식을 간단히 하시오.

(1) $a^5 \times b^3 \times a^7 = \underline{a^5 \times a^7} \times \underline{b^3} = \underline{a^{5+\square}} \times \underline{b^3} = a^{\square} b^3$

(2) $x^3 \times y^4 \times x^4$ _____

(3) $x^2 \times y^3 \times x^3 \times y^5 = \underline{x^2 \times x^3} \times \underline{y^3 \times y^5}$

$\qquad\qquad = x^{2+\square} \times y^{3+\square} = x^{\square} y^{\square}$

(4) $a^4 \times b^4 \times a \times b^3$ _____

(5) $2^3 \times 2 \times 5^2 \times 2^5 \times 5^4$ _____

(6) $x \times y^3 \times x^2 \times y^4 \times x^5$ _____

지수법칙 (2) – 지수의 곱

▶ 정답과 해설 4쪽

다음 식을 간단히 하시오.

$$5^2이 3개$$
$$(5^2)^3 = 5^2 \times 5^2 \times 5^2$$
$$= 5^{2+2+2} \leftarrow a^m \times a^n = a^{m+n}$$
$$= 5^{2 \times 3}$$
$$= 5^6$$

지수끼리 곱하기!

$$\rightarrow (5^2)^3 = 5^{2 \times 3} = 5^6$$

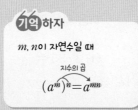

기억하자

m, n이 자연수일 때

지수의 곱

$$(a^m)^n = a^{mn}$$

◎ 익힘북 5쪽

1 다음 식을 간단히 하시오.

(1) $(a^6)^2 = a^{6 \times \square} = a^{\square}$

(2) $(10^3)^3$ _____

(3) $(x^3)^7$ _____

(4) $(5^6)^3$ _____

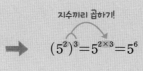

조금 더⁺ **지수의 곱과 합**

$$a^2 \times (a^4)^3 \xrightarrow{\text{지수의 곱}} a^2 \times a^{4 \times 3} = a^2 \times a^{12} \xrightarrow{\text{지수의 합}} a^{2+12} = a^{14}$$

2 다음 식을 간단히 하시오.

(1) $x \times (x^3)^5 = x \times x^{3 \times \square} = x \times x^{\square} = x^{1+\square} = x^{\square}$

(2) $(7^2)^3 \times 7^2$ _____

(3) $(a^4)^2 \times (a^2)^5$ _____

(4) $(3^3)^5 \times (3^2)^4$ _____

3 다음 식을 간단히 하시오.

(1) $(a^2)^3 \times (b^4)^2 \times a^5 = a^{\square} \times b^{\square} \times a^5$
$$= a^{\square} \times a^5 \times b^{\square}$$
$$= a^{\square+5} \times b^{\square}$$
$$= a^{\square} b^{\square}$$

(2) $(x^2)^5 \times y^3 \times (y^3)^4$ _____

(3) $(x^2)^3 \times (y^4)^2 \times (x^2)^5$ _____

(4) $(a^3)^4 \times b^2 \times (a^2)^3 \times b$ _____

(5) $x^2 \times (y^4)^3 \times (x^4)^5 \times (y^2)^8$ _____

(6) $(a^2)^4 \times (b^2)^3 \times (a^2)^2 \times b^5$ _____

9 지수법칙 (3) - 지수의 차

▶정답과 해설 4쪽

다음 식을 간단히 하시오.

(1) $3^7 \div 3^3 = \dfrac{3^7}{3^3} = \dfrac{3 \times 3 \times 3 \times 3 \times 3 \times 3 \times 3}{3 \times 3 \times 3}$
$= 3 \times 3 \times 3 \times 3 = 3^4$

지수끼리 빼기!

➡ $3^7 \div 3^3 = 3^{7-3} = 3^4$

(2) $3^3 \div 3^3 = \dfrac{3^3}{3^3} = \dfrac{3 \times 3 \times 3}{3 \times 3 \times 3} = 1$

지수가 같으면

➡ $3^3 \div 3^3 = 1$

(3) $3^3 \div 3^7 = \dfrac{3^3}{3^7} = \dfrac{3 \times 3 \times 3}{3 \times 3 \times 3 \times 3 \times 3 \times 3 \times 3}$
$= \dfrac{1}{3 \times 3 \times 3 \times 3} = \dfrac{1}{3^4}$

지수끼리 빼기!

➡ $3^3 \div 3^7 = \dfrac{1}{3^{7-3}} = \dfrac{1}{3^4}$

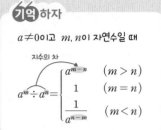

기억하자

$a \neq 0$이고 m, n이 자연수일 때

지수의 차

$a^m \div a^n = \begin{cases} a^{m-n} & (m > n) \\ 1 & (m = n) \\ \dfrac{1}{a^{n-m}} & (m < n) \end{cases}$

○익힘북 5쪽

1 다음 식을 간단히 하시오.

(1) $x^9 \div x^4 = x^{\boxed{}-4} = x^{\boxed{}}$

(2) $a^3 \div a^3 = \boxed{}$

(3) $b^8 \div b^{12} = \dfrac{1}{b^{12-\boxed{}}} = \dfrac{1}{b^{\boxed{}}}$

(4) $7^5 \div 7$ _____

(5) $b^8 \div b^8$ _____

(6) $2^2 \div 2^{15}$ _____

(7) $y^7 \div y^2 \div y^3 = y^{7-\boxed{}} \div y^3 = y^{7-\boxed{}-3} = y^{\boxed{}}$

(8) $x^9 \div x \div x^3$ _____

조금 더⁺ **지수의 곱과 차**

$(a^4)^3 \div (a^2)^4 \xrightarrow{\text{지수의 곱}} a^{12} \div a^8 \xrightarrow{\text{지수의 차}} a^4$

2 다음 식을 간단히 하시오.

(1) $(b^3)^5 \div (b^4)^3 = b^{\boxed{}} \div b^{\boxed{}} = b^{\boxed{}-\boxed{}} = b^{\boxed{}}$

(2) $(x^5)^2 \div (x^4)^3$ _____

(3) $(a^4)^6 \div (a^2)^{12}$ _____

(4) $(x^3)^4 \div x^2 \div (x^3)^2 = x^{\boxed{}} \div x^2 \div x^{\boxed{}}$
$= x^{\boxed{}-2-\boxed{}} = x^{\boxed{}}$

(5) $(5^3)^6 \div (5^7)^2 \div 5^3$ _____

(6) $(a^5)^3 \div (a^2)^4 \div (a^3)^3$ _____

지수법칙 (4) – 지수의 분배

▶ 정답과 해설 4쪽

다음 식을 간단히 하시오.

(1) $(5x)^2 = 5x \times 5x = 5 \times 5 \times x \times x$
$= 5^2 x^2 = 25x^2$

지수 나눠 주기!

$(5x)^2 = 5^2 x^2 = 25x^2$

(2) $\left(\dfrac{x}{2}\right)^3 = \dfrac{x}{2} \times \dfrac{x}{2} \times \dfrac{x}{2} = \dfrac{x \times x \times x}{2 \times 2 \times 2}$
$= \dfrac{x^3}{2^3} = \dfrac{x^3}{8}$

지수 나눠 주기!

$\left(\dfrac{x}{2}\right)^3 = \dfrac{x^3}{2^3} = \dfrac{x^3}{8}$

● 지수법칙 (4) ●

m이 자연수일 때

지수의 분배

• $(ab)^m = a^m b^m$

• $\left(\dfrac{a}{b}\right)^m = \dfrac{a^m}{b^m}$ $(b \neq 0)$

참고 음수의 거듭제곱의 부호는 다음과 같이 결정된다.

$(-)^{(짝수)} = (+)$
$(-)^{(홀수)} = (-)$

◑익힘북 6쪽

1 다음 식을 간단히 하시오.

(1) $(2a)^4 = 2^4 a^4 = \boxed{} a^{\boxed{}}$

(2) $(3b)^3$ _____

(3) $(xy)^5$ _____

(4) $(x^3 y^2)^3 = x^{3 \times 3} y^{2 \times 3} = x^{\boxed{}} y^{\boxed{}}$

(5) $(a^2 b)^2$ _____

(6) $(xy^3)^6$ _____

(7) $(-x)^7 = (-1)^7 x^7 = -x^{\boxed{}}$

(8) $(-6b^2)^2$ _____

(9) $(-2a^2 b^3)^5$ _____

2 다음 식을 간단히 하시오.

(1) $\left(\dfrac{a^2}{b}\right)^3 = \dfrac{a^{2 \times 3}}{b^3} = \dfrac{a^{\boxed{}}}{b^3}$

(2) $\left(\dfrac{y^3}{3}\right)^4$ _____

(3) $\left(\dfrac{x^2}{y^3}\right)^7$ _____

(4) $\left(-\dfrac{y^2}{x^3}\right)^5 = (-1)^5 \times \dfrac{y^{2 \times 5}}{x^{3 \times 5}} = -\dfrac{y^{\boxed{}}}{x^{\boxed{}}}$

(5) $\left(-\dfrac{y^5}{x^4}\right)^6$ _____

(6) $\left(-\dfrac{a^5}{3}\right)^3$ _____

(7) $\left(\dfrac{6x^3}{5y^2}\right)^2 = \dfrac{6^2 x^{3 \times 2}}{5^2 y^{2 \times 2}} = \dfrac{\boxed{} x^{\boxed{}}}{\boxed{} y^{\boxed{}}}$

(8) $\left(\dfrac{b^2}{2a}\right)^5$ _____

(9) $\left(-\dfrac{3y^7}{4x^4}\right)^2$ _____

2. 식의 계산 **19**

 **단항식의 곱셈**

▶ 정답과 해설 5쪽

다음을 계산하시오.

$$2x^2 \times 4xy^3 = 2 \times x^2 \times 4 \times x \times y^3$$
$$= 2 \times 4 \times x^2 \times x \times y^3 \qquad \text{교환법칙}$$
$$= \underbrace{(2 \times 4)}_{\text{계수끼리}} \times \underbrace{(x^2 \times x)}_{\text{같은 문자끼리}} \times y^3 \qquad \substack{\text{결합법칙} \\ a^m \times a^n = a^{m+n}}$$
$$= 8x^3y^3$$

같은 문자끼리 곱하기

$$2x^2 \times 4xy^3 = 8x^3y^3$$

계수끼리 곱하기

참고 곱셈에서 부호는 다음과 같이 결정된다.

┌ ➖가 짝수개이면 ➡ ➕
└ ➖가 홀수개이면 ➡ ➖

○ 익힘북 6쪽

1 다음 ☐ 안에 알맞은 수 또는 식을 쓰시오.

(1) $3x \times 5y = 3 \times x \times 5 \times y$
$$= 3 \times 5 \times \boxed{} \times y$$
$$= \boxed{}$$

(2) $4a^5 \times 7a^4 = 4 \times a^5 \times 7 \times a^4$
$$= 4 \times 7 \times a^5 \times \boxed{}$$
$$= \boxed{}$$

(3) $9x^2y^3 \times \left(-\dfrac{1}{3}xy^2\right)$
$$= 9 \times x^2 \times y^3 \times \left(-\dfrac{1}{3}\right) \times x \times y^2$$
$$= 9 \times \left(\boxed{}\right) \times x^2 \times x \times \boxed{} \times y^2$$
$$= \boxed{}$$

거듭제곱 먼저 계산!

(4) $a^4 \times (-2ab)^3 = a^4 \times (-2)^{\boxed{}} \times a^3 \times b^{\boxed{}}$
$$= \boxed{} \times a^4 \times a^3 \times b^{\boxed{}}$$
$$= \boxed{}$$

2 다음을 계산하시오.

(1) $7x \times 3y$ _____

(2) $(-6a) \times \dfrac{1}{18}ab$ _____

(3) $\dfrac{1}{2}a^3b^4 \times (-4a^2b^4)$ _____

(4) $2x^2 \times \dfrac{1}{4}xy^3 \times (-2y)$ _____

(5) $2x \times (5y)^2$ _____

(6) $(-3ab)^3 \times 3ab^3$ _____

(7) $(2ab^2)^3 \times 3a^2b^3$ _____

(8) $5xy^6 \times (-4x^2y^3)^2$ _____

(9) $\dfrac{3}{8}x^4y \times (-2xy)^3 \times (2y)^2$ _____

 # 단항식의 나눗셈

다음을 계산하시오.

| 나눗셈을 분수 꼴로 바꾸기 | ← 나누는 항의 계수가 정수일 때 편리해 |

(1) $12ab \div 4a = \dfrac{12ab}{4a}$ ← $A \div B = \dfrac{A}{B}$

$\qquad\qquad = \dfrac{12}{4} \times \dfrac{ab}{a}$

$\qquad\qquad = 3b$

| 나누는 식의 역수 곱하기 | ← 나누는 항의 계수가 분수일 때 편리해 |

(2) $12ab \div \dfrac{4}{a} = 12ab \times \dfrac{a}{4}$ ← $A \div B = A \times \dfrac{1}{B}$

$\qquad\qquad = 12 \times \dfrac{1}{4} \times ab \times a$

$\qquad\qquad = 3a^2b$

○ 익힘북 7쪽

1 다음 □ 안에 알맞은 수 또는 식을 쓰시오.

(1) $15a^6 \div 3a^5 = \dfrac{15a^6}{\boxed{}}$ ← 분수 꼴로 바꾸기

$\qquad\qquad = \dfrac{15}{\boxed{}} \times \dfrac{a^6}{\boxed{}} = \boxed{}$

(2) $(-8x^7y) \div 4x^3 = \dfrac{-8x^7y}{4x^3}$ ← 분수 꼴로 바꾸기

$\qquad\qquad = \dfrac{-8}{4} \times \dfrac{x^7y}{\boxed{}} = \boxed{}$

(3) $6x^2 \div \dfrac{3}{4}x^5 = 6x^2 \div \dfrac{3x^5}{4}$

$\qquad\qquad = 6x^2 \times \dfrac{4}{3x^5}$ ← 나누는 식의 역수 곱하기

$\qquad\qquad = 6 \times \boxed{} \times x^2 \times \dfrac{1}{\boxed{}} = \boxed{}$

(4) $16a^2b^2 \div \dfrac{4}{5}a^8b = 16a^2b^2 \div \dfrac{4a^8b}{5}$

$\qquad\qquad = 16a^2b^2 \times \dfrac{5}{\boxed{}}$ ← 나누는 식의 역수 곱하기

$\qquad\qquad = 16 \times \boxed{} \times a^2b^2 \times \dfrac{1}{\boxed{}}$

$\qquad\qquad = \boxed{}$

2 다음을 계산하시오.

(1) $2x^6y \div 8x^2y^2$ _____

(2) $24x^3y^2 \div 6x^2y$ _____

(3) $9a^2b^5 \div \dfrac{3}{4}ab$ _____

(4) $5ab^2 \div \left(-\dfrac{1}{2}a\right)^2$ _____

3 다음을 계산하시오.

(1) $8x^3y^9 \div x^2y^2 \div 4x$

$\qquad = 8x^3y^9 \times \dfrac{1}{\boxed{}} \times \dfrac{1}{\boxed{}}$

$\qquad = 8 \times \dfrac{1}{\boxed{}} \times x^3y^9 \times \dfrac{1}{\boxed{}} \times \dfrac{1}{x}$

$\qquad = \boxed{}$

(2) $6a^9b^2 \div (-2a^3) \div b$ _____

(3) $(3xy^3)^2 \div \dfrac{7}{6}x \div \dfrac{3}{7}xy^4$ _____

 **단항식의 곱셈과 나눗셈의 혼합 계산**

▶정답과 해설 5쪽

다음을 계산하시오.

$$\underline{(3a)^3 \times (-2a^3) \div 9a^2}$$
$$=\underline{27a^3 \times (-2a^3)} \div 9a^2$$
$$=27a^3 \times (-2a^3) \times \frac{1}{9a^2}$$
$$=\underbrace{\left\{27 \times (-2) \times \frac{1}{9}\right\}}_{\text{계수끼리}} \times \underbrace{\left(a^3 \times a^3 \times \frac{1}{a^2}\right)}_{\text{문자끼리}}$$
$$=-6a^4$$

❶ 괄호가 있는 거듭제곱 계산하기

❷ 나누는 식의 역수 곱하기 (또는 분수 꼴로 바꾸기)

❸ 계수는 계수끼리, 문자는 문자끼리 계산하기

○익힘북 7쪽

1 다음 □ 안에 알맞은 수 또는 식을 쓰시오.

(1) $a^2b \times (-2ab)^2 \div \frac{1}{3}a^3b^2$

$\quad = a^2b \times \boxed{}a^2b^2 \div \dfrac{\boxed{}}{3}$

$\quad = a^2b \times \boxed{}a^2b^2 \times \dfrac{3}{\boxed{}}$

$\quad = \boxed{} \times 3 \times a^2b \times a^2b^2 \times \dfrac{1}{\boxed{}}$

$\quad = \boxed{}$

(2) $8a^5 \div (-2a)^3 \times (-3a^2)$

$\quad = 8a^5 \div (\boxed{}) \times (-3a^2)$

$\quad = 8a^5 \times \dfrac{1}{\boxed{}} \times (-3a^2)$

$\quad = 8 \times \left(-\dfrac{1}{\boxed{}}\right) \times (-3) \times a^5 \times \dfrac{1}{\boxed{}} \times a^2$

$\quad = \boxed{}$

(3) $2ab \div (-4a^2b^3) \times (2ab^2)^3$

$\quad = 2ab \div (-4a^2b^3) \times \boxed{}a^3b^6$

$\quad = 2ab \times \dfrac{1}{\boxed{}} \times \boxed{}a^3b^6$

$\quad = 2 \times \left(-\dfrac{1}{\boxed{}}\right) \times \boxed{} \times ab \times \dfrac{1}{\boxed{}} \times a^3b^6$

$\quad = \boxed{}$

2 다음을 계산하시오.

(1) $4x \times 3x^3 \div 12x$ _____

(2) $7a^2b \div (-12ab^2) \times 6b$ _____

(3) $2x^2y \div \dfrac{1}{8}xy \times (-6y)$ _____

(4) $2y \div (-4xy^5) \times (-12xy^2)$ _____

(5) $(-2a^2)^4 \times 3b \div 4a^2b$ _____

(6) $36x^9y^7 \times (-y) \div (-6xy)^2$ _____

(7) $(5x^2)^2 \div (-2x^3y)^3 \times 16x^2y$ _____

(8) $(x^2y^3)^2 \times \dfrac{xy^2}{25} \div \left(-\dfrac{1}{5}xy\right)^2$ _____

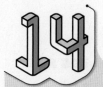
다항식의 덧셈과 뺄셈

다음을 계산하시오.

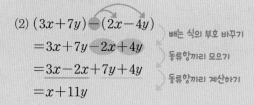

다항식의 덧셈

$$(1) \; (2x+3y)+(5x-2y)$$
$$=2x+3y+5x-2y \qquad \text{괄호 풀기}$$
$$=2x+5x+3y-2y \qquad \text{동류항끼리 모으기}$$
$$=7x+y \qquad \text{동류항끼리 계산하기}$$

다항식의 뺄셈

$$(2) \; (3x+7y)-(2x-4y)$$
$$=3x+7y-2x+4y \qquad \text{빼는 식의 부호 바꾸기}$$
$$=3x-2x+7y+4y \qquad \text{동류항끼리 모으기}$$
$$=x+11y \qquad \text{동류항끼리 계산하기}$$

○익힘북 **8**쪽

1 다음을 계산하시오.

(1) $(2x-5y)+(4x+7y)=2x-5y+4x+7y$
$$=2x+\boxed{}-5y+7y$$
$$=\boxed{}$$

(2) $(3a+7b)+(-2a+b)=3a+7b-2a+b$
$$=3a-2a+7b+\boxed{}$$
$$=\boxed{}$$

(3) $(x-3y)+(4x+5y)$ _____

(4) $(-4a+5b)+(-3a-9b)$ _____

(5) $(2x-3y)+2(-3x+2y)$ _____

(6) $2(5a+2b)+3(-2a+4b)$ _____

(7) $\left(\dfrac{1}{3}x-\dfrac{4}{5}y\right)+\left(\dfrac{2}{3}x-\dfrac{2}{5}y\right)$ _____

2 다음을 계산하시오.

(1) $(3x+4y)-(x-3y)=3x+4y-x+\boxed{}$
$$=3x-x+4y+\boxed{}$$
$$=\boxed{}$$

(2) $(9a-4b)-(-6a-5b)=9a-4b+\boxed{}+5b$
$$=9a+\boxed{}-4b+5b$$
$$=\boxed{}$$

(3) $(2a-3b)-(9a+8b)$ _____

(4) $(7x+5y)-(-4x-3y)$ _____

(5) $4(x+y)-(3x+5y)$ _____

(6) $(-6a+5b)-2(7a-3b)$ _____

(7) $\left(\dfrac{1}{4}x+\dfrac{1}{5}y\right)-\left(\dfrac{3}{4}x-\dfrac{3}{5}y\right)$ _____

계수가 분수인 다항식의 덧셈과 뺄셈

계수가 분수이면 분모의 최소공배수로 통분하여 풀면 돼.

예 $\dfrac{a-b}{2}+\dfrac{a+b}{3}$

    $=\dfrac{3(a-b)+2(a+b)}{6}$ 2와 3의 최소공배수인 6으로 분모 통분하기

    $=\dfrac{3a-3b+2a+2b}{6}$ 분자의 괄호 풀기

    $=\dfrac{5}{6}a-\dfrac{1}{6}b$ 동류항끼리 계산하기

3 다음을 계산하시오.

(1) $\dfrac{a}{3}+\dfrac{a-5b}{6}$ —————

(2) $\dfrac{-7x+10y}{12}+\dfrac{3x-6y}{4}$ —————

(3) $\dfrac{x+2y}{4}+\dfrac{3x+y}{5}$ —————

(4) $\dfrac{x+2y}{2}-\dfrac{x-2y}{3}$ —————

(5) $\dfrac{a-4b}{6}-\dfrac{3(a-2b)}{4}$ —————

여러 가지 괄호가 있는 식의 계산

(소괄호) ➡ {중괄호} ➡ [대괄호]의 순서대로 괄호를 풀면 돼.

예 $3x-\{2y-(2x-4y)\}=3x-(2y-2x+4y)$

                    $=3x-(-2x+6y)$

                    $=3x+2x-6y$

                    $=5x-6y$

4 다음을 계산하시오.

(1) $10x-\{6y-(3x-2y)\}$ —————

(2) $-4a+2b-\{-5a-(3a-2b)\}$ —————

(3) $7x+[2y-\{3x-(x-2y)\}]$ —————

(4) $2x-[4y-3x-\{3x-(x+2y)\}]$ —————

(5) $-a-[3a-\{2b-(5-6a)+7\}]$ —————

이차식의 덧셈과 뺄셈

▶ 정답과 해설 7쪽

다음을 계산하시오.

$$(2x^2+3x+4) \ominus (x^2+2x-3)$$
$$=2x^2+3x+4-x^2-2x+3$$ — 빼는 식의 각 항의 부호 바꾸기
$$=2x^2-x^2+3x-2x+4+3$$ — 동류항끼리 모으기
$$=x^2+x+7$$ — 간단히 하기

● 이차식 ●
가장 큰 차수가 2인 다항식
예 • $2x-3y+1$ (×)
→ 가장 큰 차수가 1
• x^3+x^2 (×)
→ 가장 큰 차수가 3
• $5x^2+4$ (○)

○익힘북 9쪽

1 다음 다항식이 이차식이면 ○표, 이차식이 아니면 ×표를 ( ) 안에 쓰시오.

(1) x^2+x+1 ( )

(2) $4y-3x+1$ ( )

(3) $6+2x-x^2$ ( )

(4) $4a+3$ ( )

(5) $-2a^2+1$ ( )

(6) x^3-2x^2 ( )

2 다음을 계산하시오.

(1) $(3x^2-2x+1)+(x^2+4x-3)$
$$=3x^2-2x+1+x^2+4x-3$$
$$=3x^2+x^2-2x+\boxed{}+1-3$$
$$=\boxed{}$$

(2) $(x^2+2x-7)+(-3x^2+4)$ _____

(3) $(-2x^2+x+3)+(4x^2+x-6)$
_____

(4) $3(-4x^2-x)+(5x^2-x+1)$
_____

(5) $(3x^2+4x+1)-(-5x^2+7x+6)$
$$=3x^2+4x+1+5x^2-\boxed{}-6$$
$$=3x^2+5x^2+4x-\boxed{}+1-6$$
$$=\boxed{}$$

(6) $(3x^2-4x+8)-(2x^2-7x-5)$
_____

(7) $(7x^2+3x+1)-(-5x^2-4x-4)$
_____

(8) $2(4a^2-3a-4)-5(-2a^2+a-2)$
_____

(단항식) × (다항식)

다음 식을 전개하시오.

(1) $2a(3a+5b)$ → 전개 → $\underset{①}{2a \times 3a} + \underset{②}{2a \times 5b} = \underset{\text{전개식}}{6a^2 + 10ab}$

(2) $(a-3b) \times (-2a)$ → 전개 → $\underset{①}{a \times (-2a)} - \underset{②}{3b \times (-2a)} = \underset{\text{전개식}}{-2a^2 + 6ab}$

● 분배법칙 ●

$\bullet(\blacksquare+\blacktriangle)=\bullet\blacksquare+\bullet\blacktriangle$

$(\bullet+\blacksquare)\blacktriangle=\bullet\blacktriangle+\blacksquare\blacktriangle$

○익힘북 **9쪽**

1 다음 □ 안에 알맞은 식을 쓰시오.

(1) $a(a+2b) = a^2 + \boxed{}$

(2) $-2y(7x-2y) = -14xy + \boxed{}$

(3) $(a-2b) \times (-4a) = \boxed{} + 8ab$

(4) $(6x-9y) \times \left(-\dfrac{1}{3}x\right) = -2x^2 + \boxed{}$

2 다음 식을 전개하시오.

(1) $x(2x+2)$ _____

(2) $-5y(2-3y)$ _____

(3) $-a(2b+4)$ _____

(4) $\dfrac{1}{4}x(16x-12y)$ _____

(5) $(2a+3) \times 4a$ _____

(6) $(3x+4y) \times (-2x)$ _____

(7) $(15a-10b) \times \dfrac{2}{5}a$ _____

(8) $4a(-a+2b+7)$ _____

(9) $5x(2x+3-y)$ _____

(10) $(4x-12y+24) \times \left(-\dfrac{1}{4}y\right)$ _____

 **(다항식)÷(단항식)**

다음을 계산하시오.

나눗셈을 분수 꼴로 바꾸기 ← 나누는 항의 계수가 정수일 때 편리해.

$(1)\ (8xy+4x) \div 2x$ ← $(A+B) \div C = \dfrac{A+B}{C} = \dfrac{A}{C} + \dfrac{B}{C}$

$= \dfrac{8xy+4x}{2x}$

$= \dfrac{8xy}{2x} + \dfrac{4x}{2x}$

$= 4y + 2$

단항식의 역수 곱하기 ← 나누는 항의 계수가 분수일 때 편리해.

$(2)\ (8xy+4x) \div \dfrac{x}{2}$ ← $(A+B) \div C = (A+B) \times \dfrac{1}{C}$

$= A \times \dfrac{1}{C} + B \times \dfrac{1}{C}$

$= (8xy+4x) \times \dfrac{2}{x}$

$= 8xy \times \dfrac{2}{x} + 4x \times \dfrac{2}{x}$

$= 16y + 8$

○ 익힘북 10쪽

1 다음을 계산하시오.

$(1)\ (-6a^2b+b^2) \div b = \dfrac{-6a^2b+b^2}{\boxed{}}$

$= \dfrac{\boxed{}}{b} + \dfrac{b^2}{b}$

$= \boxed{}$

$(2)\ (10x^2+6x) \div 2x$ _____

$(3)\ (9ab-6b) \div 3b$ _____

$(4)\ (8xy-12x) \div (-4x)$ _____

$(5)\ (6b^2-4ab) \div (-2b)$ _____

$(6)\ (2x^2y^2+12xy^2) \div (-2xy)$ _____

2 다음을 계산하시오.

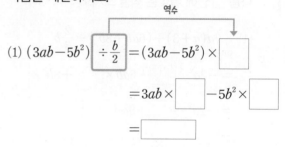

$(1)\ (3ab-5b^2)\ \boxed{\div \dfrac{b}{2}} = (3ab-5b^2) \times \boxed{}$

$= 3ab \times \boxed{} - 5b^2 \times \boxed{}$

$= \boxed{}$

$(2)\ (4x^2+12x) \div \dfrac{x}{2}$ _____

$(3)\ (3a^2b^2+2a^2b) \div \dfrac{ab}{5}$ _____

$(4)\ (5x^2+3xy) \div \left(-\dfrac{x}{4}\right)$ _____

$(5)\ (16a^2b+8ab^2) \div \left(-\dfrac{4}{5}ab\right)$ _____

$(6)\ (3x^2y-9xy^2) \div \left(-\dfrac{3}{4}xy\right)$ _____

18 덧셈, 뺄셈, 곱셈, 나눗셈이 혼합된 식의 계산

▶정답과 해설 8쪽

다음을 계산하시오.

$(8x^3-12x^2)\div\underline{(-2x)^2}+3x$

거듭제곱 계산하기

$=(8x^3-12x^2)\div\underline{4x^2}+3x$

$=\dfrac{8x^3-12x^2}{4x^2}+3x$

분배법칙을 이용하여 나눗셈하기

$=\dfrac{8x^3}{4x^2}-\dfrac{12x^2}{4x^2}+3x$

$=2x-3+3x$

동류항끼리 계산하기

$=5x-3$

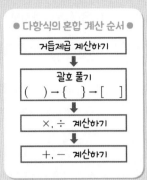

● 다항식의 혼합 계산 순서 ●

거듭제곱 계산하기
↓
괄호 풀기
( ) → { } → [ ]
↓
×, ÷ 계산하기
↓
+, − 계산하기

○익힘북 10쪽

1 다음 □ 안에 알맞은 식을 쓰시오.

(1) $-2a(a+3)+(6ab+8b^2)\div\dfrac{2}{3}b$

$=-2a^2-\boxed{}+6ab\times\boxed{}+8b^2\times\boxed{}$

$=-2a^2-\boxed{}+9a+\boxed{}$

$=\boxed{}$

(2) $(5a^2+10a)\div(-5a)-3a(2a-3)$

$=\dfrac{5a^2}{\boxed{}}+\dfrac{10a}{\boxed{}}-\boxed{}+9a$

$=\boxed{}-2-\boxed{}+9a$

$=\boxed{}$

(3) $(12x^3y^2-4x^2y^3)\div(-2xy)^2+2x(x-3)$

$=(12x^3y^2-4x^2y^3)\div\boxed{}+2x(x-3)$

$=\dfrac{12x^3y^2}{\boxed{}}-\dfrac{4x^2y^3}{\boxed{}}+2x^2-\boxed{}$

$=3x-\boxed{}+2x^2-\boxed{}$

$=\boxed{}$

2 다음을 계산하시오.

(1) $3a^2+(a^3-5a^2b)\div a$ _____

(2) $x(2x-3)+(6x^2-18x)\div 3x$ _____

(3) $2x(3x+1)-(3x^3y+x^2y)\div xy$ _____

(4) $2a(3a-2b+4)-(a^2-5a^2b)\div\dfrac{a}{2}$ _____

(5) $(9a^2b^2-27a^3b^2)\div(-3ab)^2+a(2a-3b)$ _____

(6) $(12x^2-32x^2y)\div(2x)^2-(25y^2-10xy)\div(-5y)$ _____

1 다음 보기의 분수 중에서 소수로 나타냈을 때, 무한소수인 것을 모두 고르시오.

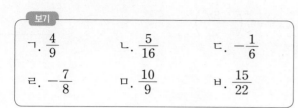

보기

ㄱ. $\dfrac{4}{9}$ ㄴ. $\dfrac{5}{16}$ ㄷ. $-\dfrac{1}{6}$

ㄹ. $-\dfrac{7}{8}$ ㅁ. $\dfrac{10}{9}$ ㅂ. $\dfrac{15}{22}$

_____

2 다음 순환소수의 순환마디를 구하고, 이를 이용하여 순환소수를 간단히 나타내시오.

	순환마디	순환소수의 표현

(1) 0.646464…   _____   _____

(2) 2.1222…   _____   _____

(3) −1.201201…   _____   _____

(4) 0.05444…   _____   _____

3 다음 보기의 분수 중에서 유한소수로 나타낼 수 있는 것을 모두 고르시오.

보기

ㄱ. $\dfrac{3}{2^2}$ ㄴ. $\dfrac{7}{2^2 \times 5^3}$ ㄷ. $-\dfrac{1}{3^2 \times 5}$

ㄹ. $\dfrac{3}{2 \times 5 \times 7}$ ㅁ. $\dfrac{11}{5^2 \times 11}$ ㅂ. $-\dfrac{11}{2 \times 5^2}$

_____

4 다음 분수에 어떤 자연수를 곱하면 유한소수로 나타낼 수 있다. 어떤 자연수 중 가장 작은 자연수를 □ 안에 쓰시오.

(1) $\dfrac{3}{2 \times 7} \times \boxed{}$

(2) $\dfrac{6}{2^2 \times 3^2 \times 5} \times \boxed{}$

(3) $\dfrac{7}{30} \times \boxed{}$

(4) $\dfrac{30}{252} \times \boxed{}$

5 다음 순환소수를 x라 하고 분수로 나타낼 때, 가장 편리한 식을 바르게 연결하시오.

(1) $0.\dot{2}\dot{6}$ •   • $10x - x$

(2) $1.\dot{3}$ •   • $1000x - 10x$

(3) $0.3\dot{7}\dot{8}$ •   • $100x - x$

(4) $2.\dot{3}0\dot{5}$ •   • $1000x - x$

6 다음 순환소수를 기약분수로 나타내시오.

(1) $0.\dot{1}0\dot{3}$ _____

(2) $2.\dot{5}$ _____

(3) $5.1\dot{4}$ _____

(4) $1.4\dot{2}\dot{1}$ _____

7 다음 보기에서 유리수와 소수에 대한 설명으로 옳지 않은 것을 모두 고르시오.

> **보기**
> ㄱ. 모든 유리수는 유한소수이다.
> ㄴ. 모든 순환소수는 무한소수이다.
> ㄷ. 순환소수 중에는 유리수가 아닌 것도 있다.
> ㄹ. 정수가 아닌 유리수는 유한소수 또는 무한소수로 나타낼 수 있다.

_____

8 다음 식을 간단히 하시오.

(1) $7^3 \times 7^4$ _____

(2) $a \times b^2 \times a^5$ _____

(3) $x^5 \times x \times y^2 \times x^4 \times y^3$ _____

(4) $x \times (x^2)^4$ _____

(5) $(5^3)^2 \times (5^2)^5$ _____

(6) $(a^2)^3 \times b^3 \times (a^2)^2 \times (b^4)^5$ _____

9 다음 식을 간단히 하시오.

(1) $a^2 \div a^2$ _____

(2) $y^7 \div y^4 \div y$ _____

(3) $(x^4)^2 \div (x^3)^4$ _____

(4) $(2a^2b)^3$ _____

(5) $(-4x^3y^4)^2$ _____

(6) $\left(-\dfrac{3y^6}{x^3}\right)^3$ _____

10 다음을 계산하시오.

(1) $4x^2 \times 3x^4$ _____

(2) $5x^3y \times (-2xy^2)$ _____

(3) $\dfrac{a^2}{2} \times (-2ab^3)^2 \times (4b)^2$ _____

(4) $6x^4 \div 3x^3$ _____

(5) $15a^5b^6 \div \dfrac{3}{2}a^6b^4$ _____

(6) $(3xy^4)^2 \div \left(-\dfrac{3}{5}x^3\right) \div xy^5$ _____

11 다음을 계산하시오.

(1) $6a^4 \times (-a)^3 \div (-2a^2)$ _____

(2) $3xy^2 \div (-6x^2y) \times (2xy^3)^2$ _____

(3) $5ab^3 \times (-3a)^2 \div \left(\dfrac{3a^5}{b^4}\right)^2$ _____

12 다음을 계산하시오.

(1) $(3x+4y)+(-x+2y)$　_____

(2) $3(a-3b)-(a+3b)$　_____

(3) $2(2x-3y)-3(-4x-5y)$　_____

(4) $\dfrac{a+2b}{2}+\dfrac{a-3b}{6}$　_____

(5) $\dfrac{2x-y}{4}-\dfrac{2(2x-y)}{6}$　_____

(6) $5a-6b-\{a-(2a+4b)\}$　_____

(7) $-3x-[5y-\{4x+2y-(2x-y)\}]$

_____

13 다음을 계산하시오.

(1) $(x^2-2x+3)+(2x^2+x-1)$　_____

(2) $2(-x^2+3x-1)+3(2x^2-4x+5)$

_____

(3) $(7x^2-x+6)-2(2x^2-3x-4)$

_____

14 다음을 계산하시오.

(1) $5x(3x+2y)$　_____

(2) $(3a-5b)\times(-2b)$　_____

(3) $(-12y)\times\left(x-\dfrac{1}{4}y-\dfrac{2}{3}\right)$　_____

(4) $(10x+6xy)\div(-2x)$　_____

(5) $(2x^2y-12xy^3)\div 4xy$　_____

(6) $(4a^2b^3-3ab^4)\div\left(-\dfrac{ab^2}{2}\right)$　_____

15 다음을 계산하시오.

(1) $-x(3x+2)+(4x^2-6x)\div 2x$

_____

(2) $(8a^3b^5-20a^3b^3)\div(-2ab)^3-2(a^2-3b^2)$

_____

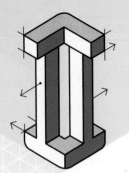

부등식과 연립방정식

1 일차부등식
2 연립일차방정식

개념 CHECK

Ⅱ·1 일차부등식

❶ 부등식의 해와 그 성질

$$\underset{\underset{\text{양변}}{\underbrace{\underset{\text{좌변}}{x+2}>\underset{\text{우변}}{5}}}}{}$$

(1) **부등식**: 부등호($>$, $<$, $\geq$, $\leq$)를 사용하여 수 또는 식 사이의 대소 관계를 나타낸 식

(2) **부등식의 표현**

$a<b$	$a>b$	$a\leq b$	$a\geq b$
• a는 b보다 작다. • a는 b 미만이다.	• a는 b보다 크다. • a는 b 초과이다.	• a는 b보다 작거나 같다. • a는 b보다 크지 않다. • a는 b 이하이다.	• a는 b보다 크거나 같다. • a는 b보다 작지 않다. • a는 b 이상이다.

(3) **부등식의 해**

① 부등식의 해: 미지수가 x인 부등식을 참이 되게 하는 x의 값

② 부등식을 푼다: 부등식의 해를 모두 구하는 것

(4) **부등식의 성질**

① 양변에 같은 수를 더하거나 양변에서 같은 수를 빼도 부등호의 방향은 바뀌지 않는다.

② 양변에 같은 양수를 곱하거나 양변을 같은 양수로 나누어도 부등호의 방향은 바뀌지 않는다.

③ 양변에 같은 음수를 곱하거나 양변을 같은 음수로 나누면 부등호의 방향이 바뀐다.

부등호 $<$를 $\leq$로 바꾸어도 성립해.

$a<b$일 때

① $a+c<b+c$, $a-c<b-c$

② $c>0$이면 $ac<bc$, $\dfrac{a}{c}<\dfrac{b}{c}$

③ $c<0$이면 $ac>bc$, $\dfrac{a}{c}>\dfrac{b}{c}$

❷ 일차부등식의 풀이

(1) **일차부등식**: 부등식의 모든 항을 좌변으로 이항하여 정리한 식이 (일차식)<0, (일차식)>0, (일차식)≤ 0, (일차식)≥ 0 중에서 어느 하나의 꼴로 나타나는 부등식

(2) **부등식의 풀이**

❶ 일차항은 좌변으로, 상수항은 우변으로 이항한다.	$9-3x>2x-1$ $-3x-2x>-1-9$
❷ 양변을 정리하여 $ax<b$, $ax>b$, $ax\leq b$, $ax\geq b(a\neq 0)$의 꼴로 고친다.	$-5x>-10$ 양변을 음수 -5로 나누니까 부등호의 방향이 바뀌는 거야.
❸ 양변을 x의 계수인 a로 나누어 해를 구한다.	$\therefore x<2$

(3) **부등식의 해와 수직선** ← 수직선 위에서 경계의 값이 부등식의 해에 포함되면 ●로, 포함되지 않으면 ○로 나타내.

① $x>a$ ② $x<a$ ③ $x\geq a$ ④ $x\leq a$

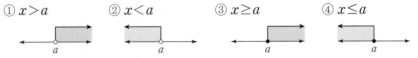

❸ 여러 가지 일차부등식의 풀이

(1) **괄호가 있을 때**: 분배법칙을 이용하여 괄호를 풀고, 식을 간단히 하여 푼다.

(2) **계수가 소수일 때**: 양변에 10의 거듭제곱을 곱하여 계수를 모두 정수로 고쳐서 푼다.

(3) **계수가 분수일 때**: 양변에 분모의 최소공배수를 곱하여 계수를 모두 정수로 고쳐서 푼다.

$a>b$일 때

• $a-1$ ❶ $b-1$

• $\dfrac{a}{3}$ ❷ $\dfrac{b}{3}$

• $-\dfrac{a}{2}$ ❸ $-\dfrac{b}{2}$

• $x+12\geq 3x+2$

$\quad$ ❶
$x-$❹$\geq 2-12$

$\quad$ ❷
❺≥ -10

$\quad$ ❸
$\therefore x\leq$❻

• $x<2$의 해를 수직선 위에 나타내면

❼

• $x\geq 3$의 해를 수직선 위에 나타내면

❽

II·2 연립일차방정식

❶ 미지수가 2개인 일차방정식

(1) 미지수가 2개이고, 그 차수가 모두 1인 방정식을 미지수가 2개인 일차방정식이라고 한다.

(2) **미지수가 2개인 일차방정식의 해(근):** 미지수가 x, y의 2개인 일차방정식을 참이 되게 하는 x, y의 값 또는 순서쌍 (x, y)

(3) **일차방정식을 푼다:** 일차방정식의 해를 모두 구하는 것

$$4x+3y+12=0$$
미지수 2개, 차수 1

❷ 미지수가 2개인 연립일차방정식

(1) 미지수가 2개인 두 일차방정식을 한 쌍으로 묶어 나타낸 것을 미지수가 2개인 연립일차방정식 또는 간단히 **연립방정식**이라고 한다.

(2) **연립방정식의 해:** 두 일차방정식의 **공통의 해**

(3) **연립방정식을 푼다.:** 연립방정식의 해를 구하는 것

$$\begin{cases} x+y=5 \\ 2x+y=8 \end{cases}$$

❸ 연립방정식의 풀이

$\rightarrow x=(y$에 대한 식) 또는 $y=(x$에 대한 식)의 꼴로 나타내기 쉬우면 대입법을 이용하는 것이 더 편리해.

(1) **대입하는 방법 (대입법):** 한 방정식을 한 미지수에 대한 식으로 나타낸 후 다른 방정식에 대입하여 푼다.

$$\begin{cases} y=x+2 & \cdots ㉠ \\ x+2y=10 & \cdots ㉡ \end{cases} \xrightarrow{\text{㉠을 ㉡에 대입}} x+2(x+2)=10 \longrightarrow x=2, y=4$$
↳ 식을 대입할 때는 괄호를 사용해!

$$\begin{cases} x=y+1 & \cdots ㉠ \\ 3x-2y=4 & \cdots ㉡ \end{cases}$$
㉠을 ㉡에 대입하면
$$3(\boxed{9})-2y=4 \qquad \therefore x=2, \ y=1$$

(2) **더하거나 빼는 방법 (가감법):** 없애려는 미지수의 계수의 절댓값이 같아지도록 두 방정식의 양변에 적당한 수를 곱한 후, 없애려는 미지수의 계수의 부호가 **같으면 변끼리 빼고, 다르면 변끼리 더하여** 해를 구한다.

$$\begin{cases} 3x+2y=4 & \cdots ㉠ \\ x-y=3 & \cdots ㉡ \end{cases} \xrightarrow[㉡\times 2]{y를 없애기 위해} \begin{array}{r} 3x+2y=4 \\ +) \ 2x-2y=6 \\ \hline 5x \quad =10 \end{array} \rightarrow x=2, y=-1$$
↳ ㉠, ㉡ 중 간단한 식에 x의 값을 대입하여 y의 값을 구하자!

$$\begin{cases} 2x+3y=4 & \cdots ㉠ \\ -x+2y=5 & \cdots ㉡ \end{cases} \text{에서}$$
x를 없애려면
➡ ㉠$+$㉡$\times\boxed{0}$

❹ 해가 특수한 연립방정식

(1) **해가 무수히 많은 연립방정식:** 연립방정식에서 어느 한 일차방정식의 양변에 적당한 수를 곱했을 때, 두 이차방정식의 x, y의 계수와 상수항이 각각 같으면 해가 무수히 많다.
↳ 두 일차방정식이 일치한다!

$$\begin{cases} 2x+y=3 & \cdots ㉠ \\ 4x+2y=6 & \cdots ㉡ \end{cases} \xrightarrow[㉠\times 2]{x의 계수가 같아지도록} \begin{cases} 4x+2y=6 & \cdots ㉢ \\ 4x+2y=6 & \cdots ㉡ \end{cases}$$
➡ ㉡과 ㉢은 x, y의 계수와 상수항이 같으므로 해가 무수히 많다.

(2) **해가 없는 연립방정식:** 연립방정식에서 어느 한 일차방정식의 양변에 적당한 수를 곱했을 때, 두 일차방정식의 x, y의 계수는 각각 같고, 상수항은 다르면 해가 없다.

$$\begin{cases} 2x+y=-3 & \cdots ㉠ \\ 4x+2y=6 & \cdots ㉡ \end{cases} \xrightarrow[㉠\times 2]{x의 계수가 같아지도록} \begin{cases} 4x+2y=-6 & \cdots ㉢ \\ 4x+2y=6 & \cdots ㉡ \end{cases}$$
➡ ㉡과 ㉢은 x, y의 계수는 각각 같고, 상수항은 다르므로 해가 없다.

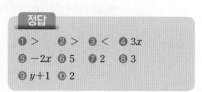

정답
❶ > ❷ > ❸ < ❹ 3x
❺ -2x ❻ 5 ❼ 2 ❽ 3
❾ y+1 ❿ 2

부등식과 그 해

▶정답과 해설 10쪽

x의 값이 -1, 0, 1일 때, 부등식 $2x-5>-4$의 해를 구하시오.

x	좌변	부등호	우변	참, 거짓
-1	$2\times(-1)-5=-7$	$<$	-4	거짓
0	$2\times0-5=-5$	$<$	-4	거짓
1	$2\times1-5=-3$	$>$	-4	참

➡ 주어진 **부등식의 해는 1**이다.

● 부등식 ●
부등호를 사용하여 수 또는 식 사이의 대소 관계를 나타낸 식

➡ $\underbrace{2x-5}_{좌변} > \underbrace{-4}_{우변}$
양변

예 • $x-2=2-x$ (×) ⎫ 부등호가
　• $2x-(x+3)$ (×) ⎭ 없다.
　• $x+1\geq4$ (○)

○익힘북 11쪽

1 다음 중 부등식인 것은 ○표, 부등식이 <u>아닌</u> 것은 ×표를 ( ) 안에 쓰시오.

(1) $30\geq4\times6$ 　　　　(　)

(2) $4a-1\leq6a$ 　　　　(　)

(3) $3x+1=0$ 　　　　(　)

(4) $-x-7$ 　　　　(　)

2 다음 문장을 부등식으로 나타낼 때, □ 안에 알맞은 부등호를 쓰시오.

(1) x는 / 6보다 <u>크다.</u> ➡ x □ 6

(2) x는 / 5 <u>미만이다.</u> ➡ x □ 5

(3) x는 / 7보다 <u>크지 않다.</u> ➡ x □ 7

(4) x에서 3을 빼면 / 9보다 <u>작거나 같다.</u>
➡ $x-3$ □ 9

(5) 1자루에 500원인 볼펜 2자루와 1권에 700원인 공책 x권을 사면 / 6000원을 <u>초과한다.</u>
➡ $1000+700x$ □ 6000

(6) 길이가 $x\,\mathrm{m}$인 줄에서 3 m를 잘라 내고 남은 줄의 길이는 / 10 m <u>이하이다.</u>
➡ $x-3$ □ 10

3 x의 값이 1, 2, 3일 때, 다음 부등식에 대하여 표를 완성하고, 부등식의 해를 모두 구하시오.

(1) $3x-1\leq4$

x	좌변	부등호	우변	참, 거짓
1	$3\times1-1=2$	$<$	4	참
2			4	
3			4	

➡ 주어진 부등식의 해는 _____이다.

(2) $-x+3\leq2$

x	좌변	부등호	우변	참, 거짓
1			2	
2			2	
3			2	

➡ 주어진 부등식의 해는 _____이다.

(3) $-4x+1<-3$

x	좌변	부등호	우변	참, 거짓
1			-3	
2			-3	
3			-3	

➡ 주어진 부등식의 해는 _____이다.

부등식의 성질

▶ 정답과 해설 10쪽

부등식 $2<4$에 대하여 다음 □ 안에 알맞은 부등호를 쓰시오.

(1) $2+2 \boxed{<} 4+2$　　(2) $2-2 \boxed{<} 4-2$

(3) $2\times2 \boxed{<} 4\times2$　(4) $2\times(-2) \boxed{>} 4\times(-2)$

(5) $2\div2 \boxed{<} 4\div2$　　(6) $2\div(-2) \boxed{>} 4\div(-2)$

양변에 같은 음수를 곱하거나 양변을 같은 음수로 나누면 부등호의 방향이 바뀐다.

● 부등식의 성질 ●

$a>b$일 때

① $a+c>b+c$, $a-c>b-c$

② $c>0$이면 $ac>bc$, $\dfrac{a}{c}>\dfrac{b}{c}$

③ $c<0$이면 $ac<bc$, $\dfrac{a}{c}<\dfrac{b}{c}$

○익힘북 11쪽

1 $a>b$일 때, 다음 □ 안에 알맞은 수 또는 부등호를 쓰시오.

(1) $a>b$ $\xrightarrow{\text{양변에 1을 더한다.}}$ $a+1 \boxed{\phantom{<}} b+1$

(2) $a>b$ $\xrightarrow{\text{양변에서 2를 뺀다.}}$ $a-2 \boxed{\phantom{<}} b-2$

(3) $a>b$ $\xrightarrow{\text{양변에 } \boxed{} \text{를 곱한다.}}$ $2a \boxed{\phantom{<}} 2b$

(4) $a>b$ $\xrightarrow{\text{양변을 } \boxed{} \text{로 나눈다.}}$ $-\dfrac{a}{9} \boxed{\phantom{<}} -\dfrac{b}{9}$

2 다음 □ 안에 알맞은 부등호를 쓰시오.

(1) $a\leq b$이면 $2a+1 \boxed{\phantom{<}} 2b+1$이다.

$$
\begin{aligned}
a &\leq b \\
2a \;\boxed{\phantom{<}}\; &2b \quad \rangle \times 2 \\
\therefore 2a+1 \;\boxed{\phantom{<}}\; &2b+1 \quad \rangle +1
\end{aligned}
$$

(2) $a>b$이면 $\dfrac{3}{2}a-2 \boxed{\phantom{<}} \dfrac{3}{2}b-2$이다.

(3) $a<b$이면 $-3a+5 \boxed{\phantom{<}} -3b+5$이다.

$$
\begin{aligned}
a \;&<\; b \\
-3a \;\boxed{\phantom{<}}\; &-3b \quad \rangle \times(-3) \\
\therefore -3a+5 \;\boxed{\phantom{<}}\; &-3b+5 \quad \rangle +5
\end{aligned}
$$

(4) $a\geq b$이면 $7-\dfrac{a}{5} \boxed{\phantom{<}} 7-\dfrac{b}{5}$이다.

3 다음 □ 안에 알맞은 부등호를 쓰시오.

(1) $3a-2<3b-2$이면 $a \boxed{\phantom{<}} b$이다.

$$
\begin{aligned}
3a-2 \;&<\; 3b-2 \\
3a \;\boxed{\phantom{<}}\; &3b \quad \rangle +2 \\
\therefore a \;\boxed{\phantom{<}}\; &b \quad \rangle \div 3
\end{aligned}
$$

(2) $9+2a<9+2b$이면 $a \boxed{\phantom{<}} b$이다.

(3) $-4a+6\leq -4b+6$이면 $a \boxed{\phantom{<}} b$이다.

(4) $-\dfrac{2}{3}a+1>-\dfrac{2}{3}b+1$이면 $a \boxed{\phantom{<}} b$이다.

부등식의 해와 수직선

▶ 정답과 해설 10쪽

다음 부등식의 해를 수직선 위에 나타내시오.

(1) $x > 2$

(2) $x < 2$

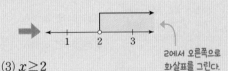

2에서 오른쪽으로
화살표를 그린다.

(3) $x \geq 2$

(4) $x \leq 2$

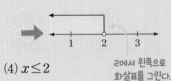

2에서 왼쪽으로
화살표를 그린다.

기억하자

부등식의 해를 수직선 위에 나타
낼 때, 경계의 값이

• 부등식의 해에 포함되면
 (부등호가 ≥, ≤일 때) ➡ ●

• 부등식의 해에 포함되지 않으면
 (부등호가 >, <일 때) ➡ ○

⊙익힘북 12쪽

1 다음 부등식의 해를 수직선 위에 나타내시오.

(1) $x > 7$

```
6   7   8
```

(2) $x < 9$

```
8   9   10
```

(3) $x \geq 1$

```
0   1   2
```

(4) $x \leq -8$

```
-9   -8   -7
```

(5) $x < -6$

```
-7   -6   -5
```

(6) $x > -4$

```
-5   -4   -3
```

(7) $x \leq 5$

```
4   5   6
```

(8) $x \geq -3$

```
-4   -3   -2
```

2 다음 수직선 위에 나타내어진 x의 값의 범위를 부등식으로 나타내시오.

(1)

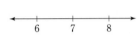

_____

(2)

_____

(3)

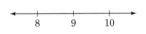

_____

(4)

_____

(5)

_____

(6)

_____

(7)

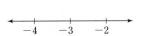

_____

(8)

_____

4 일차부등식 풀기

▶ 정답과 해설 10쪽

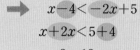 (일차식)<0, (일차식)>0, (일차식)≤0, (일차식)≥0 의 꼴!

다음 중 **일차부등식**인 것은 ○표, 일차부등식이 **아닌** 것은 ×표를 ( ) 안에 쓰시오.

(1) $3x+2<7$ (○)

(2) $4x>4(x-1)$ (×)
    └ 정리하면 $4x>4x-4$, $4>0$

(3) $2x-3\geq4$ (○)

(4) $x^2+2x>6+x^2$ (○)
    └ 정리하면 $2x-6>0$

일차부등식 $x-4<-2x+5$를 풀고, 그 해를 수직선 위에 나타내시오.

➡ $x-4<-2x+5$ ⟩ x항은 좌변으로, 상수항은 우변으로 이항하기

   $x+2x<5+4$ ⟩ 양변을 정리하기

   $3x<9$ ⟩ 양변을 x의 계수로 나누기

   ∴ $x<3$

➡
```
←———————○——————→
         3
```

○ 익힘북 12쪽

---

1 다음 중 일차부등식인 것은 ○표, 일차부등식이 <u>아닌</u> 것은 ×표를 ( ) 안에 쓰시오.

(1) $x-4>1$ ➡ ▢ >0 ( )

(2) $x(x+1)\leq x^2$ ➡ ▢ ≤0 ( )

(3) $2x+1\geq2x-2$ ➡ ▢ ≥0 ( )

(4) $5-2x<x+4$ ➡ ▢ <0 ( )

2 다음 일차부등식을 풀고, 그 해를 수직선 위에 나타내시오.

(1) $x+3>4$

$x>4-$ ▢

∴ $x>$ ▢ ←————————————→

(2) $3x+1\leq-5$

➡ _____ ←————————————→

(3) $-4x+2>14$

➡ _____ ←————————————→

(4) $-5x-1\leq9$

➡ _____ ←————————————→

3 다음 일차부등식을 푸시오.

(1) $2-3x<14+3x$

$-3x-$ ▢ $<14-$ ▢ ⟩ $3x$를 좌변으로, 2를 우변으로 이항하기

$-6x<$ ▢ ⟩ 양변을 정리하기

∴ $x>$ ▢ ⟩ 양변을 x의 계수로 나누기

(2) $5-x\geq2-4x$ _____

(3) $-8-2x>2x+4$ _____

(4) $2x-1\leq9-3x$ _____

(5) $6x-9\geq3x+6$ _____

5 여러 가지 일차부등식 풀기

다음 일차부등식을 간단히 정리하시오.

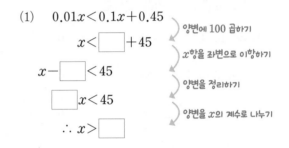

모든 항에 똑같은 수를 곱해서 계수를 정수로 바꾸자

괄호가 있을 때

$(1)\ 3(x-5) \leq 7x+1$

괄호 풀기 $\longrightarrow 3x-15 \leq 7x+1$

분배법칙을 이용하여 괄호 풀기!

계수가 소수일 때

$(2)\ 0.2x+1.8 > -x$

$\times 10 \longrightarrow 2x+18 > -10x$

양변에 10의 거듭제곱을 곱하여 계수를 정수로!

계수가 분수일 때

$(3)\ -\dfrac{1}{4}x+3 \geq \dfrac{1}{2}x$

$\times 4 \longrightarrow -x+12 \geq 2x$

양변에 분모의 최소공배수를 곱하여 계수를 정수로!

◐ 익힘북 13쪽

괄호가 있을 때

1 다음 일차부등식을 푸시오.

(1) $4x-7 > 2(x-3)$

$4x-7 > 2x-\boxed{}$ 괄호 풀기

$4x-2x > \boxed{}+7$ x항은 좌변으로, 상수항은 우변으로 이항하기

$2x > \boxed{}$ 양변을 정리하기

$\therefore x > \boxed{}$ 양변을 x의 계수로 나누기

(2) $4(x-3)+8 \leq 1-x$ _____

(3) $1-(4+8x) \geq -2(x-1)+5$ _____

(4) $2(x-3) \leq x-3(x-2)$ _____

(5) $4-2(x+2) < 3x+5$ _____

계수가 소수일 때

2 다음 일차부등식을 푸시오.

(1) $0.01x < 0.1x+0.45$

$x < \boxed{}+45$ 양변에 100 곱하기

$x-\boxed{} < 45$ x항을 좌변으로 이항하기

$\boxed{}x < 45$ 양변을 정리하기

$\therefore x > \boxed{}$ 양변을 x의 계수로 나누기

(2) $1.1x-0.7 \geq 0.5x-1$ _____

(3) $0.4x+1.5 < 0.9x-0.5$ _____

(4) $1.2x-2 \leq 0.8x+0.4$ _____

(5) $0.05x+0.1 > 0.2x-0.15$ _____

3 다음 일차부등식을 푸시오.

(1) $\dfrac{3}{4}x - \dfrac{1}{2} \le \dfrac{2}{3}x$

$9x - \boxed{} \le 8x$ 양변에 분모 4, 2, 3의 최소공배수 12 곱하기

$9x - \boxed{} \le \boxed{}$ x항은 좌변으로, 상수항은 우변으로 이항하기

$\therefore x \le \boxed{}$ 양변을 정리하기

(2) $\dfrac{x}{2} - 1 \ge \dfrac{3}{4}x + 2$ _____

(3) $\dfrac{x}{2} + 3 < \dfrac{x}{6} + \dfrac{2}{3}$ _____

(4) $\dfrac{x}{5} - 1 > \dfrac{x-5}{3}$ _____

(5) $\dfrac{x+3}{2} \le \dfrac{x+6}{5}$ _____

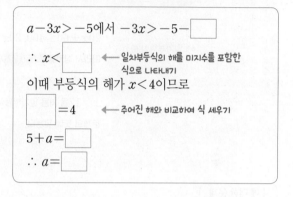

조금 더 일차부등식의 해를 알 때, 미지수의 값 구하기

$2x+6 \le x+2a$의 해가 $x \le -2$일 때, 상수 a의 값은?

➡ $2x+6 \le x+2a$에서 $2x-x \le 2a-6$

$\therefore$ $x \le 2a-6$

이때 부등식의 해가 $x \le -2$이므로 $2a-6 = -2$

$2a = 4$ $\therefore a = 2$

4 다음을 만족시키는 상수 a의 값을 구하시오.

(1) 일차부등식 $a-3x > -5$의 해가 $x < 4$이다.

$a-3x > -5$에서 $-3x > -5 - \boxed{}$

$\therefore$ $x < \boxed{}$ ← 일차부등식의 해를 미지수를 포함한 식으로 나타내기

이때 부등식의 해가 $x < 4$이므로

$\boxed{} = 4$ ← 주어진 해와 비교하여 식 세우기

$5 + a = \boxed{}$

$\therefore$ $a = \boxed{}$

(2) 일차부등식 $2x-1 > -a$의 해가 $x > -1$이다.

_____

(3) 일차부등식 $6x+3 \ge 2x+a$의 해가 $x \ge 2$이다.

_____

(4) 일차부등식 $-3(x+4) \ge 4x-a$의 해가 $x \le -2$이다. _____

일차부등식의 활용 (1)

▶ 정답과 해설 12쪽

> 400 kg 이내

한 번에 400 kg까지 운반할 수 있는 엘리베이터에 몸무게가 60 kg인 서준이가 20 kg짜리 상자를 여러 개 싣고 타려고 한다. 상자를 한 번에 최대 몇 개까지 운반할 수 있는지 구하시오.

❶ 미지수 정하기	상자의 개수 ➡ x
❷ 일차부등식 세우기	(상자의 총무게) + (서준이의 몸무게) ≤ 400(kg) ➡ $20x + 60 \leq 400$
❸ 일차부등식 풀기	$20x + 60 \leq 400$, $20x \leq 340$ ∴ $x \leq 17$ 따라서 상자를 최대 17개까지 실을 수 있다.
❹ 확인하기	$x = 17$을 처음 일차부등식에 대입하면 $20 \times 17 + 60 \leq 400$이므로 문제의 뜻에 맞는다. $= 400$

주의하자
- 나이, 개수, 사람 수, 횟수 등을 미지수 x로 놓았을 때 ➡ 자연수만 답으로 택하기!
- 가격, 넓이, 무게, 거리 등을 미지수 x로 놓았을 때 ➡ 양수만 답으로 택하기!
- 주어진 단위가 다를 때 ➡ 단위를 먼저 통일하기!

○ 익힘북 13쪽

수에 대한 문제

1 어떤 정수의 2배에서 6을 뺀 수가 40보다 크지 않다고 할 때, 이를 만족시키는 정수 중 가장 큰 수를 구하려고 한다. 다음 물음에 답하시오.

(1) 어떤 정수를 x라고 할 때, 다음을 x에 대한 식으로 나타내시오.

어떤 정수의 2배에서 6을 뺀 수 ➡ _____

(2) 일차부등식을 세우시오. _____

(3) (2)에서 세운 일차부등식을 푸시오.

_____

(4) 가장 큰 수를 구하시오. _____

2 어떤 자연수의 4배에 2를 더한 값은 처음 수의 5배에서 6을 뺀 값보다 크다. 어떤 자연수 중 가장 큰 수를 구하시오.

_____

개수·가격에 대한 문제

3 7000원 이하의 돈으로 1자루에 1000원인 펜과 1자루에 500원인 연필을 합하여 10자루를 사려고 한다. 펜은 최대 몇 자루까지 살 수 있는지 구하려고 할 때, 다음 물음에 답하시오.

(1) 펜을 x자루 산다고 할 때, 다음 표를 완성하시오.

	펜	연필
개수	x	
총가격(원)	$1000x$	

(2) 일차부등식을 세우시오.

➡ (펜의 총가격) + (연필의 총가격) ≤ 7000(원)

➡ _____

(3) (2)에서 세운 일차부등식을 푸시오.

_____

(4) 펜은 최대 몇 자루까지 살 수 있는지 구하시오.

_____

4 한 장에 900원인 엽서와 한 장에 300원인 우표를 합하여 16장을 사려고 한다. 총금액이 8000원보다 적게 들려면 엽서는 최대 몇 장까지 살 수 있는지 구하시오.

_____

5 오른쪽 그림과 같이 윗변의 길이가 5 cm이고 높이가 8 cm인 사다리꼴의 넓이가 56 cm² 이하이다. 사다리꼴의 아랫변의 길이는 몇 cm 이하이어야 하는지 구하려고 할 때, 다음 물음에 답하시오.

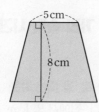

(1) 아랫변의 길이를 x cm라고 할 때, 사다리꼴의 넓이를 x에 대한 식으로 나타내시오.

_____

(2) 일차부등식을 세우시오.

_____

(3) (2)에서 세운 일차부등식을 푸시오.

_____

(4) 아랫변의 길이는 몇 cm 이하이어야 하는지 구하시오.

_____

6 가로의 길이가 세로의 길이보다 4 cm만큼 더 긴 직사각형을 그리려고 한다. 직사각형의 둘레의 길이가 100 cm 이상이 되게 그리려면 세로의 길이는 몇 cm 이상이어야 하는지 구하시오.

_____

7 장미 한 송이의 가격이 집 앞 꽃집에서는 700원, 꽃 도매 시장에서는 550원이고, 꽃 도매 시장에 다녀오는 데 드는 왕복 교통비가 1440원이다. 장미를 몇 송이 이상 살 경우에 꽃 도매 시장에서 사는 것이 유리한지 구하려고 할 때, 다음 물음에 답하시오.

↳ 꽃 도매 시장에 다녀오는 것이 더 싸다는 의미!

(1) 장미를 x송이 산다고 할 때, 다음 표를 완성하시오.

	집 앞 꽃집	꽃 도매 시장
장미 x송이의 가격(원)	700x	
왕복 교통비(원)	0	

(2) 일차부등식을 세우시오.

➡ (집 앞 꽃집에서 사는 비용) > (꽃 도매 시장에서 사는 비용)

➡ _____

(3) (2)에서 세운 일차부등식을 푸시오.

_____

(4) 장미를 몇 송이 이상 살 경우에 꽃 도매 시장에서 사는 것이 유리한지 구하시오.

_____

8 공책 한 권의 가격이 집 앞 문구점에서는 1000원, 할인점에서는 700원이다. 할인점에 다녀오는 데 드는 왕복 교통비가 1500원일 때, 공책을 몇 권 이상 살 경우에 할인점에서 사는 것이 유리한지 구하시오.

일차부등식의 활용 (2) – 거리·속력·시간

▶ 정답과 해설 13쪽

혜미가 집을 출발하여 공원에 가는데 **갈 때는 시속 2 km로, 올 때는 같은 길을 시속 4 km로** 걸어서 3시간 이내로 돌아오려고 한다. 집에서 몇 **km** 떨어진 공원까지 갔다 올 수 있는지 구하는 일차부등식을 세우시오.

집에서 x km 떨어진 공원까지 갔다 올 수 있다고 하면

×	갈 때	올 때
거리	x km	x km
속력	시속 2 km	시속 4 km
시간	$\dfrac{x}{2}$시간	$\dfrac{x}{4}$시간

(갈 때 걸린 시간)+(올 때 걸린 시간) $\leq$ 3(시간) ➡ $\dfrac{x}{2}+\dfrac{x}{4} \leq 3$

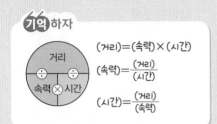

기억하자

(거리)=(속력)×(시간)

(속력)= $\dfrac{(거리)}{(시간)}$

(시간)= $\dfrac{(거리)}{(속력)}$

◉익힘북 14쪽

왕복하는 경우

1 등산을 하는데 올라갈 때는 시속 3 km로, 내려올 때는 같은 길을 시속 4 km로 걸어서 **3시간 30분 이내**로 등산을 마치려고 한다. 최대 몇 km까지 올라갔다가 내려올 수 있는지 구하려고 할 때, 다음 물음에 답하시오.

(1) 올라갈 때의 거리를 x km라고 할 때, 다음 표를 완성하시오.

	올라갈 때	내려올 때
거리	x km	
속력	시속 3 km	시속 4 km
시간	$\dfrac{x}{3}$시간	

(2) 일차부등식을 세우시오.

➡ $\left(\begin{array}{c}\text{올라갈 때}\\\text{걸린 시간}\end{array}\right)+\left(\begin{array}{c}\text{내려올 때}\\\text{걸린 시간}\end{array}\right) \leq \boxed{}$ (시간)

↳ 단위를 시간으로 통일!

➡ _____

(3) (2)에서 세운 일차부등식을 푸시오.

_____

(4) 최대 몇 km까지 올라갔다가 내려올 수 있는지 구하시오.

_____

중간에 물건을 사거나 쉬는 경우

2 어느 기차역에서 기차가 출발하기까지 **2시간의 여유**가 있어서 근처의 상점에서 물건을 사 오려고 한다. 시속 4 km의 일정한 속력으로 걷고, **물건을 사는 데 30분**이 걸린다면 기차역에서 최대 몇 km 떨어진 상점까지 다녀올 수 있는지 구하려고 할 때, 다음 물음에 답하시오.

(1) 역에서 상점까지의 거리를 x km라고 할 때, 다음 표를 완성하시오.

	갈 때	물건을 사는 데 걸린 시간	올 때
거리	x km		x km
속력	시속 4 km		시속 4 km
시간			

(2) 일차부등식을 세우시오.

➡ $\left(\begin{array}{c}\text{갈 때}\\\text{걸린 시간}\end{array}\right)+\left(\begin{array}{c}\text{물건을 사는 데}\\\text{걸린 시간}\end{array}\right)+\left(\begin{array}{c}\text{올 때}\\\text{걸린 시간}\end{array}\right)$
$\leq \boxed{}$ (시간)

➡ _____

(3) (2)에서 세운 일차부등식을 푸시오.

_____

(4) 최대 몇 km 떨어진 상점까지 다녀올 수 있는지 구하시오.

_____

미지수가 2개인 일차방정식

▶ 정답과 해설 13쪽

다음 중 미지수가 2개인 일차방정식인 것은 ○표, 아닌 것은 ×표를 ( ) 안에 쓰시오.

(1) $2x+3y$ → 등호가 없으니까 방정식이 아니야 (×)

(2) $4x-3y=0$ (○)

(3) $x+5=7$ → 미지수 1개 (×)

(4) $2x+y=y+2$ → 정리하면 $2x-2=0$ (×)
                   → 미지수 1개

(5) $x-3y+5=0$ (○)

(6) $x^2-2x=0$ → 2차 (×)

다음을 미지수가 2개인 일차방정식으로 나타내시오.

(1) 두 정수 x, y의 합은 20이다.

➡ $x+y=20$

(2) 1자루에 500원인 연필 x자루와 1개에 300원인 지우개 y개를 구입한 금액은 3000원이다.

➡ $500x+300y=3000$

(3) 가로의 길이가 x cm이고 세로의 길이가 y cm인 직사각형의 둘레의 길이는 40 cm이다.

➡ $2(x+y)=40$

○ 익힘북 14쪽

1 다음 중 미지수가 2개인 일차방정식인 것은 ○표, 아닌 것은 ×표를 ( ) 안에 쓰시오.

(1) $6x-5y$ ( )

(2) $x^2+3x+2=0$ ( )

(3) $x-2y+6=0$ ( )

(4) $x^2+y+1=0$ ( )

(5) $\dfrac{x}{2}+y-1=0$ ( )

(6) $5x-3=y+3$

➡ ☐$=0$ ( )

(7) $2x-y=2x-2y$

➡ ☐$=0$ ( )

2 다음을 미지수가 2개인 일차방정식으로 나타내시오.

(1) x의 3배와 y의 4배의 합은 34이다.

_____

(2) 영준이가 수학 시험에서 4점짜리 문제 x개와 5점짜리 문제 y개를 맞혀서 91점을 받았다.

_____

(3) 1개에 800원짜리 초콜릿 x개와 1개에 1200원짜리 빵 y개를 구입한 금액은 5600원이다.

_____

(4) 밑변의 길이가 x cm이고 높이가 9 cm인 삼각형의 넓이는 y cm²이다.

_____

(5) 시속 4 km로 x km를 간 후 시속 6 km로 y km를 갔더니 총 5시간이 걸렸다.

_____

9 미지수가 2개인 일차방정식의 해

▶ 정답과 해설 13쪽

x, y의 값이 자연수일 때, 일차방정식 $2x+y=12$의 해를 구하시오.

x	1	2	3	4	5	9	⋯
y	10	8	6	4	2	0	⋯

➡ $2x+y=12$의 해는

$(1, 10), (2, 8), (3, 6), (4, 4), (5, 2)$

$x=1, y=10$으로 쓰기도 해

y의 값이 자연수가 아니야~.

◉익힘북 14쪽

1 다음 일차방정식 중 $(4, 3)$이 해인 것은 ○표, 해가 <u>아닌</u> 것은 ×표를 ( ) 안에 쓰시오.

(1) $3x+4y=24$　　　　　　　　(　)

> $3x+4y=24$에 $x=4$, $y=3$을 대입하면
>
> $3×\boxed{}+4×\boxed{}=\boxed{}$
>
> 따라서 $(4, 3)$은 $3x+4y=24$의
> (해이다, 해가 아니다).

(2) $2x-5y=4$　　　　　　　　(　)

(3) $x=3y-8$　　　　　　　　　(　)

(4) $y=-2x+11$　　　　　　　(　)

(5) $6x-7y-1=0$　　　　　　　(　)

2 다음 일차방정식에 대하여 표를 완성하고, x, y의 값이 자연수일 때, 일차방정식의 해를 x, y의 순서쌍 (x, y)로 나타내시오.

(1) $3x+y=7$

x	1	2	3	⋯
y				⋯

➡ 해: _____

(2) $4x+2y=18$

x	1	2	3	4	5	⋯
y						⋯

➡ 해: _____

(3) $3x+y-10=0$

x	1	2	3	4	⋯
y					⋯

➡ 해: _____

(4) $2x+y-8=0$

x	1	2	3	4	⋯
y					⋯

➡ 해: _____

미지수가 2개인 연립일차방정식

x, y의 값이 자연수일 때, 연립방정식 $\begin{cases} x+y=4 \\ 3x+y=10 \end{cases}$ 의 해를 구하시오.

이렇게 묶으면
연립일차방정식!

두 일차방정식을 동시에 만족시키는 순서쌍을 찾아.

$\begin{cases} x+y=4 \end{cases}$ 해→

x	1	2	3
y	3	2	1

$\begin{cases} 3x+y=10 \end{cases}$ 해→

x	1	2	3
y	7	4	1

→ 연립일차방정식의 해: (3, 1)

● 연립일차방정식 ●
미지수가 2개인 두 일차
방정식을 한 쌍으로 묶어
나타낸 것
➡ 간단하게 연립방정식
이라고 한다.

○ 익힘북 15쪽

1 x, y의 값이 자연수일 때, 연립방정식 $\begin{cases} 2x-y=2 \\ x-2y=-5 \end{cases}$ 에 대하여 다음 표를 완성하고, 연립방정식의 해를 x, y의 순서쌍 (x, y)로 나타내시오.

➡ $2x-y=2$의 해

x		3		5	6	⋯
y	2		6			⋯

➡ $x-2y=-5$의 해

x	1		5			⋯
y		4		6	7	⋯

➡ 연립방정식의 해: _____

2 다음 연립방정식 중 (1, 2)가 해인 것은 ○표, 해가 <u>아닌</u> 것은 ×표를 ( ) 안에 쓰시오.

(1) $\begin{cases} 5x-2y=1 \\ x+3y=7 \end{cases}$

$\xrightarrow[\text{대입}]{x=1, y=2}$ $\begin{cases} 5\times\boxed{}-2\times\boxed{}=1 \\ \boxed{}+3\times\boxed{}=7 \end{cases}$ ( )

(2) $\begin{cases} x+2y=5 \\ 2x-y=4 \end{cases}$ ( )

(3) $\begin{cases} 4x-y=2 \\ -x+y=1 \end{cases}$ ( )

조금 더+ **연립방정식의 해를 알 때, 미지수의 값 구하기**

연립방정식 $\begin{cases} 2x+y=a \\ -3x+2y=b \end{cases}$ 의 해가 $(-2, 1)$일 때, 상수 a, b의 값은?

$\xrightarrow[\text{대입}]{x=-2, y=1}$ $\begin{cases} 2\times(-2)+1=a & \therefore a=-3 \\ -3\times(-2)+2\times1=b & \therefore b=8 \end{cases}$

3 다음 연립방정식의 해가 (3, 5)일 때, 상수 a, b의 값을 각각 구하시오.

(1) $\begin{cases} x+ay=-7 \\ bx+y=14 \end{cases}$ _____

(2) $\begin{cases} ax+y=11 \\ -2x+by=4 \end{cases}$ _____

(3) $\begin{cases} ax+3y=9 \\ x-by=18 \end{cases}$ _____

대입법을 이용하여 연립방정식 풀기

▶정답과 해설 14쪽

연립방정식 $\begin{cases} 2x+y=-1 \\ x+y=1 \end{cases}$ 을 대입법을 이용하여 푸시오.

한 일차방정식을 다른 일차방정식에 대입하는 방법!

❶ 한 일차방정식을 한 미지수에 대하여 나타내기

❷ 다른 일차방정식에 대입하여 방정식 풀기

❸ 다른 미지수의 값을 구하여 해 구하기

$\begin{cases} 2x+y=-1 & \cdots\text{㉠} \\ x+y=1 & \cdots\text{㉡} \end{cases}$

→ ㉡에서 y를 x에 대한 식으로 나타내면

$y=-x+1 \quad \cdots\text{㉢}$

→ ㉢을 ㉠에 대입하면

$2x+(-x+1)=-1$

$x+1=-1$

$\therefore x=-2$

→ $x=-2$를 ㉢에 대입하면

$y=-(-2)+1=3$

따라서 연립방정식의 해는

$x=-2, y=3$

⊙익힘북 15쪽

1 다음 연립방정식을 대입법을 이용하여 푸시오.

(1) $\begin{cases} 4x-y=6 & \cdots\text{㉠} \\ y=2x & \cdots\text{㉡} \end{cases}$

㉡을 ㉠에 대입하면

$4x-\boxed{}=6$

$\boxed{}x=6 \quad \therefore x=\boxed{}$

$x=\boxed{}$을(를) ㉡에 대입하면

$y=\boxed{}$

(2) $\begin{cases} 5x-2y=-9 \\ y=-x+1 \end{cases}$ _____

(3) $\begin{cases} 3x+2y=8 \\ x=-3y+5 \end{cases}$ _____

(4) $\begin{cases} 2x=-3y+2 \\ 2x-y=10 \end{cases}$ _____

(5) $\begin{cases} x-2y=5 & \cdots\text{㉠} \\ 3x+y=1 & \cdots\text{㉡} \end{cases}$

㉠에서 x를 y에 대한 식으로 나타내면

$x=\boxed{} \quad \cdots\text{㉢}$

㉢을 ㉡에 대입하면

$3(\boxed{})+y=1$

$\boxed{}y=-14 \quad \therefore y=\boxed{}$

$y=\boxed{}$을(를) ㉢에 대입하면

$x=\boxed{}$

(6) $\begin{cases} 2x-y=-8 \\ 3x+2y=-5 \end{cases}$ _____

(7) $\begin{cases} x-3y=4 \\ 2x-y=3 \end{cases}$ _____

(8) $\begin{cases} 3x+2y-7=0 \\ x-3y=6 \end{cases}$ _____

가감법을 이용하여 연립방정식 풀기

▶ 정답과 해설 14쪽

연립방정식 $\begin{cases} 2x+y=5 \\ x-2y=5 \end{cases}$ 를 가감법을 이용하여 푸시오.

식을 변끼리 더하거나 빼어서 한 미지수를 없애는 방법!

❶ 한 미지수의 계수의 절댓값 같게 하기

$\begin{cases} 2x+y=5 & \cdots\text{㉠} \\ x-2y=5 & \cdots\text{㉡} \end{cases}$

㉠×2

$\begin{cases} 4x+2y=10 \\ x-2y=5 \end{cases}$

y의 계수의 절댓값을 같게!

❷ 한 미지수를 없앤 후 방정식 풀기

$\begin{array}{r} 4x+2y=10 \\ +)\ x-2y=5 \\ \hline 5x\ \ \ =15 \end{array}$

$\therefore x=3$

계수의 부호가 다르면 +, 같으면 −

❸ 다른 미지수의 값을 구하여 해 구하기

$x=3$을 ㉠에 대입하면

$6+y=5 \quad \therefore y=-1$

따라서 연립방정식의 해는

$x=3,\ y=-1$

○ 익힘북 16쪽

1 다음 연립방정식을 가감법을 이용하여 푸시오.

(1) $\begin{cases} 2x+y=8 & \cdots\text{㉠} \\ 5x-y=6 & \cdots\text{㉡} \end{cases}$

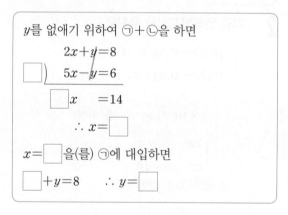

y를 없애기 위하여 ㉠+㉡을 하면

$\begin{array}{r} 2x+y=8 \\ \boxed{})\ 5x-y=6 \\ \hline \boxed{}x\ \ =14 \end{array}$

$\therefore x=\boxed{}$

$x=\boxed{}$을(를) ㉠에 대입하면

$\boxed{}+y=8 \quad \therefore y=\boxed{}$

(2) $\begin{cases} x+y=14 \\ x-y=6 \end{cases}$ _____

(3) $\begin{cases} x-2y=-3 \\ -x+4y=9 \end{cases}$ _____

(4) $\begin{cases} 4x-y=-1 \\ 3x+y=15 \end{cases}$ _____

(5) $\begin{cases} -4x+3y=-20 & \cdots\text{㉠} \\ 9x+2y=10 & \cdots\text{㉡} \end{cases}$

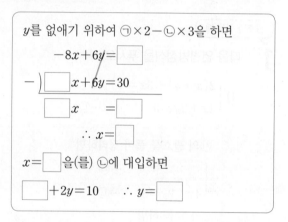

y를 없애기 위하여 ㉠×2−㉡×3을 하면

$\begin{array}{r} -8x+6y=\boxed{} \\ -)\ \boxed{}x+6y=30 \\ \hline \boxed{}x\ \ =\boxed{} \end{array}$

$\therefore x=\boxed{}$

$x=\boxed{}$을(를) ㉡에 대입하면

$\boxed{}+2y=10 \quad \therefore y=\boxed{}$

(6) $\begin{cases} x+y=7 \\ 3x-2y=1 \end{cases}$ _____

(7) $\begin{cases} 5x-3y=1 \\ 3x+5y=21 \end{cases}$ _____

(8) $\begin{cases} 5x+6y=-5 \\ 7x+4y=15 \end{cases}$ _____

여러 가지 연립방정식 풀기

▶ 정답과 해설 15쪽

다음 연립방정식을 간단히 정리하시오.

괄호가 있을 때

(1) $\begin{cases} x+y=2 \\ x+2(y+1)=1 \end{cases}$ →(괄호 풀기)→ $\begin{cases} x+y=2 \\ x+2y+2=1 \end{cases}$ →(정리하기)→ $\begin{cases} x+y=2 \\ x+2y=-1 \end{cases}$ → **분배법칙을 이용하여 괄호 풀기!**

계수가 소수일 때

(2) $\begin{cases} 0.2x+0.1y=2 \\ -0.3x+0.2y=1 \end{cases}$ →($\times 10$, $\times 10$)→ $\begin{cases} 2x+y=20 \\ -3x+2y=10 \end{cases}$ 상수에도 곱해야 해! → **양변에 10의 거듭제곱을 곱하여 계수를 정수로!**

계수가 분수일 때

(3) $\begin{cases} \dfrac{x}{6}+\dfrac{y}{3}=1 \\ -\dfrac{x}{4}+\dfrac{y}{2}=3 \end{cases}$ →($\times 6$, $\times 4$)→ $\begin{cases} x+2y=6 \\ -x+2y=12 \end{cases}$ 상수에도 곱해야 해! → **양변에 분모의 최소공배수를 곱하여 계수를 정수로!**

● 익힘북 16쪽

괄호가 있을 때

1 다음 연립방정식을 푸시오.

(1) $\begin{cases} 2(x-y)+3x=4 & \cdots ㉠ \\ 4x+2y=5 & \cdots ㉡ \end{cases}$

㉠의 괄호를 풀어 정리하면

$\begin{cases} \boxed{}=4 & \cdots ㉢ \\ 4x+2y=5 & \cdots ㉡ \end{cases}$

㉢+㉡을 하면

$\boxed{}x=9 \qquad \therefore x=\boxed{}$

$x=\boxed{}$ 을(를) ㉡에 대입하면

$\boxed{}+2y=5 \qquad \therefore y=\boxed{}$

(2) $\begin{cases} 3(x-y)+5y=2 \\ x+2y=6 \end{cases}$ ➡ $\begin{cases} \boxed{}x+\boxed{}y=2 \\ x+2y=6 \end{cases}$

(3) $\begin{cases} 5(x+y)-2x=0 \\ 2(x-y)+3y=7 \end{cases}$

계수가 소수일 때

2 다음 연립방정식을 푸시오.

(1) $\begin{cases} 0.2x-0.5y=-0.2 & \cdots ㉠ \\ 0.2x-0.3y=1 & \cdots ㉡ \end{cases}$

㉠$\times 10$, ㉡$\times \boxed{}$ 을 하면

$\begin{cases} 2x-\boxed{}y=\boxed{} & \cdots ㉢ \\ 2x-3y=10 & \cdots ㉣ \end{cases}$

㉢-㉣을 하면

$\boxed{}y=-12 \qquad \therefore y=\boxed{}$

$y=\boxed{}$ 을(를) ㉣에 대입하면

$2x-\boxed{}=10 \qquad \therefore x=\boxed{}$

(2) $\begin{cases} 0.3x+0.4y=0.1 \\ 0.2x-0.1y=-0.3 \end{cases}$ ➡ $\begin{cases} \boxed{}x+\boxed{}y=1 \\ \boxed{}x-y=-3 \end{cases}$

(3) $\begin{cases} 1.2x+0.7y=3.8 \\ 0.6x-0.2y=0.8 \end{cases}$

(4) $\begin{cases} -0.05x+0.04y=0.02 \\ 0.04x-0.03y=0.01 \end{cases}$ _____

(5) $\begin{cases} 0.04x+0.03y=0.07 \\ 0.1x+0.2y=0.3 \end{cases}$ _____

(4) $\begin{cases} \dfrac{3}{2}x+y=3 \\ \dfrac{x}{3}+\dfrac{y}{4}=\dfrac{1}{2} \end{cases}$ _____

(5) $\begin{cases} -\dfrac{x}{4}+\dfrac{y}{5}=-1 \\ \dfrac{x}{2}+\dfrac{y}{3}=2 \end{cases}$ _____

계수가 분수일 때

3 다음 연립방정식을 푸시오.

(1) $\begin{cases} \dfrac{x}{2}+\dfrac{y}{3}=\dfrac{10}{3} & \cdots ㉠ \\ \dfrac{x}{4}-\dfrac{y}{3}=\dfrac{2}{3} & \cdots ㉡ \end{cases}$

㉠×6, ㉡×☐를 하면

$\begin{cases} 3x+\boxed{}y=20 & \cdots ㉢ \\ \boxed{}x-4y=\boxed{} & \cdots ㉣ \end{cases}$

㉢−㉣을 하면 ☐y=12 ∴ y=☐

y=☐을(를) ㉢에 대입하면

3x+☐=20 ∴ x=☐

---

(2) $\begin{cases} 3x-2y=8 \\ \dfrac{x}{4}+\dfrac{y}{2}=2 \end{cases}$ ➡ $\begin{cases} 3x-2y=8 \\ x+\boxed{}y=\boxed{} \end{cases}$ _____

(3) $\begin{cases} \dfrac{x}{2}-\dfrac{y}{3}=1 \\ \dfrac{x}{5}-\dfrac{y}{4}=-1 \end{cases}$ _____

계수에 소수와 분수가 모두 있을 때

4 다음 연립방정식을 푸시오.

(1) $\begin{cases} 0.2x+0.5y=0.4 \\ \dfrac{x}{3}-\dfrac{y}{2}=-2 \end{cases}$ ➡ $\begin{cases} \boxed{}x+\boxed{}y=4 \\ 2x-\boxed{}y=\boxed{} \end{cases}$ _____

(2) $\begin{cases} \dfrac{x}{2}+\dfrac{y}{3}=\dfrac{1}{2} \\ 0.01x-0.03y=-0.1 \end{cases}$ _____

(3) $\begin{cases} 0.3x+0.4y=1.7 \\ \dfrac{2}{3}x+\dfrac{1}{2}y=3 \end{cases}$ _____

$A=B=C$ 꼴의 방정식 풀기

▶ 정답과 해설 16쪽

방정식 $x-2y=2x-y=6$을 푸시오.

$x-2y=2x-y=6 \longrightarrow$ $\begin{cases} x-2y=2x-y \\ x-2y=6 \end{cases}$ 또는 $\begin{cases} x-2y=2x-y \\ 2x-y=6 \end{cases}$ 또는 $\begin{cases} x-2y=6 \\ 2x-y=6 \end{cases}$ 세 연립방정식의 해는 모두 같으니까 가장 간단한 것을 선택하자!

$\longrightarrow \begin{cases} x-2y=6 \\ 2x-y=6 \end{cases}$

$\longrightarrow$ 연립방정식을 풀면 $x=2, y=-2$

◎익힘북 17쪽

1 다음 방정식을 푸시오.

(1) $3x+2y=x-2y=4$

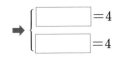 $\begin{cases} \boxed{}=4 \\ \boxed{}=4 \end{cases}$

_____

(2) $3x+y=4x-2y=10$

_____

(3) $4x-y=x+5=3x+y$

$\begin{cases} \boxed{}=x+5 \\ x+5=\boxed{} \end{cases}$

_____

(4) $x+2y=4x-3y-4=3x+y-5$

_____

조금더⁺ 계수가 분수인 $A=B=C$ 꼴의 방정식 풀기

방정식 $\dfrac{2x-y}{3}=\dfrac{3x-y}{4}=1$을 풀면?

$\rightarrow \begin{cases} \dfrac{2x-y}{3}=1 \quad \xrightarrow{\times 3} \quad 2x-y=3 \\ \dfrac{3x-y}{4}=1 \quad \xrightarrow{\times 4} \quad 3x-y=4 \end{cases}$

$\rightarrow x=1, y=-1$

2 다음 방정식을 푸시오.

(1) $\dfrac{x-y}{2}=\dfrac{x-3y}{3}=1$

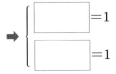 $\begin{cases} \boxed{}=1 \\ \boxed{}=1 \end{cases}$

_____

(2) $\dfrac{-x+4y}{2}=\dfrac{2x+y}{5}=3$

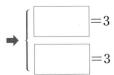 $\begin{cases} \boxed{}=3 \\ \boxed{}=3 \end{cases}$

_____

(3) $\dfrac{x-y}{3}=\dfrac{3x-y}{2}=2$

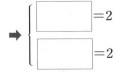 $\begin{cases} \boxed{}=2 \\ \boxed{}=2 \end{cases}$

_____

다음 연립방정식을 푸시오.

(1) $\begin{cases} 2x-y=1 & \cdots ㉠ \\ 4x-2y=2 & \cdots ㉡ \end{cases}$ $\xrightarrow[\text{하면}]{\substack{x의 \text{ 계수가} \\ 같아지도록 \\ ㉠×2를}}$ $\begin{cases} 4x-2y=2 \\ 4x-2y=2 \end{cases}$

➡ 두 일차방정식의 x, y의 계수와 상수항이
각각 같으므로 해가 무수히 많다.

(2) $\begin{cases} 2x-y=1 & \cdots ㉠ \\ 4x-2y=3 & \cdots ㉡ \end{cases}$ $\xrightarrow[\text{하면}]{\substack{x의 \text{ 계수가} \\ 같아지도록 \\ ㉠×2를}}$ $\begin{cases} 4x-2y=2 \\ 4x-2y=3 \end{cases}$

➡ 두 일차방정식의 x, y의 계수는 각각 같고
상수항은 다르므로 해가 없다.

○ 익힘북 17쪽

1 다음 연립방정식을 푸시오.

(1) $\begin{cases} 6x-9y=15 & \cdots ㉠ \\ 2x-3y=5 & \cdots ㉡ \end{cases}$ _____

> x의 계수가 같아지도록 ㉡×3을 하면
> $\begin{cases} 6x-9y=15 & \cdots ㉠ \\ 6x-\boxed{}y=\boxed{} & \cdots ㉢ \end{cases}$
> 따라서 ㉠, ㉢에 의해 해가 $\boxed{}$.

(2) $\begin{cases} 3x-12y=18 \\ x-4y=6 \end{cases}$ _____

(3) $\begin{cases} 3x-2y=5 \\ 6x-4y=10 \end{cases}$ _____

(4) $\begin{cases} 2x+4y=6 \\ -3x-6y=-9 \end{cases}$ _____

(5) $\begin{cases} x+y=4 & \cdots ㉠ \\ 4x+4y=10 & \cdots ㉡ \end{cases}$ _____

> y의 계수가 같아지도록 ㉠×4를 하면
> $\begin{cases} 4x+\boxed{}y=\boxed{} & \cdots ㉢ \\ 4x+4y=10 & \cdots ㉡ \end{cases}$
> 따라서 ㉡, ㉢에 의해 해가 $\boxed{}$.

(6) $\begin{cases} 15x+3y=5 \\ 5x+y=1 \end{cases}$ _____

(7) $\begin{cases} -4x+3y=8 \\ -16x+12y=24 \end{cases}$ _____

(8) $\begin{cases} -2x-4y=7 \\ 8x+16y=28 \end{cases}$ _____

▶ 정답과 해설 18쪽

상호가 1개에 500원인 귤과 1개에 1000원인 사과를 합하여 14개를 샀더니 총금액이 9000원이었다. 귤과 사과를 각각 몇 개씩 샀는지 구하시오.

❶ 미지수 정하기	귤의 개수: x, 사과의 개수: y
❷ 연립방정식 세우기	$\begin{cases} (귤의\ 개수)+(사과의\ 개수)=14 \\ (귤\ x개의\ 가격)+(사과\ y개의\ 가격)=9000(원) \end{cases}$ ⟶ $\begin{cases} x+y=14 & \cdots \text{⊙} \\ 500x+1000y=9000 & \cdots \text{⊙} \end{cases}$
❸ 연립방정식 풀기	⊙÷500−⊙을 하면 $x=10,\ y=4$ ⟶ 귤의 개수: 10, 사과의 개수: 4
❹ 확인하기	귤과 사과를 합하면 $10+4=14$(개), 총금액은 $500 \times 10+1000 \times 4=9000$(원)이므로 구한 $x,\ y$의 값이 문제의 뜻에 맞는다.

○익힘북 18쪽

개수·가격에 대한 문제

1 한 송이에 2000원인 튤립과 한 송이에 3000원인 장미를 합하여 20송이를 사고 48000원을 지불하였다. 튤립을 x송이, 장미를 y송이 샀다고 할 때, 다음 물음에 답하시오.

(1) 다음 표를 완성하시오.

	튤립	장미	전체
개수	x	y	20
총가격(원)			

(2) 연립방정식을 세우시오.

➡ $\begin{cases} (튤립의\ 수)+(장미의\ 수)=20 \\ (튤립\ x송이의\ 가격)+(장미\ y송이의\ 가격)=48000 \end{cases}$

➡ $\begin{cases} \\ \end{cases}$

(3) (2)에서 세운 연립방정식을 푸시오.

_____

(4) 튤립을 몇 송이 샀는지 구하시오.

_____

2 울타리 안에 오리와 토끼가 모두 합하여 35마리가 있고 다리의 수의 합은 94이다. 오리가 x마리, 토끼가 y마리 있다고 할 때, 다음 물음에 답하시오.

(1) 다음 표를 완성하시오.

	오리	토끼	전체
동물 수	x	y	35
다리 수			

(2) 연립방정식을 세우시오.

➡ $\begin{cases} (오리의\ 수)+(토끼의\ 수)=35 \\ (오리\ x마리의\ 다리\ 수)+(토끼\ y마리의\ 다리\ 수)=94 \end{cases}$

➡ $\begin{cases} \\ \end{cases}$

(3) (2)에서 세운 연립방정식을 푸시오.

_____

(4) 오리와 토끼는 각각 몇 마리인지 구하시오.

오리: _____, 토끼: _____

3 두 자리의 자연수가 있다. 각 자리의 숫자의 합은 9이고, 십의 자리의 숫자와 일의 자리의 숫자를 바꾼 수는 처음 수보다 9만큼 크다고 한다. 처음 수의 십의 자리의 숫자를 x, 일의 자리의 숫자를 y라고 할 때, 다음 물음에 답하시오.

(1) 다음 표를 완성하시오.

	십의 자리의 숫자	일의 자리의 숫자	자연수
처음 수	x	y	$10x+y$
바꾼 수			

(2) 연립방정식을 세우시오.

➡ $\begin{cases} (\text{각 자리의 숫자의 합})=9 \\ (\text{각 자리의 숫자를 바꾼 수})=(\text{처음 수})+9 \end{cases}$

➡ $\begin{cases} \underline{\hspace{5cm}} \\ \underline{\hspace{5cm}} \end{cases}$

(3) (2)에서 세운 연립방정식을 푸시오.

_____

(4) 처음 수를 구하시오.

_____

4 현재 아버지와 아들의 나이의 차는 40세이고, 14년 후에는 아버지의 나이가 아들의 나이의 3배가 된다고 한다. 현재 아버지의 나이를 x세, 아들의 나이를 y세라고 할 때, 다음 물음에 답하시오.

(1) 다음 표를 완성하시오.

	아버지	아들
현재 나이(세)	x	y
14년 후의 나이(세)		

(2) 연립방정식을 세우시오.

➡ $\begin{cases} (\text{현재 아버지와 아들의 나이의 차})=40 \\ (\text{14년 후 아버지의 나이})=3\times(\text{14년 후 아들의 나이}) \end{cases}$

➡ $\begin{cases} \underline{\hspace{5cm}} \\ \underline{\hspace{5cm}} \end{cases}$

(3) (2)에서 세운 연립방정식을 푸시오.

_____

(4) 현재 아버지와 아들의 나이를 각각 구하시오.

아버지: _____, 아들: _____

연립방정식의 활용 (2) - 거리·속력·시간

▶ 정답과 해설 18쪽

다윤이가 집에서 6 km 떨어진 콘서트홀까지 가는데 시속 2 km로 걷다가 도중에 시속 4 km로 뛰어갔더니 2시간 만에 도착하였다. 이때 걸어간 거리와 뛰어간 거리를 각각 구하는 연립방정식을 세우시오.

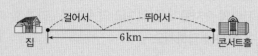

걸어간 거리를 x km, 뛰어간 거리를 y km라고 하면

	걸어갈 때	뛰어갈 때
거리	x km	y km
속력	시속 2 km	시속 4 km
시간	$\dfrac{x}{2}$ 시간	$\dfrac{y}{4}$ 시간

$$\begin{cases} (걸어간\ 거리)+(뛰어간\ 거리)=6(km) \\ (걸어간\ 시간)+(뛰어간\ 시간)=2(시간) \end{cases} \Rightarrow \begin{cases} x+y=6 \\ \dfrac{x}{2}+\dfrac{y}{4}=2 \end{cases}$$

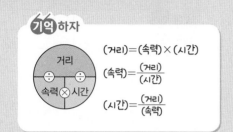

기억하자

$(거리)=(속력)\times(시간)$

$(속력)=\dfrac{(거리)}{(시간)}$

$(시간)=\dfrac{(거리)}{(속력)}$

○익힘북 18쪽

1 유라가 집에서 48 km 떨어진 할머니 댁까지 가는데 처음에는 시속 60 km로 달리는 버스를 타고 가다가 도중에 버스에서 내려서 시속 4 km로 걸었더니 총 1시간 30분이 걸렸다. 버스를 타고 간 거리를 x km, 걸어간 거리를 y km라고 할 때, 다음 물음에 답하시오.

(1) 다음 표를 완성하시오.

	버스를 탈 때	걸어갈 때
거리	x km	y km
속력		
시간		

(2) 연립방정식을 세우시오.

$$\Rightarrow \begin{cases} (버스를\ 타고\ 간\ 거리)+(걸어간\ 거리)=48(km) \\ (버스를\ 타고\ 간\ 시간)+(걸어간\ 시간)=\boxed{}(시간) \end{cases}$$

단위를 시간으로 통일!

$$\Rightarrow \begin{cases} \underline{} \\ \underline{} \end{cases}$$

(3) (2)에서 세운 연립방정식을 푸시오.

(4) 걸어간 거리를 구하시오.

2 하람이가 등산을 하는데 올라갈 때는 A코스를 시속 3 km로 걷고, 내려올 때는 올라갈 때보다 6 km 더 긴 B코스를 시속 6 km로 걸어서 모두 3시간이 걸렸다. A코스의 거리를 x km, B코스의 거리를 y km라고 할 때, 다음 물음에 답하시오.

(1) 다음 표를 완성하시오.

	A코스	B코스
거리	x km	y km
속력	시속 3 km	시속 6 km
시간		

(2) 연립방정식을 세우시오.

$$\Rightarrow \begin{cases} (B코스의\ 거리)=(A코스의\ 거리)+6(km) \\ (올라간\ 시간)+(내려온\ 시간)=(전체\ 걸린\ 시간) \end{cases}$$

$$\Rightarrow \begin{cases} \underline{} \\ \underline{} \end{cases}$$

(3) (2)에서 세운 연립방정식을 푸시오.

(4) B코스의 거리를 구하시오.

54 II. 부등식과 연립방정식

1 x의 값이 0, 1, 2, 3, 4일 때, 부등식 $3x-2 \leq 4$의 해를 구하려고 한다. 다음 표를 완성하고, 부등식의 해를 모두 구하시오.

x	좌변	부등호	우변	참, 거짓
0	$3 \times 0 - 2 = -2$	$<$	4	
1				
2				
3				
4				

➡ 부등식의 해: _____

2 다음 ☐ 안에 알맞은 부등호를 쓰시오.

(1) $a>b$이면 $3a-5$ ☐ $3b-5$이다.

(2) $a<b$이면 $-\dfrac{a}{4}+2$ ☐ $-\dfrac{b}{4}+2$이다.

(3) $a \geq b$이면 $-2a+6$ ☐ $-2b+6$이다.

(4) $a \leq b$이면 $\dfrac{3}{5}a-1$ ☐ $\dfrac{3}{5}b-1$이다.

3 다음 일차부등식의 해를 수직선 위에 나타내시오.

(1) $4x+9>7x-15$ ←―――――→

(2) $6x-3 \leq 5-2x$ ←―――――→

(3) $-2x+11<2x+3$ ←―――――→

(4) $-1-3x \geq 9-8x$ ←―――――→

4 다음 일차부등식을 푸시오.

(1) $5(2x-4) \leq 2(5-x)$ _____

(2) $-2(3-3x)>7(x+2)$ _____

(3) $0.3x-0.7>0.5x+1.1$ _____

(4) $\dfrac{4x+1}{5}<\dfrac{4x-1}{3}$ _____

5 다음을 만족시키는 상수 a의 값을 구하시오.

(1) 일차부등식 $4x-a \geq 9$의 해가 $x \geq 3$이다.

_____

(2) 일차부등식 $a-5x<-8$의 해가 $x>4$이다.

_____

(3) 일차부등식 $2(2-x)>a-7x$의 해가 $x>-3$이다.

_____

6 한 번에 600 kg까지 운반할 수 있는 엘리베이터에 몸무게가 50 kg인 혜성이가 11 kg짜리 상자를 여러 개 싣고 타려고 한다. 상자를 한 번에 최대 몇 개까지 운반할 수 있는지 구하시오.

_____

7 시안이는 책을 빌리기 위해 집에서 출발해 2시간 20분 이내에 도서관에 다녀오려고 한다. 책을 빌리는 데 40분이 걸리고 시속 5 km로 걸어서 왕복할 때, 집에서 몇 km 이내에 있는 도서관을 이용할 수 있는지 구하시오.

_____

8 다음 중 미지수가 2개인 일차방정식인 것은 ○표, 아닌 것은 ×표를 ( ) 안에 쓰시오.

(1) $4x+5y$ ( )

(2) $-x+3=y$ ( )

(3) $8x+9y=10$ ( )

(4) $4x-5y=4x+7$ ( )

(5) $x^2+2x=8$ ( )

(6) $3x+y^2+2y=y^2$ ( )

9 다음 일차방정식에 대하여 x, y의 값이 자연수일 때, 일차방정식의 해를 x, y의 순서쌍 (x, y)로 나타내시오.

(1) $x+2y=7$

➡ 해: _____

(2) $2x+3y=15$

➡ 해: _____

(3) $5x+y=19$

➡ 해: _____

10 다음 연립방정식 중 $(-2, 3)$이 해인 것은 ○표, 해가 아닌 것은 ×표를 ( ) 안에 쓰시오.

(1) $\begin{cases} 2x-y=-7 \\ 3x+4y=6 \end{cases}$ ( )

(2) $\begin{cases} 5x+6y=8 \\ 6x-y=-15 \end{cases}$ ( )

(3) $\begin{cases} x+5y=13 \\ -4x-2y=1 \end{cases}$ ( )

11 다음 연립방정식의 해가 $(4, -2)$일 때, 상수 a, b의 값을 각각 구하시오.

(1) $\begin{cases} ax-y=10 \\ 2x+by=2 \end{cases}$ _____

(2) $\begin{cases} ax+4y=8 \\ -3x+by=-10 \end{cases}$ _____

(3) $\begin{cases} -ax+5y=14 \\ 4x+by=6 \end{cases}$ _____

[12~13] 다음 연립방정식을 푸시오.

12 (1) $\begin{cases} -x+2y=7 \\ x+3y=3 \end{cases}$ _____

(2) $\begin{cases} 3x+y=9 \\ 4x-y=5 \end{cases}$ _____

(3) $\begin{cases} 3x-2y=10 \\ y=2x-8 \end{cases}$ _____

(4) $\begin{cases} x = 5y + 3 \\ x - 3y = 13 \end{cases}$ _____

(5) $\begin{cases} 5x + 2y = 11 \\ x - 4y = -11 \end{cases}$ _____

(6) $\begin{cases} 4x - 9y = 14 \\ 2x + 3y = -8 \end{cases}$ _____

13 (1) $\begin{cases} 3(x + 3) - y = 19 \\ 2x - 5(y - 2) = 21 \end{cases}$ _____

(2) $\begin{cases} 0.05x - 0.03y = -0.08 \\ -0.5x + 0.1y = -0.4 \end{cases}$ _____

(3) $\begin{cases} \dfrac{x}{3} + \dfrac{3}{4}y = \dfrac{3}{2} \\ \dfrac{x}{3} - \dfrac{y}{2} = -1 \end{cases}$ _____

(4) $\begin{cases} -\dfrac{x}{3} + \dfrac{y}{2} = -\dfrac{13}{6} \\ 0.1x + 0.4y = -1 \end{cases}$ _____

14 다음 방정식을 푸시오.

(1) $-3x + 2y = x + y = 5$ _____

(2) $2x + y = 7x - 4y = x - y + 9$ _____

(3) $\dfrac{x - y}{2} = \dfrac{2x - 3 - y}{3} = 3$ _____

15 다음 연립방정식을 푸시오.

(1) $\begin{cases} 3x + 6y = -9 \\ -x - 2y = -3 \end{cases}$ _____

(2) $\begin{cases} -4x + y = 2 \\ 12x - 3y = -6 \end{cases}$ _____

(3) $\begin{cases} 5x - 4y = 3 \\ 0.1x - 0.08y = 0.6 \end{cases}$ _____

(4) $\begin{cases} \dfrac{x}{2} + \dfrac{y}{3} = -2 \\ \dfrac{3}{4}x + \dfrac{y}{2} = -3 \end{cases}$ _____

(5) $\begin{cases} \dfrac{x}{10} + \dfrac{y}{5} = -1 \\ 0.1x + 0.2y = -1 \end{cases}$ _____

16 둘레의 길이가 32 cm인 직사각형이 있다. 이 직사각형의 가로의 길이가 세로의 길이보다 6 cm만큼 더 길 때, 가로의 길이를 구하시오.

_____

17 길이가 8 km인 산책로를 따라 시속 3 km로 걷다가 도중에 시속 6 km로 뛰어 끝까지 가는 데 2시간 30분이 걸렸다. 이때 뛰어간 거리를 구하시오.

_____

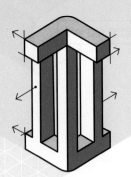

일차함수

1 일차함수와 그 그래프
2 일차함수와 일차방정식의 관계

개념 CHECK

Ⅲ·1 일차함수와 그 그래프

❶ 함수

(1) **함수**: 두 변수 x, y에 대하여 x의 값이 변함에 따라 y의 값이 오직 하나씩 정해지는 대응 관계가 있을 때, y는 x의 **함수**라고 한다. [기호] $y=f(x)$ → 함수 $y=2x$를 $f(x)=2x$와 같이 나타내기도 해

[참고] x의 값 하나에 대하여 y의 값이 ┌ 오직 하나씩 대응하면 ➡ 함수이다.
└ 대응하지 않거나 2개 이상 대응하면 ➡ 함수가 아니다.

• 함수 $f(x)=2x$에 대하여
➡ $x=1$일 때
$f(1)=2\times\boxed{❶}=\boxed{❷}$
➡ $x=2$일 때
$f(2)=2\times\boxed{❸}=\boxed{❹}$

(2) **함숫값**

함수 $y=f(x)$에서 x의 값에 대응하는 y의 값을 x에 대한 **함숫값**이라고 한다. [기호] $f(x)$

[예] 함수 $f(x)=3x$에서 $x=2$일 때의 함숫값
➡ $f(2)=3\times2=6$

함수 $y=f(x)$에서
$f(@)$ ➡ $x=@$일 때의 함숫값
➡ $x=@$에 대응하는 y의 값
➡ $f(x)$에 x 대신 $@$를 대입하여 얻은 값

❷ 일차함수의 뜻과 그래프

(1) **일차함수**: 함수 $y=f(x)$에서 y가 x에 대한 일차식 $y=ax+b(a, b$는 상수, $a\neq0)$로 나타날 때, 이 함수를 x에 대한 **일차함수**라고 한다.

(2) **일차함수 $y=ax+b$의 그래프**
① **평행이동**: 한 도형을 일정한 방향으로 일정한 거리만큼 이동하는 것
② **일차함수 $y=ax+b$의 그래프**: 일차함수 $y=ax$의 그래프를 y축의 방향으로 b만큼 평행이동한 직선

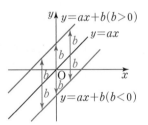

$y=2x$ ──── y축의 방향으로 5만큼 평행이동 ────➤ $y=2x+5$

(3) **일차함수의 그래프의 x절편과 y절편**
① **x절편**: 함수의 그래프가 x축과 만나는 점의 x좌표 → $y=0$일 때의 x의 값이야.
② **y절편**: 함수의 그래프가 y축과 만나는 점의 y좌표 → $x=0$일 때의 y의 값이야.

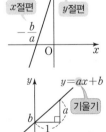

(4) **일차함수의 그래프의 기울기**
일차함수 $y=ax+b(a\neq0)$의 그래프에서
$(기울기)=\dfrac{(y의\ 값의\ 증가량)}{(x의\ 값의\ 증가량)}=a$ → x의 계수

• 일차함수 $y=\dfrac{1}{2}x-2$의 그래프에서
$(기울기)=\dfrac{(y의\ 값의\ 증가량)}{(x의\ 값의\ 증가량)}=\boxed{❺}$
➡ x의 값이 2만큼 증가할 때, y의 값은 $\boxed{❻}$ 만큼 증가한다.

❸ 일차함수와 그래프의 성질과 식

(1) **일차함수 $y=ax+b$의 그래프의 성질**
① **기울기 a의 부호**
$a>0$이면 x의 값이 증가할 때, y의 값도 증가하므로 오른쪽 위로 향하는 직선이고,
$a<0$이면 x의 증가할 때, y의 값은 감소하므로 오른쪽 아래로 향하는 직선이다.

② **y절편 b의 부호**
$b>0$이면 y축과 양의 부분에서 만나고, $b<0$이면 y축과 음의 부분에서 만난다.

(2) 일차함수 $y=ax+b$의 그래프의 평행과 일치

두 일차함수 $y=ax+b$와 $y=cx+d$의 그래프에 대하여

① 기울기는 같고 y절편이 다를 때, 즉 $a=c$, $b\ne d$이면 두 그래프는 서로 평행하다.

② 기울기가 같고 y절편도 같을 때, 즉 $a=c$, $b=d$이면 두 그래프는 일치한다.

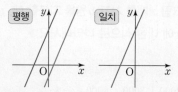

Ⅲ·2 일차함수와 일차방정식의 관계

❶ 일차함수와 일차방정식

(1) **미지수가 2개인 일차방정식의 그래프**: x, y의 값의 범위가 수 전체일 때, 미지수가 2개인 일차방정식 $ax+by+c=0$(a, b, c는 상수, $a\ne 0$ 또는 $b\ne 0$)의 해의 순서쌍 (x, y)를 좌표로 하는 점을 좌표평면 위에 나타낸 것

→ a나 b가 0이 되면 $ax+c=0$ 또는 $by+c=0$, $c=0$이 되므로 일차함수가 아니야!

(2) **일차방정식의 그래프와 일차함수의 그래프**

미지수가 2개인 일차방정식 $ax+by+c=0$(a, b, c는 상수, $a\ne 0$, $b\ne 0$)의 그래프는 일차함수 $y=-\dfrac{a}{b}x-\dfrac{c}{b}$의 그래프와 서로 같다.

→ y를 x에 대한 식으로 나타내 봐.

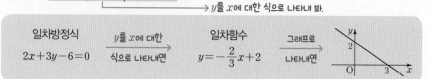

(3) **일차방정식 $x=m$, $y=n$의 그래프**:

① 일차방정식 $x=m$(m은 상수, $m\ne 0$)의 그래프 → x축에 수직
➡ 점 $(m, 0)$을 지나고, y축에 평행한 직선 ← 함수가 아니다

② 일차방정식 $y=n$(n은 상수, $n\ne 0$)의 그래프 → y축에 수직
➡ 점 $(0, n)$을 지나고, x축에 평행한 직선 ← 함수지만 일차함수는 아니다.

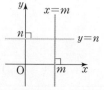

(4) **직선의 방정식**: x, y의 값의 범위가 수 전체일 때, 미지수가 1개 또는 2개인 일차방정식 $ax+by+c=0$(a, b, c는 상수, $a\ne 0$ 또는 $b\ne 0$)을 직선의 방정식이라고 한다.

❷ 일차함수의 그래프와 연립일차방정식

(1) **연립방정식의 해와 그래프**

연립방정식 $\begin{cases} ax+by+c=0 \\ a'x+b'y+c'=0 \end{cases}$ 의 해는 두 일차방정식 $ax+by+c=0$, $a'x+b'y+c'=0$의 그래프의 교점의 좌표와 같다.

(2) **연립방정식의 해의 개수와 두 그래프의 위치 관계**

두 그래프의 위치 관계	한 점에서 만난다.	일치한다.	평행하다.
교점의 개수	1개	무수히 많다.	없다.
연립방정식의 해의 개수	한 쌍	해가 무수히 많다.	해가 없다.
기울기와 y절편	기울기가 다르다.	기울기가 같고 y절편도 같다.	기울기는 같고 y절편은 다르다.

개념 CHECK

• 일차방정식 $2x+y-4=0$에서 y를 x에 대한 식으로 나타내면

$y=$ ❼ ▢

즉, 일차방정식 $2x+y-4=0$의 그래프는 일차함수 $y=$ ❽ ▢의 그래프와 같다.

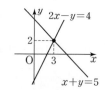

위의 두 그래프의 교점의 좌표가 ❾ ▢이므로 연립방정식 $\begin{cases} x+y=5 \\ 2x-y=4 \end{cases}$ 의 해는

$x=$ ❿ ▢, $y=$ ⓫ ▢이다.

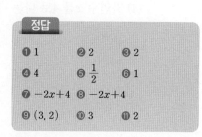

정답
❶ 1　　❷ 2　　❸ 2
❹ 4　　❺ $\dfrac{1}{2}$　　❻ 1
❼ $-2x+4$　❽ $-2x+4$
❾ $(3, 2)$　❿ 3　　⓫ 2

1 함수

▶정답과 해설 22쪽

한 개에 1000원인 아이스크림 x개를 사고 y원을 지불할 때, y가 x의 함수인지 아닌지 말하시오. 또 y를 x에 대한 식으로 나타내시오.

×1000	x	1	2	3	4	...
	y	1000	2000	3000	4000	...

⟶ x의 값 하나에 y의 값이 오직 하나씩 대응하므로 y는 x의 함수이다.

⟶ $y=1000x$

기억하자

x의 값 하나에 y의 값이
- 오직 하나씩 대응
  ➡ 함수이다.
- 대응하지 않거나 2개 이상 대응
  ➡ 함수가 아니다.

⊙익힘북 19쪽

1 다음 두 변수 x와 y 사이의 대응 관계를 나타낸 표를 완성하고, y가 x의 함수인 것은 ○표, 함수가 아닌 것은 ×표를 ( ) 안에 쓰시오.

(1) 자연수 x보다 5만큼 큰 수 y ( )

x	1	2	3	4	...
y	6				...

(2) 자연수 x보다 작은 홀수 y ( )

x	1	2	3	4	...
y					...

(3) 절댓값이 x인 수 y ( )

x	1	2	3	4	...
y	−1, 1				...

(4) 자연수 x를 4로 나눈 나머지 y ( )

x	1	2	3	4	...
y				0	...

(5) 자연수 x의 배수 y ( )

x	1	2	3	4	...
y					...

(6) 자연수 x의 약수 y ( )

x	1	2	3	4	...
y	1				...

(7) 자연수 x의 약수의 개수 y ( )

x	1	2	3	4	...
y					...

(8) 자연수 x의 역수 y ( )

x	1	2	3	4	...
y					...

2 한 개에 $10\,\mathrm{g}$인 물건 x개의 무게를 $y\,\mathrm{g}$이라고 할 때, 다음 물음에 답하시오.

(1) 다음 표를 완성하고, y는 x의 함수인지 말하시오.

x	1	2	3	4	…
y					…

_____

(2) y를 x에 대한 식으로 나타내시오.

_____

3 넓이가 $60\,\mathrm{cm}^2$인 직사각형의 가로, 세로의 길이를 각각 $x\,\mathrm{cm}$, $y\,\mathrm{cm}$라고 할 때, 다음 물음에 답하시오.

(1) 다음 표를 완성하고, y는 x의 함수인지 말하시오.

x	1	2	3	4	…
y					…

_____

(2) y를 x에 대한 식으로 나타내시오.

_____

4 길이가 $12\,\mathrm{cm}$인 끈을 $x\,\mathrm{cm}$ 잘라 내고 남은 길이를 $y\,\mathrm{cm}$라고 할 때, 다음 물음에 답하시오.

(1) 다음 표를 완성하고, y는 x의 함수인지 말하시오.

x	1	2	3	4	…
y					…

_____

(2) y를 x에 대한 식으로 나타내시오.

_____

5 다음 두 변수 x, y에 대하여 y를 x에 대한 식으로 나타내시오.

(1) 한 변의 길이가 $x\,\mathrm{cm}$인 정삼각형의 둘레의 길이는 $y\,\mathrm{cm}$이다.

_____

(2) 한 자루에 500원인 연필 x자루의 가격은 y원이다.

_____

(3) 우유 $4\,\mathrm{L}$를 x명이 똑같이 나누어 마실 때, 한 명이 마시는 우유의 양은 $y\,\mathrm{L}$이다.

_____

(4) 자동차가 시속 $x\,\mathrm{km}$로 y시간 동안 달린 거리는 $40\,\mathrm{km}$이다.

_____

(5) 하루 24시간 중 낮의 길이는 x시간, 밤의 길이는 y시간이다.

_____

(6) 80쪽인 책을 x쪽 읽고 남은 쪽수는 y쪽이다.

_____

 **함숫값**

▶ 정답과 해설 22쪽

함수 $f(x)=3x$에 대하여 $f(2)$의 값을 구하시오.

$$f(x)=3x \xrightarrow{\ x \text{ 대신 2를 대입}\ } f(2)=3\times2=6$$

$x=2$일 때의 함숫값

하자

함수 $y=f(x)$에서
$f(a)$의 값 ➡ $x=a$일 때의 함숫값
➡ $x=a$에 대응하는 y의 값
➡ $f(x)$에 x 대신 a를 대입
하여 얻은 값

○익힘북 **19쪽**

1 함수 $f(x)=-5x$에 대하여 다음 □ 안에 알맞은 수를 쓰시오.

(1) $x=1$일 때, $f(1)=-5\times\boxed{}=\boxed{}$

(2) $x=2$일 때, $f(2)=-5\times\boxed{}=\boxed{}$

(3) $x=3$일 때, $f(3)=-5\times\boxed{}=\boxed{}$

2 함수 $f(x)=\dfrac{8}{x}$에 대하여 다음 □ 안에 알맞은 수를 쓰시오.

(1) $x=-2$일 때, $f(-2)=\dfrac{8}{\boxed{}}=\boxed{}$

(2) $x=4$일 때, $f(4)=\dfrac{8}{\boxed{}}=\boxed{}$

(3) $x=8$일 때, $f(8)=\dfrac{8}{\boxed{}}=\boxed{}$

3 함수 $f(x)=x+2$에 대하여 다음을 구하시오.

(1) $x=-3$일 때의 함숫값 _____

(2) $x=0$에 대응하는 y의 값 _____

(3) $f(4)$의 값 _____

4 함수 $f(x)=7x$에 대하여 다음을 구하시오.

(1) $x=2$일 때의 함숫값 _____

(2) $x=-1$일 때, y의 값 _____

(3) $f\left(\dfrac{1}{2}\right)$의 값 _____

5 함수 $f(x)=-\dfrac{36}{x}$에 대하여 다음 함숫값을 구하시오.

(1) $f(6)$ _____

(2) $f(-4)$ _____

(3) $f(6)+f(-4)$ _____

6 함수 $f(x)=2x-1$에 대하여 다음 함숫값을 구하시오.

(1) $f\left(\dfrac{1}{2}\right)$ _____

(2) $f(0)$ _____

(3) $f\left(\dfrac{1}{2}\right)-f(0)$ _____

일차함수

다음 식을 일차함수인 것과 일차함수가 <u>아닌</u> 것으로 구분하시오.

기억하자

일차함수
→ $y = (x$에 대한 일차식)의 꼴
→ $y = ax + b$
 (a, b는 상수, $a \neq 0$)

(1) $y = 2x$
(2) $y = -\dfrac{5}{3}x + 2$ → $y = (x$에 대한 일차식)의 꼴 → **일차함수**이다.

(3) $y = \dfrac{1}{x} + 1$ → x가 분모에 있다.
(4) $y = 4x^2 - 1$ → $4x^2 - 1$은 x에 대한 이차식이다. → 일차함수가 아니다.
(5) $y = 5$

○ 익힘북 20쪽

1 다음 중 y가 x에 대한 일차함수인 것은 ○표, 일차함수가 <u>아닌</u> 것은 ×표를 ( ) 안에 쓰시오.

(1) $y = 4x - 3$ ( )

(2) $y = -2$ ( )

(3) $y = 3x$ ( )

(4) $y = x(x - 2)$
→ $y = \boxed{}$ ( )

(5) $xy = 5$
→ $y = \boxed{}$ ( )

(6) $\dfrac{x}{3} - \dfrac{y}{2} = 1$
→ $y = \boxed{}$ ( )

2 다음에서 y를 x에 대한 식으로 나타내고, 그 식이 일차함수인 것은 ○표, 일차함수가 <u>아닌</u> 것은 ×표를 ( ) 안에 쓰시오.

(1) 5000원이 예금된 통장에 매달 1000원씩 x개월 동안 저축하여 총 y원을 모았다.
→ $y = \underline{}$ ( )

(2) 한 개에 1000원인 사과 x개를 100원짜리 봉투에 담고 y원을 지불하였다.
→ $y = \underline{}$ ( )

(3) 200 L의 물이 들어 있는 물통에서 1분에 3 L의 물이 빠져나갈 때, x분 후에 남아 있는 물의 양은 y L이다.
→ $y = \underline{}$ ( )

(4) 시속 x km로 y시간 동안 100 km를 이동하였다.
→ $y = \underline{}$ ( )

(5) 한 변의 길이가 x cm인 정사각형의 둘레의 길이는 y cm이다.
→ $y = \underline{}$ ( )

(6) 반지름의 길이가 x cm인 원의 넓이는 y cm²이다.
→ $y = \underline{}$ ( )

일차함수의 그래프와 평행이동

▶ 정답과 해설 23쪽

좌표평면 위에 두 일차함수 $y=2x$, $y=2x+3$의 그래프를 그리시오.

두 일차함수 $y=2x$, $y=2x+3$에 대하여
x의 각 값에 대응하는 y의 값을 표로 나타내면

x	$\cdots$	-2	-1	0	1	2	$\cdots$
$y=2x$	$\cdots$	-4	-2	0	2	4	$\cdots$
$y=2x+3$	$\cdots$	-1	1	3	5	7	$\cdots$

$+3$

$y=2x$의 y의 값보다
항상 3만큼 크다.

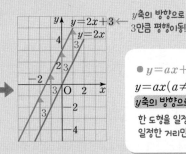

y축의 방향으로
3만큼 평행이동!

● $y=ax+b\,(a\neq0)$의 그래프 ●
$y=ax\,(a\neq0)$의 그래프를
y축의 방향으로 b만큼 평행이동한 직선

한 도형을 일정한 방향으로
일정한 거리만큼 옮기는 것

◎ 익힘북 20쪽

1 다음 표를 완성하고, x, y의 값의 범위가 수 전체일 때, 좌표평면 위에 두 일차함수의 그래프를 그리시오.

(1) $y=x$, $y=x+2$

x	$\cdots$	-2	-1	0	1	2	$\cdots$
$y=x$	$\cdots$						$\cdots$
$y=x+2$	$\cdots$						$\cdots$

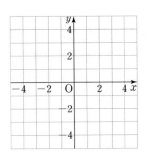

(2) $y=\dfrac{1}{2}x$, $y=\dfrac{1}{2}x-3$

x	$\cdots$	-4	-2	0	2	4	$\cdots$
$y=\dfrac{1}{2}x$	$\cdots$						$\cdots$
$y=\dfrac{1}{2}x-3$	$\cdots$						$\cdots$

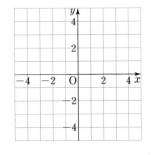

(3) $y=-3x$, $y=-3x+3$

x	$\cdots$	-2	-1	0	1	2	$\cdots$
$y=-3x$	$\cdots$						$\cdots$
$y=-3x+3$	$\cdots$						$\cdots$

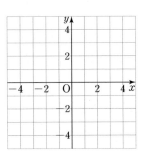

(4) $y=-\dfrac{1}{3}x$, $y=-\dfrac{1}{3}x-2$

x	$\cdots$	-6	-3	0	3	6	$\cdots$
$y=-\dfrac{1}{3}x$	$\cdots$						$\cdots$
$y=-\dfrac{1}{3}x-2$	$\cdots$						$\cdots$

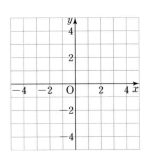

2 일차함수 $y=3x$의 그래프가 다음 그림과 같을 때, □ 안에 알맞은 수를 쓰고 평행이동을 이용하여 주어진 일차함수의 그래프를 좌표평면 위에 그리시오.

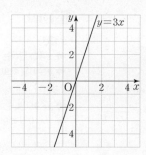

(1) $y=3x+4$

➡ $y=3x+4$의 그래프는 $y=3x$의 그래프를 y축의 방향으로 ☐ 만큼 평행이동한 것이다.

(2) $y=3x-4$

➡ $y=3x-4$의 그래프는 $y=3x$의 그래프를 y축의 방향으로 ☐ 만큼 평행이동한 것이다.

3 일차함수 $y=-\dfrac{2}{3}x$의 그래프가 다음 그림과 같을 때, □ 안에 알맞은 수를 쓰고 평행이동을 이용하여 주어진 일차함수의 그래프를 좌표평면 위에 그리시오.

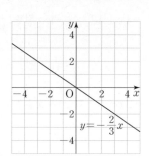

(1) $y=-\dfrac{2}{3}x+3$

➡ $y=-\dfrac{2}{3}x+3$의 그래프는 $y=-\dfrac{2}{3}x$의 그래프를 y축의 방향으로 ☐ 만큼 평행이동한 것이다.

(2) $y=-\dfrac{2}{3}x-3$

➡ $y=-\dfrac{2}{3}x-3$의 그래프는 $y=-\dfrac{2}{3}x$의 그래프를 y축의 방향으로 ☐ 만큼 평행이동한 것이다.

4 다음 일차함수의 그래프를 y축의 방향으로 [ ] 안의 수만큼 평행이동한 그래프가 나타내는 일차함수의 식을 구하시오.

(1) $y=5x$ [2]   _____

(2) $y=-6x$ [3]   _____

(3) $y=-8x$ [-5]   _____

(4) $y=\dfrac{1}{3}x$ [-1]   _____

(5) $y=\dfrac{1}{2}x$ $\left[\ \dfrac{4}{3}\ \right]$ _____

(6) $y=-\dfrac{3}{4}x$ $\left[\ -\dfrac{1}{4}\ \right]$ _____

(7) $y=4x+1$ [-4]   _____

(8) $y=-\dfrac{5}{2}x-1$ $\left[\ \dfrac{3}{2}\ \right]$ _____

일차함수의 그래프의 x절편과 y절편

▶ 정답과 해설 24쪽

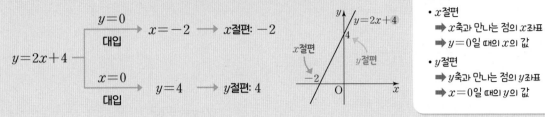

일차함수 $y=2x+4$의 그래프의 x절편과 y절편을 각각 구하시오.

$y=2x+4$
- $y=0$ 대입 $\longrightarrow$ $x=-2$ $\longrightarrow$ x절편: -2
- $x=0$ 대입 $\longrightarrow$ $y=4$ $\longrightarrow$ y절편: 4

기억하자
- x절편
  - ➡ x축과 만나는 점의 x좌표
  - ➡ $y=0$일 때의 x의 값
- y절편
  - ➡ y축과 만나는 점의 y좌표
  - ➡ $x=0$일 때의 y의 값

○익힘북 21쪽

1 다음 일차함수의 그래프를 보고, x절편과 y절편을 각각 구하시오.

(1)
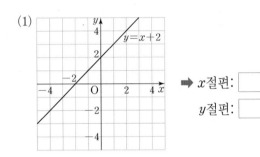
➡ x절편: ☐
y절편: ☐

(2)
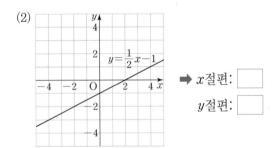
➡ x절편: ☐
y절편: ☐

(3)
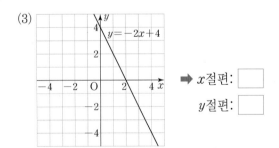
➡ x절편: ☐
y절편: ☐

(4)
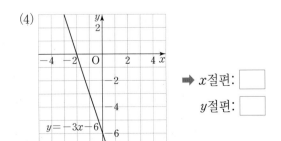
➡ x절편: ☐
y절편: ☐

2 다음 일차함수의 그래프의 x절편과 y절편을 각각 구하시오.

(1) $y=2x-2$
➡ $y=0$일 때, $0=2x-2$ ∴ $x=$ ☐
$x=0$일 때, $y=2\times0-2$ ∴ $y=$ ☐
➡ x절편: ☐ , y절편: ☐

(2) $y=5x+10$ ➡ x절편: ☐ , y절편: ☐

(3) $y=-4x+12$ ➡ x절편: ☐ , y절편: ☐

(4) $y=-2x-6$ ➡ x절편: ☐ , y절편: ☐

(5) $y=\dfrac{2}{3}x-4$ ➡ x절편: ☐ , y절편: ☐

(6) $y=-\dfrac{1}{2}x+4$ ➡ x절편: ☐ , y절편: ☐

(7) $y=-\dfrac{3}{5}x-3$ ➡ x절편: ☐ , y절편: ☐

6 일차함수의 그래프 그리기(1) – x절편과 y절편 이용

▶ 정답과 해설 24쪽

x절편과 y절편을 이용하여 일차함수 $y=\dfrac{4}{3}x-4$의 그래프를 그리시오.

❶ x절편, y절편 구하기   ❷ 두 점 (x절편, 0), (0, y절편) 나타내기   ❸ 두 점을 직선으로 연결하기

$y=\dfrac{4}{3}x-4$ → $y=0$을 대입하면 $x=3$
$x=0$을 대입하면 $y=-4$
x절편: 3, y절편: -4

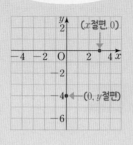

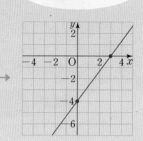

◐ 익힘북 21쪽

1 다음 일차함수의 그래프의 x절편과 y절편을 각각 구하고, 이를 이용하여 그래프를 그리시오.

(1) $y=2x-6$

➡ $y=0$일 때, $0=2x-6$ ∴ $x=\boxed{}$

  $x=0$일 때, $y=2\times0-6$ ∴ $y=\boxed{}$

➡ x절편: $\boxed{}$, y절편: $\boxed{}$

➡ 두 점 ($\boxed{}$, 0), (0, $\boxed{}$)을(를) 지나는 직선

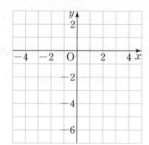

(2) $y=-3x+3$ ➡ x절편: $\boxed{}$, y절편: $\boxed{}$

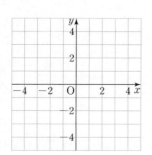

(3) $y=-x-2$ ➡ x절편: $\boxed{}$, y절편: $\boxed{}$

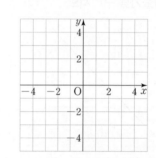

(4) $y=\dfrac{1}{2}x-2$ ➡ x절편: $\boxed{}$, y절편: $\boxed{}$

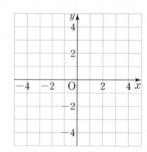

(5) $y=-\dfrac{3}{2}x+6$ ➡ x절편: $\boxed{}$, y절편: $\boxed{}$

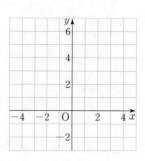

일차함수의 그래프의 기울기

▶ 정답과 해설 24쪽

다음은 일차함수 $y=3x-4$의 그래프의 기울기를 구하는 과정이다. □ 안에 알맞은 수를 쓰시오.

x의 각 값에 대응하는 y의 값을 표로 나타내면

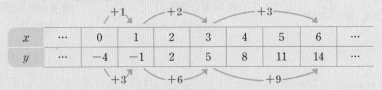

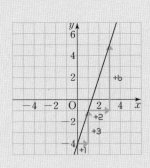

⟶ x의 값이 1, 2, $\boxed{3}$ 만큼 증가할 때, y의 값은 3, $\boxed{6}$, 9만큼 증가한다.

⟶ $(\text{기울기})=\dfrac{(y\text{의 값의 증가량})}{(x\text{의 값의 증가량})}=\dfrac{3}{1}=\dfrac{\boxed{6}}{2}=\dfrac{9}{\boxed{3}}=\boxed{3}$

└ $y=3x-4$에서 x의 계수!

◯ 익힘북 22쪽

1 다음 일차함수의 그래프에서 □ 안에 알맞은 수를 쓰고, 기울기를 구하시오.

(1)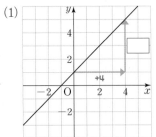

➡ $(\text{기울기})=\dfrac{\square}{\square}$

$\qquad =\boxed{}$

(2)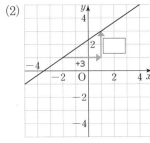

➡ $(\text{기울기})=\boxed{}$

(3)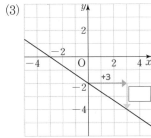

➡ $(\text{기울기})=\dfrac{\square}{\square}$

$\qquad =\boxed{}$

(4)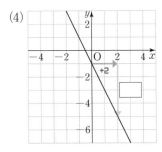

➡ $(\text{기울기})=\boxed{}$

2 다음 일차함수의 그래프의 기울기를 구하시오.

(1) $y=4x-1$ _____

(2) $y=\dfrac{3}{2}x-3$ _____

(3) $y=-5x+3$ _____

조금 더⁺ **두 점을 지나는 일차함수의 그래프의 기울기**

두 점 $(2,4)$, $(-2,6)$을 지나는 일차함수의 그래프의 기울기는?

➡ $(\text{기울기})=\dfrac{6-4}{-2-2}=\dfrac{2}{-4}=-\dfrac{1}{2}$

└ $\dfrac{y_\text{뒤}-y_\text{앞}}{x_\text{뒤}-x_\text{앞}}$ 또는 $\dfrac{y_\text{앞}-y_\text{뒤}}{x_\text{앞}-x_\text{뒤}}$야. 빼는 순서에 유의해!

3 다음 두 점을 지나는 일차함수의 그래프의 기울기를 구하시오.

(1) $(-1,\,3)$, $(3,\,7)$ ➡ $\dfrac{\square-\square}{3-(-1)}=\boxed{}$

(2) $(5,\,-5)$, $(0,\,-4)$ ➡ $\dfrac{\square-(\square)}{0-5}=\boxed{}$

(3) $(4,\,3)$, $(-2,\,-1)$ ➡ $\dfrac{\square-\square}{-2-4}=\boxed{}$

일차함수의 그래프 그리기(2) - 기울기와 y절편 이용

▶ 정답과 해설 24쪽

기울기와 y절편을 이용하여 일차함수 $y=-\dfrac{1}{2}x+2$의 그래프를 그리시오.

❶ 기울기, y절편 구하기

❷ 점 $(0, y$절편$)$ 나타내기

❸ 기울기를 이용하여 다른 한 점을 찾아 나타내기

❹ 두 점을 직선으로 연결하기

$y=-\dfrac{1}{2}x+2$

기울기 y절편

기울기: $-\dfrac{1}{2}$, y절편: 2

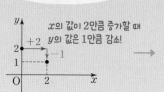

x의 값이 2만큼 증가할 때 y의 값은 1만큼 감소!

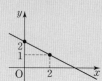

○ 익힘북 22쪽

1 기울기와 y절편이 다음과 같은 일차함수의 그래프를 그리시오.

(1) 기울기: 2, y절편: 4

➡ y절편이 4이므로 점 $(0, \boxed{})$을(를) 지난다.

➡ 기울기가 2이므로

$(0, \boxed{}) \xrightarrow[y\text{축의 방향으로 2만큼 증가}]{x\text{축의 방향으로 1만큼 증가}} (1, \boxed{})$

즉, 두 점 $(0, \boxed{})$, $(1, \boxed{})$을(를) 지난다.

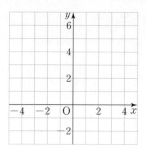

(2) 기울기: -2, y절편: -3

➡ y절편이 -3이므로 점 $(0, \boxed{})$을(를) 지난다.

➡ 기울기가 -2이므로

$(0, \boxed{}) \xrightarrow[y\text{축의 방향으로 2만큼 감소}]{x\text{축의 방향으로 1만큼 증가}} (1, \boxed{})$

즉, 두 점 $(0, \boxed{})$, $(1, \boxed{})$을(를) 지난다.

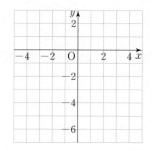

2 다음 일차함수의 그래프의 기울기와 y절편을 각각 구하고, 이를 이용하여 그래프를 그리시오.

(1) $y=3x+2$ ➡ 기울기: $\boxed{}$, y절편: $\boxed{}$

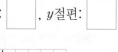
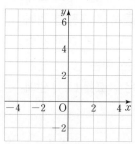

(2) $y=\dfrac{3}{2}x-4$ ➡ 기울기: $\boxed{}$, y절편: $\boxed{}$

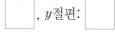
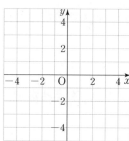

(3) $y=-\dfrac{3}{4}x+1$ ➡ 기울기: $\boxed{}$, y절편: $\boxed{}$

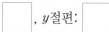
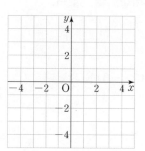

일차함수 $y=ax+b$의 그래프의 성질

▶ 정답과 해설 25쪽

다음 일차함수의 그래프에 대한 설명 중 옳은 것에 ○표를 하시오.

(1) $y=2x+4$ →

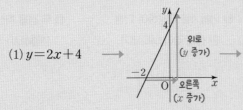

위로
(y 증가)

오른쪽
(x 증가)

① 그래프의 기울기가 양수이므로
  오른쪽 ((위) 아래)로 향하는 직선
② x의 값이 증가할 때, y의 값이 ((증가) 감소)
③ y절편이 양수이므로 y축과
  ((양의 부분) 음의 부분)에서 만나는 직선

● 일차함수
  $y=ax+b$의 그래프 ●

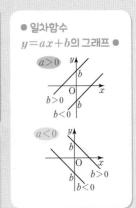

(2) $y=-2x-4$ →

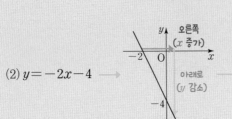

오른쪽
(x 증가)

아래로
(y 감소)

① 그래프의 기울기가 음수이므로
  오른쪽 (위 (아래))로 향하는 직선
② x의 값이 증가할 때, y의 값이 (증가 (감소))
③ y절편이 음수이므로 y축과
  (양의 부분 (음의 부분))에서 만나는 직선

○익힘북 23쪽

1 일차함수 $y=3x-3$의 그래프를 오른쪽 좌표평면 위에 그리고, 그래프에 대한 설명으로 옳은 것은 ○표, 옳지 않은 것은 ×표를 ( ) 안에 쓰시오.

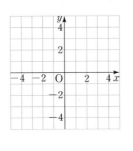

(1) x축과의 교점의 좌표는 $(-3, 0)$이다. ( )

(2) 그래프는 오른쪽 위로 향하는 직선이다. ( )

(3) x의 값이 2만큼 증가할 때, y의 값은 6만큼 증가한다. ( )

(4) 제2사분면을 지난다. ( )

(5) 점 $(2, -3)$을 지난다. ( )

2 일차함수 $y=-\dfrac{1}{2}x+1$의 그래프를 오른쪽 좌표평면 위에 그리고, 그래프에 대한 설명으로 옳은 것은 ○표, 옳지 않은 것은 ×표를 ( ) 안에 쓰시오.

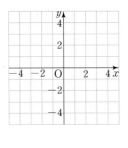

(1) x절편은 1이다. ( )

(2) 기울기는 $-\dfrac{1}{2}$이다. ( )

(3) 그래프는 오른쪽 아래로 향하는 직선이다. ( )

(4) x의 값이 증가할 때, y의 값도 증가한다. ( )

(5) 제1사분면, 제2사분면, 제4사분면을 지난다. ( )

3 다음을 만족시키는 직선을 그래프로 하는 일차함수의 식을 보기에서 모두 고르시오.

ㄱ. $y=\dfrac{2}{3}x$ ㄴ. $y=-3x+2$

ㄷ. $y=5x-3$ ㄹ. $y=\dfrac{1}{2}x-\dfrac{3}{2}$

ㅁ. $y=-\dfrac{3}{4}x-\dfrac{1}{4}$ ㅂ. $y=-\dfrac{1}{3}(x-3)$

(1) x의 값이 증가할 때, y의 값도 증가하는 직선

―――――――

(2) x의 값이 증가할 때, y의 값은 감소하는 직선

―――――――

(3) 그래프가 오른쪽 위로 향하는 직선

―――――――

(4) 그래프가 오른쪽 아래로 향하는 직선

―――――――

(5) y축과 양의 부분에서 만나는 직선

―――――――

(6) y축과 음의 부분에서 만나는 직선

―――――――

4 상수 a, b의 부호가 다음과 같을 때 일차함수 $y=ax+b$의 그래프를 그리고, 그래프가 지나는 사분면을 모두 쓰시오.

(1) $a>0$, $b>0$

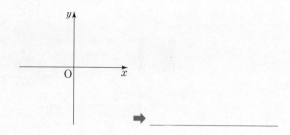

➡ ―――――――

(2) $a>0$, $b<0$

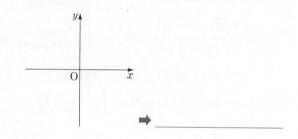

➡ ―――――――

(3) $a<0$, $b>0$

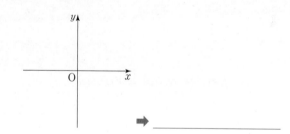

➡ ―――――――

(4) $a<0$, $b<0$

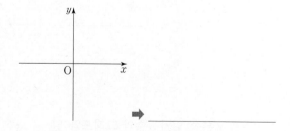

➡ ―――――――

일차함수의 그래프의 평행과 일치

▶정답과 해설 25쪽

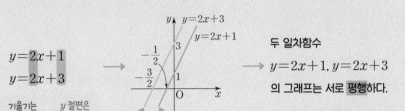

두 일차함수 $y=2x+1$, $y=2x+3$의 그래프가 서로 평행한지, 일치하는지 말하시오.

$y=2x+1$
$y=2x+3$

기울기는 같고, y절편은 다르다.

두 일차함수 $y=2x+1$, $y=2x+3$ 의 그래프는 서로 **평행**하다.

하자

기울기가 같은 두 일차함수의 그래프에서
• y절편이 다르면 ➡ 평행
• y절편이 같으면 ➡ 일치

○익힘북 23쪽

1 아래 보기의 일차함수의 그래프에 대하여 다음 물음에 답하시오.

보기
ㄱ. $y=-\dfrac{3}{4}x+2$ ㄴ. $y=2(x+2)$
ㄷ. $y=-3x+7$ ㄹ. $y=x+6$
ㅁ. $y=-\dfrac{1}{4}(3x-8)$ ㅂ. $y=-3x-2$
ㅅ. $y=x-6$ ㅇ. $y=-\dfrac{3}{2}x+6$

(1) 서로 평행한 것끼리 짝 지으시오.

_____

(2) 일치하는 것끼리 짝 지으시오.

_____

(3) 오른쪽 일차함수의 그래프와 평행한 것을 찾으시오.

_____

(4) 오른쪽 일차함수의 그래프와 일치하는 것을 찾으시오.

_____

2 다음 두 일차함수의 그래프가 서로 평행할 때, 상수 a의 값을 구하시오.

(1) $y=ax+4$, $y=-2x+5$

_____

(2) $y=\dfrac{1}{3}x+1$, $y=ax-\dfrac{2}{3}$

_____

(3) $y=5x-3$, $y=-ax+3$

_____

3 다음 두 일차함수의 그래프가 일치할 때, 상수 a, b의 값을 각각 구하시오.

(1) $y=ax+5$, $y=2x+b$

_____

(2) $y=ax-5$, $y=-\dfrac{3}{2}x+b$

_____

(3) $y=2ax+3$, $y=-4x-b$

_____

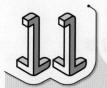

11 일차함수의 식 구하기(1) – 기울기와 y절편을 알 때

▶ 정답과 해설 26쪽

기울기가 3이고, y절편이 -5인 직선을 그래프로 하는 일차함수의 식을 구하시오.

$$y=ax+b \xrightarrow[a=3]{\text{기울기가 }3} y=3x+b \xrightarrow[b=-5]{y\text{절편이 }-5} y=3x-5$$

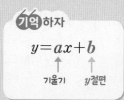

기억하자

$$y=ax+b$$

기울기 y절편

○익힘북 24쪽

1 다음과 같은 직선을 그래프로 하는 일차함수의 식을 구하시오.

(1) 기울기가 3이고, y절편이 -2인 직선

일차함수의 식을 $y=ax+b$라고 하면
$a=\boxed{}$, $b=\boxed{}$
따라서 구하는 일차함수의 식은 $y=\boxed{}$

(2) 기울기가 -5이고, y절편이 9인 직선

_____

(3) 기울기가 $\dfrac{3}{5}$이고, y절편이 5인 직선

_____

(4) 기울기가 $-\dfrac{4}{3}$이고, y절편이 -7인 직선

_____

(5) 기울기가 2이고, 점 $(0, 6)$을 지나는 직선

_____

(6) 기울기가 $-\dfrac{1}{4}$이고, 점 $(0, 4)$를 지나는 직선

_____

2 다음과 같은 직선을 그래프로 하는 일차함수의 식을 구하시오.

(1) x의 값이 3만큼 증가할 때 y의 값이 9만큼 증가하고, y절편이 $-\dfrac{1}{3}$인 직선

➡ 기울기: $\boxed{}$, y절편: $-\dfrac{1}{3}$

➡ 일차함수의 식: _____

(2) x의 값이 2만큼 증가할 때 y의 값이 4만큼 감소하고, y절편이 -6인 직선

➡ 기울기: $\boxed{}$, y절편: -6

➡ 일차함수의 식: _____

(3) 일차함수 $y=x-8$의 그래프와 평행하고, y절편이 -1인 직선

➡ 기울기: $\boxed{}$, y절편: -1

➡ 일차함수의 식: _____

(4) 일차함수 $y=-\dfrac{1}{2}x+5$의 그래프와 평행하고, 점 $(0, -4)$를 지나는 직선

➡ 기울기: $\boxed{}$, y절편: $\boxed{}$

➡ 일차함수의 식: _____

 일차함수의 식 구하기(2) – 기울기와 한 점의 좌표를 알 때

▶ 정답과 해설 26쪽

기울기가 2이고, 점 $(-1, 4)$를 지나는 직선을 그래프로 하는 일차함수의 식을 구하시오.

$$y=ax+b \xrightarrow[a=2]{\text{기울기가 2}} y=2x+b \xrightarrow[x=-1,\ y=4\ \text{대입}]{\text{점}(-1,\ 4)\text{를 지남}} 4=2\times(-1)+b \quad \therefore\ b=6 \longrightarrow y=2x+6$$

◆ 익힘북 24쪽

1 다음과 같은 직선을 그래프로 하는 일차함수의 식을 구하시오.

(1) 기울기가 -4이고, 점 $(-1, 5)$를 지나는 직선

> 일차함수의 식을 $y=ax+b$라고 하면
> 기울기가 -4이므로 $y=\boxed{}x+b$
> 점 $(-1, 5)$를 지나므로 $x=-1$, $y=5$를 대입
> 하면
> $\boxed{}=\boxed{}\times(-1)+b \quad \therefore\ b=\boxed{}$
> 따라서 구하는 일차함수의 식은 $y=\boxed{}$

(2) 기울기가 3이고, 점 $(2, 5)$를 지나는 직선

———————

(3) 기울기가 $\dfrac{1}{6}$이고, 점 $(-6, 2)$를 지나는 직선

———————

(4) 기울기가 -4이고, x절편이 -1인 직선

———————

(5) 기울기가 $-\dfrac{2}{3}$이고, x절편이 3인 직선

———————

2 다음과 같은 직선을 그래프로 하는 일차함수의 식을 구하시오.

(1) x의 값이 2만큼 증가할 때 y의 값이 3만큼 증가하고, 점 $(-2, 0)$을 지나는 직선

➡ 기울기: $\boxed{}$, 지나는 점: $(-2, 0)$

➡ 일차함수의 식: ——————

(2) x의 값이 3만큼 증가할 때 y의 값이 1만큼 감소하고, 점 $(-6, -4)$를 지나는 직선

➡ 기울기: $\boxed{}$, 지나는 점: $(-6, -4)$

➡ 일차함수의 식: ——————

(3) 일차함수 $y=3x+2$의 그래프와 평행하고, 점 $(2, 4)$를 지나는 직선

➡ 기울기: $\boxed{}$, 지나는 점: $(2, 4)$

➡ 일차함수의 식: ——————

(4) 일차함수 $y=\dfrac{3}{2}x+4$의 그래프와 평행하고, x절편이 -5인 직선

➡ 기울기: $\boxed{}$, 지나는 점: $(\boxed{}, 0)$

➡ 일차함수의 식: ——————

일차함수의 식 구하기(3) - 서로 다른 두 점의 좌표를 알 때

▶정답과 해설 26쪽

두 점 $(1, 3)$, $(2, 5)$를 지나는 직선을 그래프로 하는 일차함수의 식을 구하시오.

$$y=ax+b \xrightarrow[a=2]{\text{기울기: } \frac{5-3}{2-1}=2} y=2x+b \xrightarrow[x=1, y=3 \text{ 대입}]{\text{점}(1, 3)\text{을 지남}} \begin{array}{c}3=2\times1+b \\ \therefore b=1\end{array} \xrightarrow{\hspace{2cm}} y=2x+1$$

○익힘북 25쪽

1 다음 주어진 두 점을 지나는 직선을 그래프로 하는 일차함수의 식을 구하시오.

(1) $(1, 3)$, $(5, 6)$

> 두 점 $(1, 3)$, $(5, 6)$을 지나므로
>
> $(기울기)=\dfrac{6-3}{\boxed{}-1}=\dfrac{3}{\boxed{}}$
>
> 일차함수의 식을 $y=\boxed{}x+b$라 하고,
>
> 점 $(1, 3)$을 지나므로 $x=1$, $y=3$을 대입하면
>
> $3=\boxed{}\times1+b$ $\therefore b=\boxed{}$
>
> 따라서 구하는 일차함수의 식은 $y=\boxed{}$

(2) $(-2, 2)$, $(2, 6)$

_____

(3) $(1, 2)$, $(5, -2)$

_____

(4) $(2, 4)$, $(-2, -4)$

_____

(5) $(-2, -9)$, $(-4, -8)$

_____

2 다음 그림과 같은 직선을 그래프로 하는 일차함수의 식을 구하시오.

(1)
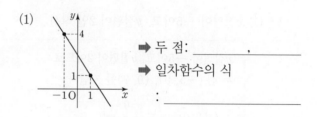
➡ 두 점: _____, _____
➡ 일차함수의 식
: _____

(2)
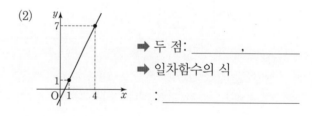
➡ 두 점: _____, _____
➡ 일차함수의 식
: _____

(3)
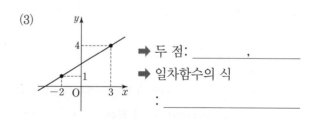
➡ 두 점: _____, _____
➡ 일차함수의 식
: _____

(4)
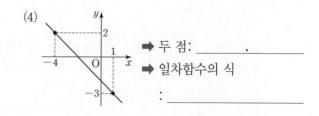
➡ 두 점: _____, _____
➡ 일차함수의 식
: _____

일차함수의 식 구하기(4) - x절편과 y절편을 알 때

▶ 정답과 해설 27쪽

x절편이 2이고, y절편이 6인 직선을 그래프로 하는 일차함수의 식을 구하시오.

$$y=ax+b \xrightarrow[\substack{y절편이\,6}]{\substack{x절편이\,2}} \begin{array}{c} 두\;점\,(2,\,0), \\ (0,\,6)을\;지남 \end{array} \xrightarrow[a=-3]{\substack{기울기:\,\frac{6-0}{0-2}=-3}} y=-3x+b \xrightarrow[b=6]{\substack{y절편이\,6}} y=-3x+6$$

◎익힘북 25쪽

1 다음과 같은 직선을 그래프로 하는 일차함수의 식을 구하시오.

(1) x절편이 -5이고, y절편이 2인 직선

> x절편이 -5이고, y절편이 2이므로
> 두 점 $(-5,\,0)$, $(0,\,2)$를 지난다.
>
> $\therefore$ (기울기)$=\dfrac{\boxed{}-0}{0-(-5)}=\boxed{}$
>
> 일차함수의 식을 $y=\boxed{}x+b$라고 하면
>
> y절편이 2이므로 구하는 일차함수의 식은
>
> $y=\boxed{}$

(2) x절편이 -3이고, y절편이 -4인 직선

———————————

(3) 일차함수 $y=-2x+7$의 그래프와 y축 위에서 만나고, x절편이 -2인 직선
↳ y절편이 같다.

———————————

(4) 일차함수 $y=4x-12$의 그래프와 x축 위에서 만나고, y절편이 6인 직선
↳ x절편이 같다.

———————————

2 다음 그림과 같은 직선을 그래프로 하는 일차함수의 식을 구하시오.

(1)
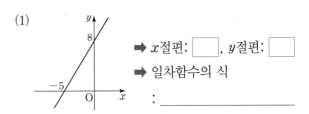

➡ x절편: $\boxed{}$, y절편: $\boxed{}$
➡ 일차함수의 식
　: ———————————

(2)
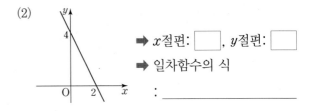

➡ x절편: $\boxed{}$, y절편: $\boxed{}$
➡ 일차함수의 식
　: ———————————

(3)
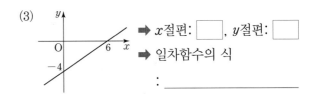

➡ x절편: $\boxed{}$, y절편: $\boxed{}$
➡ 일차함수의 식
　: ———————————

(4)
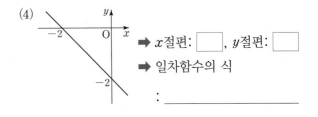

➡ x절편: $\boxed{}$, y절편: $\boxed{}$
➡ 일차함수의 식
　: ———————————

15 일차함수의 활용

공기 중에서 소리의 속력은 기온이 0℃일 때 초속 331 m이고, 기온이 1℃씩 올라갈 때마다 초속 0.6 m씩 증가한다고 한다. 기온이 20℃일 때의 소리의 속력을 구하시오.

❶ x, y 정하기 | 기온이 x℃인 곳에서의 소리의 속력을 초속 y m라고 하자.

❷ 일차함수의 식 세우기 | 기온이 0℃일 때, 소리의 속력은 초속 331 m이고, 기온이 x℃만큼 올라가면 소리의 속력은 초속 $0.6x$ m만큼 증가한다. ┣ $y=331+0.6x$

❸ 조건에 맞는 값 구하기 | 기온이 20℃이므로 $y=331+0.6x$에 $x=20$을 대입하면 $y=331+0.6\times20=343$
즉, 기온이 20℃일 때, 소리의 속력은 초속 343 m이다.

○익힘북 26쪽

[길이에 대한 문제]

1 길이가 35 cm인 어떤 용수철에 무게가 같은 추를 한 개 매달 때마다 길이가 3 cm씩 일정하게 늘어난다고 한다. 이때 다음을 구하시오.

(1) 추를 x개 매달았을 때의 용수철의 길이를 y cm라고 할 때, y를 x에 대한 식으로 나타내면

_____

(2) 추를 7개 매달았을 때, 용수철의 길이
➡ (1)에서 구한 식에 $x=7$을 대입하면
$y=35+$ ☐ $=$ ☐
∴ (용수철의 길이)= ☐ cm

(3) 용수철의 길이가 65 cm일 때, 달려 있는 추의 개수
➡ (1)에서 구한 식에 $y=65$를 대입하면
☐ $=35+$ ☐   ∴ $x=$ ☐
∴ (추의 개수)= ☐

2 길이가 50 cm인 초에 불을 붙이면 1분에 2 cm씩 일정하게 짧아진다고 할 때, 다음을 구하시오.

(1) 불을 붙인 지 x분 후에 남아 있는 초의 길이를 y cm라고 할 때, y를 x에 대한 식으로 나타내면

_____

(2) 불을 붙인 지 8분 후에 남아 있는 초의 길이

_____

[온도에 대한 문제]

3 지면으로부터 높이가 1 km씩 높아질 때마다 기온은 6℃씩 일정하게 내려간다고 한다. 현재 지면의 기온이 20℃일 때, 다음을 구하시오.

(1) 지면으로부터의 높이가 x km인 지점의 기온을 y℃라고 할 때, y를 x에 대한 식으로 나타내면

_____

(2) 지면으로부터의 높이가 4 km인 지점의 기온
➡ (1)에서 구한 식에 $x=4$를 대입하면
$y=20-$ ☐ $=$ ☐   ∴ (기온)= ☐ ℃

(3) 기온이 -10℃인 지점의 지면으로부터의 높이
➡ (1)에서 구한 식에 $y=-10$을 대입하면
☐ $=20-$ ☐   ∴ $x=$ ☐
∴ (지면으로부터의 높이)= ☐ km

4 주전자에 10℃의 물을 담아 끓일 때, 물의 온도가 3분마다 6℃씩 일정하게 올라간다고 한다. 이때 다음을 구하시오.

(1) 1분마다 올라가는 물의 온도 _____

(2) x분 후의 물의 온도를 y℃라고 할 때, y를 x에 대한 식으로 나타내면 _____

(3) 물의 온도가 46℃가 될 때까지 걸린 시간

_____

5 40 L들이 욕조에 7 L의 물이 들어 있다. 이 욕조에 2분마다 3 L씩 일정한 속도로 물을 더 넣는다고 할 때, 다음을 구하시오.

(1) 욕조에 1분마다 넣는 물의 양

_____

(2) x분 후에 욕조에 들어 있는 물의 양을 y L라고 할 때, y를 x에 대한 식으로 나타내면

_____

(3) 12분 후에 욕조에 들어 있는 물의 양

➡ (2)에서 구한 식에 $x=12$를 대입하면

$y=7+\boxed{}=\boxed{}$

∴ (물의 양)$=\boxed{}$ L

(4) 욕조에 물을 가득 채우는 데 걸리는 시간

➡ (2)에서 구한 식에 $y=40$을 대입하면

$\boxed{}=7+\boxed{}$ ∴ $x=\boxed{}$

∴ (걸리는 시간)$=\boxed{}$분

6 1 L의 연료로 10 km를 달릴 수 있는 자동차가 있다. 현재 이 자동차에 50 L의 연료가 들어 있다고 할 때, 다음을 구하시오.

(1) 1 km를 달리는 데 필요한 연료의 양

_____

(2) x km를 달린 후에 남아 있는 연료의 양을 y L라고 할 때, y를 x에 대한 식으로 나타내면

_____

(3) 200 km를 달린 후에 남아 있는 연료의 양

_____

(4) 이 자동차로 달릴 수 있는 최대 거리

_____

7 은서가 집에서 420 km 떨어진 현우네 집을 향해 자동차를 타고 시속 70 km로 갈 때, 다음을 구하시오.

(1) x시간 후에 현우네 집까지 남은 거리를 y km라고 할 때, y를 x에 대한 식으로 나타내면

_____

(2) 출발한 지 2시간 후에 현우네 집까지 남은 거리

➡ (1)에서 구한 식에 $x=2$를 대입하면

$y=420-\boxed{}=\boxed{}$

∴ (남은 거리)$=\boxed{}$ km

(3) 현우네 집까지 남은 거리가 140 km일 때, 걸린 시간

➡ (1)에서 구한 식에 $y=140$을 대입하면

$\boxed{}=420-\boxed{}$ ∴ $x=\boxed{}$

∴ (걸린 시간)$=\boxed{}$ 시간

8 선아가 집에서 80 km 떨어진 할머니 댁까지 시속 15 km로 자전거를 타고 갈 때, 다음을 구하시오.

(1) x시간 후에 할머니 댁까지 남은 거리를 y km라고 할 때, y를 x에 대한 식으로 나타내면

_____

(2) 출발한 지 3시간 후에 할머니 댁까지 남은 거리

_____

(3) 할머니 댁까지 남은 거리가 20 km일 때, 걸린 시간

_____

16 미지수가 2개인 일차방정식의 그래프

▶ 정답과 해설 28쪽

일차방정식 $x+y-4=0$에 대하여 다음 물음에 답하시오.

(1) 다음 표를 완성하시오.

x	…	0	1	2	3	7	…
y	…	4	3	2	1	0	…

→ 해의 순서쌍: …, $(0,4)$, $(1,3)$, $(2,2)$, $(3,1)$, $(4,0)$, …

(2) x, y의 값이 자연수일 때, 그래프를 그리시오.

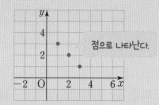

점으로 나타난다.

(3) x, y의 값의 범위가 수 전체일 때, 그래프를 그리시오.

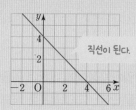

직선이 된다.

◑익힘북 26쪽

1 일차방정식 $x+2y-4=0$에 대하여 다음 물음에 답하시오.

(1) 다음 표를 완성하시오.

x	…	-4	-2	0	2	4	…
y	…						…

(2) x의 값이 -4, -2, 0, 2, 4일 때, 위의 표를 이용하여 일차방정식 $x+2y-4=0$의 그래프를 그리시오.

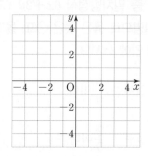

(3) x, y의 값의 범위가 수 전체일 때, 일차방정식 $x+2y-4=0$의 그래프를 그리시오.

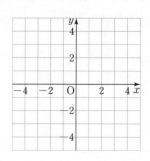

2 일차방정식 $2x+y-9=0$에 대하여 다음 물음에 답하시오.

(1) 다음 표를 완성하시오.

x	…	-1	0	1	2	3	4	…
y	…							…

(2) x, y의 값이 자연수일 때, 위의 표를 이용하여 일차방정식 $2x+y-9=0$의 그래프를 그리시오.

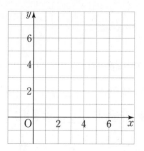

(3) x, y의 값의 범위가 수 전체일 때, 일차방정식 $2x+y-9=0$의 그래프를 그리시오.

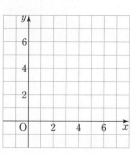

일차방정식의 그래프와 일차함수의 그래프

▶정답과 해설 28쪽

일차방정식 $2x+3y-6=0$을 일차함수의 식으로 나타내고, 그 그래프를 좌표평면 위에 그리시오.

$\underset{\text{일차방정식}}{2x+3y-6=0}$ $\xrightarrow[\text{나타내기}]{y\text{를 }x\text{에 대한 식으로}}$ $3y=-2x+6$ ∴ $\underset{\text{일차함수}}{y=-\dfrac{2}{3}x+2}$ $\xrightarrow[x\text{절편: 3, }y\text{절편: 2}]{\text{기울기: }-\dfrac{2}{3}}$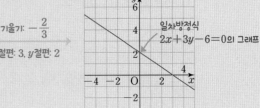

○익힘북 27쪽

1 다음 일차방정식에 대하여 밑줄 친 곳에 알맞은 수 또는 식을 쓰고, 그 그래프를 좌표평면 위에 그리시오.

(1) $x-2y+4=0$

➡ $-2y=$＿＿＿＿＿   ∴ $y=$＿＿＿＿＿

➡ 기울기: ＿＿, x절편: ＿＿, y절편: ＿＿

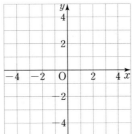

(2) $3x+2y=6$

➡ $2y=$＿＿＿＿＿   ∴ $y=$＿＿＿＿＿

➡ 기울기: ＿＿, x절편: ＿＿, y절편: ＿＿

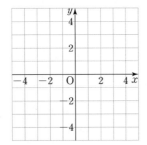

2 다음 중 일차방정식 $2x-5y+7=0$의 그래프에 대한 설명으로 옳은 것은 ○표, 옳지 않은 것은 ×표를 ( ) 안에 쓰시오.

(1) x절편은 -7이다.   ( )

(2) y절편은 7이다.   ( )

(3) 점 $(-1, 1)$을 지난다.   ( )

(4) 제4사분면을 지나지 않는다.   ( )

(5) 일차함수 $y=\dfrac{2}{5}x$의 그래프와 평행하다. ( )

3 다음 중 일차방정식 $6x+2y-5=0$의 그래프에 대한 설명으로 옳은 것은 ○표, 옳지 않은 것은 ×표를 ( ) 안에 쓰시오.

(1) x절편은 $\dfrac{5}{6}$이다.   ( )

(2) y절편은 $\dfrac{2}{5}$이다.   ( )

(3) 점 $\left(\dfrac{1}{6}, 2\right)$를 지난다.   ( )

(4) 제3사분면을 지난다.   ( )

(5) 일차함수 $y=6x+3$의 그래프와 평행하다.

( )

18 일차방정식 $x=m$, $y=n$의 그래프

▶정답과 해설 29쪽

다음 일차방정식에 대하여 □ 안에 알맞은 수를 쓰고, 그 그래프를 좌표평면 위에 그리시오.

$x=m\,(m\neq0)$의 그래프

(1) $x=3$ → $x+0\times y=3$

으로 나타낼 수 있으므로

y에 어떤 값을 대입해도

x의 값은 항상 $\boxed{3}$ 이다.

→ 점 ($\boxed{3}$, 0)을 지나고,

y축에 평행한 직선이다. → x축에 수직인 직선

$y=n\,(n\neq0)$의 그래프

(2) $y=2$ → $0\times x+y=2$

로 나타낼 수 있으므로

x에 어떤 값을 대입해도

y의 값은 항상 $\boxed{2}$ 이다.

→ 점 (0, $\boxed{2}$)를 지나고,

x축에 평행한 직선이다. → y축에 수직인 직선

○익힘북 27쪽

---

1 다음 일차방정식에 대하여 □ 안에 알맞은 것을 쓰고, 그 그래프를 좌표평면 위에 그리시오.

(1) $x=-2$

➡ 점 ($\boxed{}$, 0)을 지나고, $\boxed{}$축에 평행한 직선

(2) $3x-12=0$

➡ $3x=\boxed{}$ ∴ $x=\boxed{}$

➡ 점 ($\boxed{}$, 0)을 지나고, $\boxed{}$축에 평행한 직선

(3) $y=4$

➡ 점 (0, $\boxed{}$)을(를) 지나고, $\boxed{}$축에 평행한 직선

(4) $2y+6=0$

➡ $2y=\boxed{}$ ∴ $y=\boxed{}$

➡ 점 (0, $\boxed{}$)을(를) 지나고, $\boxed{}$축에 평행한 직선

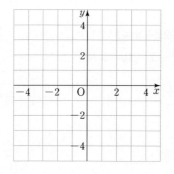

2 다음 그래프가 나타내는 직선의 방정식을 구하시오.

(1)

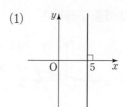

———————

(2)

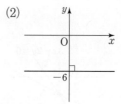

———————

3 다음 조건을 만족시키는 직선의 방정식을 구하시오.

(1) 점 $(3, -1)$을 지나고, x축에 평행한 직선

———————

(2) 점 $(2, 1)$을 지나고, y축에 평행한 직선

———————

(3) 점 $(-2, -4)$를 지나고, x축에 수직인 직선

———————

(4) 점 $(-5, 3)$을 지나고, y축에 수직인 직선

———————

19 연립방정식의 해와 그래프

▶ 정답과 해설 29쪽

연립방정식 $\begin{cases} x-y=1 \\ 2x-y=3 \end{cases}$ 의 해를 그래프를 이용하여 구하시오.

$\begin{cases} x-y=1 \\ 2x-y=3 \end{cases}$ ──각각 y를 x에 대한 식으로 나타내기── $\begin{cases} y=x-1 \\ y=2x-3 \end{cases}$ ──그래프 그리기──

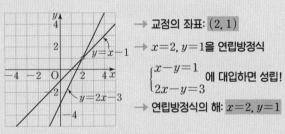

→ 교점의 좌표: (2, 1)

→ $x=2$, $y=1$을 연립방정식
$\begin{cases} x-y=1 \\ 2x-y=3 \end{cases}$ 에 대입하면 성립!

→ 연립방정식의 해: $x=2$, $y=1$

연립방정식의 해는 두 일차방정식의 그래프의 교점의 좌표와 같다.

◑익힘북 28쪽

1 연립방정식에서 두 일차방정식의 그래프가 다음과 같을 때, 이 연립방정식의 해를 구하시오.

(1) $\begin{cases} 2x-y=5 \\ x-5y=-2 \end{cases}$

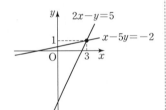

해: _____

(2) $\begin{cases} 3x-2y=6 \\ x-2y=4 \end{cases}$

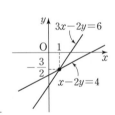

해: _____

2 다음은 연립방정식 $\begin{cases} -x+y=1 \\ x+y=-3 \end{cases}$ 의 해를 그래프를 이용하여 구하는 과정이다. □ 안에 알맞은 수를 쓰시오.

두 방정식을 각각 y를 x에 대한 식으로 나타내면

$y=x+\boxed{}$, $y=-x-\boxed{}$

이 두 일차함수의 그래프를 한 좌표평면 위에 나타내면 오른쪽 그림과 같이 두 직선은 한 점 ($\boxed{}$, $\boxed{}$) 에서 만난다.

따라서 연립방정식의 해는
$x=\boxed{}$, $y=\boxed{}$

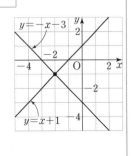

3 다음 연립방정식에서 두 일차방정식의 그래프를 각각 좌표평면 위에 나타내고, 이를 이용하여 연립방정식의 해를 구하시오.

(1) $\begin{cases} x+y=4 \\ x+2y=5 \end{cases}$

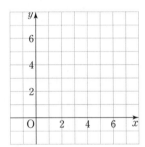

해: _____

(2) $\begin{cases} x+2y=4 \\ 2x-y=3 \end{cases}$

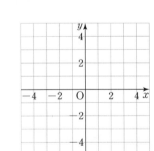

해: _____

(3) $\begin{cases} 2x+y=1 \\ -x-4y=3 \end{cases}$

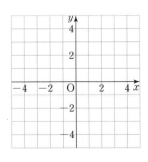

해: _____

다음 연립방정식의 해를 구하시오.

해가 무수히 많을 때

(1) $\begin{cases} -x+y=1 \\ 2x-2y=-2 \end{cases}$ 각각 y를 x에 대한 식으로 나타내기 $\begin{cases} y=x+\boxed{1} \\ y=x+\boxed{1} \end{cases}$ 기울기와 y절편이 각각 같다. 두 직선은 $\boxed{일치}$ 하므로 연립방정식의 해가 $\boxed{무수히 많다.}$

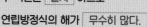
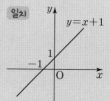
일치 $y=x+1$

해가 없을 때

(2) $\begin{cases} -x+y=1 \\ 2x-2y=-6 \end{cases}$ 각각 y를 x에 대한 식으로 나타내기 $\begin{cases} y=x+\boxed{1} \\ y=x+\boxed{3} \end{cases}$ 기울기는 같고 y절편은 다르다. 두 직선은 $\boxed{평행}$ 하므로 연립방정식의 해가 $\boxed{없다.}$

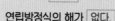
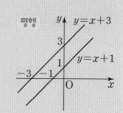
평행 $y=x+3$ $y=x+1$

◆익힘북 28쪽

1 다음 연립방정식에서 두 일차방정식의 그래프를 각각 좌표평면 위에 나타내고, 이를 이용하여 연립방정식의 해를 구하시오.

(1) $\begin{cases} x-2y=2 \\ \dfrac{1}{2}x-y=3 \end{cases}$

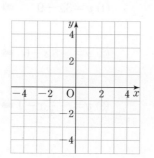

해: _____

(2) $\begin{cases} 3x+y=2 \\ 6x+2y=4 \end{cases}$

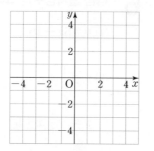

해: _____

2 다음 연립방정식의 해가 무수히 많을 때, 상수 a, b의 값을 각각 구하시오.

(1) $\begin{cases} x+ay=3 \\ -3x+9y=b \end{cases}$ ➡ $\begin{cases} y=-\dfrac{1}{a}x+\dfrac{3}{a} \\ y=\dfrac{1}{3}x+\dfrac{b}{9} \end{cases}$

➡ $-\dfrac{1}{a}=\boxed{}$, $\dfrac{3}{a}=\boxed{}$

➡ $a=\boxed{}$, $b=\boxed{}$

(2) $\begin{cases} 4x-6y=a \\ 2x+by=-1 \end{cases}$ _____

(3) $\begin{cases} 2x-ay=7 \\ 2x+7y=b \end{cases}$ _____

3 다음 연립방정식의 해가 없을 때, 상수 a의 값을 구하시오.

(1) $\begin{cases} ax+2y=2 \\ 4x+y=4 \end{cases}$ ➡ $\begin{cases} y=-\dfrac{a}{2}x+1 \\ y=-4x+4 \end{cases}$

➡ $-\dfrac{a}{2}=\boxed{}$

➡ $a=\boxed{}$

(2) $\begin{cases} ax-y=5 \\ -2x+4y=3 \end{cases}$ _____

(3) $\begin{cases} 3x-2y=3 \\ ax-4y=-2 \end{cases}$ _____

1 다음 중 y가 x의 함수인 것은 ○표, 함수가 아닌 것은 ×표를 ( ) 안에 쓰시오.

(1) 자연수 x보다 4만큼 큰 수 y　　　(　　)

(2) 자연수 x와 곱해서 50이 되는 수 y　(　　)

(3) 자연수 x와 60의 공약수　　　　　(　　)

(4) 자연수 x보다 작은 소수 y　　　　(　　)

2 함수 $f(x) = -\dfrac{24}{x}$에 대하여 다음을 구하시오.

(1) $x = -4$일 때의 함숫값　　　_____

(2) $x = 8$일 때, y의 값　　　_____

(3) $f(6)$의 값　　　_____

(4) $f(3) + f(-12)$의 값　　　_____

3 다음에서 y를 x에 대한 식으로 나타내고, 그 식이 일차함수인 것은 ○표, 일차함수가 아닌 것은 ×표를 ( ) 안에 쓰시오.

(1) 가로의 길이가 x cm, 세로의 길이가 y cm인 직사각형의 둘레의 길이는 24 cm이다.
　➡ $y =$ _____　　　(　　)

(2) 시속 y km로 2시간 동안 x km를 이동하였다.
　➡ $y =$ _____　　　(　　)

(3) 길이가 100 cm인 끈을 x cm씩 똑같은 길이로 y개만큼 잘랐다.
　➡ $y =$ _____　　　(　　)

4 다음 일차함수의 그래프를 y축의 방향으로 [ ] 안의 수만큼 평행이동한 그래프가 나타내는 일차함수의 식을 구하시오.

(1) $y = 3x$ 　 [-5] 　_____

(2) $y = -\dfrac{6}{5}x$ 　 [4] 　_____

(3) $y = -9x - 2$ 　 [3] 　_____

(4) $y = \dfrac{3}{8}x + 5$ 　 $\left[-\dfrac{1}{2} \right]$ 　_____

5 다음 일차함수의 그래프의 x절편과 y절편을 각각 구하시오.

(1) $y = 3x - 9$ ➡ x절편: _____, y절편: _____

(2) $y = -8x + 6$ ➡ x절편: _____, y절편: _____

(3) $y = -\dfrac{3}{4}x - 1$ ➡ x절편: _____, y절편: _____

6 다음 일차함수의 그래프의 기울기를 구하시오.

(1) $y = 5x - 15$ 　　　_____

(2) $y = \dfrac{1}{3}x + 3$ 　　　_____

(3) $y = -\dfrac{5}{8}x + 5$ 　　　_____

7 다음 두 점을 지나는 일차함수의 그래프의 기울기를 구하시오.

(1) $(2, 5)$, $(4, -7)$ 　　　_____

(2) $(-3, 9)$, $(0, 6)$ 　　　_____

(3) $(8, -1)$, $(-4, -9)$ 　　　_____

8 다음 일차함수의 그래프를 그리시오.

(1) $y=4x-1$　　　(2) $y=-x+3$

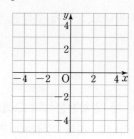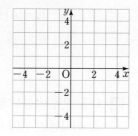

(3) $y=\frac{2}{3}x-4$　　　(4) $y=-\frac{1}{5}x+2$

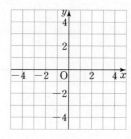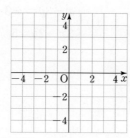

9 다음을 만족시키는 직선을 그래프로 하는 일차함수의 식을 보기에서 모두 고르시오.

보기

ㄱ. $y=\frac{1}{4}x$　　　ㄴ. $y=-2x$

ㄷ. $y=9x-3$　　　ㄹ. $y=-6x+2$

ㅁ. $y=\frac{4}{5}x+1$　　　ㅂ. $y=-\frac{2}{3}x-5$

(1) x의 값이 증가할 때, y의 값도 증가하는 직선

(2) 그래프가 오른쪽 아래로 향하는 직선

(3) y축과 양의 부분에서 만나는 직선

(4) 제1사분면을 지나지 않는 직선

10 다음 두 일차함수의 그래프가 서로 평행할 때, 상수 a의 값을 구하시오.

(1) $y=2ax-6$, $y=-10x+2$

(2) $y=-ax+3$, $y=\frac{1}{6}x-7$

11 다음 두 일차함수의 그래프가 일치할 때, 상수 a, b의 값을 각각 구하시오.

(1) $y=-ax+8$, $y=2x-b$

(2) $y=3ax-10$, $y=9x+2b$

12 다음과 같은 직선을 그래프로 하는 일차함수의 식을 구하시오.

(1) 기울기가 8이고, y절편이 -3인 직선

(2) 일차함수 $y=-\frac{1}{3}x-5$의 그래프와 평행하고, 점 $(0, 2)$를 지나는 직선

(3) 기울기가 -2이고, 점 $(3, -1)$을 지나는 직선

(4) x의 값이 4만큼 증가할 때 y의 값이 10만큼 증가하고, 점 $(4, 2)$를 지나는 직선

(5) 두 점 $(-5, 1)$, $(1, 4)$를 지나는 직선

(6) x절편이 8이고, y절편이 -4인 직선

13 100 ℃의 물이 담긴 주전자를 바닥에 내려놓으면 10분마다 물의 온도가 4℃씩 일정하게 낮아진다고 한다. 이 주전자를 바닥에 내려놓은 지 15분 후에 물의 온도를 구하시오.

_____

14 다음 일차방정식의 그래프를 그리시오.

(1) $3x-y+2=0$ (2) $x+4y-8=0$

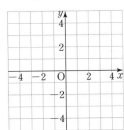 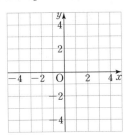

15 다음 중 일차방정식 $12x+4y-9=0$의 그래프에 대한 설명으로 옳은 것은 ○표, 옳지 않은 것은 ×표를 ( ) 안에 쓰시오.

(1) x절편은 $\frac{1}{4}$이다. ( )

(2) y절편은 $\frac{9}{4}$이다. ( )

(3) 점 $\left(-\frac{1}{4},\ 3\right)$을 지난다. ( )

(4) 제3사분면을 지난다. ( )

(5) 일차함수 $y=3x+2$의 그래프와 평행하다. ( )

16 다음 조건을 만족시키는 직선의 방정식을 구하시오.

(1) 점 $(-9,\ 6)$을 지나고 x축에 평행한 직선

_____

(2) 점 $(4,\ 5)$를 지나고, y축에 평행한 직선

_____

(3) 점 $(7,\ -2)$를 지나고, x축에 수직인 직선

_____

(4) 점 $(-1,\ -4)$를 지나고, y축에 수직인 직선

_____

17 다음 연립방정식에서 두 일차방정식의 그래프를 각각 좌표평면 위에 나타내고, 이를 이용하여 연립방정식의 해를 구하시오.

(1) $\begin{cases} x-3y=-3 \\ 3x-2y=5 \end{cases}$

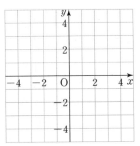

해: _____

(2) $\begin{cases} x+3y=2 \\ 3x-4y=-7 \end{cases}$

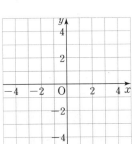

해: _____

18 다음 연립방정식의 해가 무수히 많을 때, 상수 a, b의 값을 각각 구하시오.

(1) $\begin{cases} 3x-ay=5 \\ -x+4y=b \end{cases}$ _____

(2) $\begin{cases} -2x+3y=a \\ bx-6y=4 \end{cases}$ _____

19 다음 연립방정식의 해가 없을 때, 상수 a의 값을 구하시오.

(1) $\begin{cases} ax+y=4 \\ 5x-3y=4 \end{cases}$ _____

(2) $\begin{cases} -ax+2y=2 \\ 9x+6y=8 \end{cases}$ _____

정답과 해설

빠른 정답!

중학 수학

2·1

visang

ABOVE IMAGINATION

우리는 남다른 상상과 혁신으로
교육 문화의 새로운 전형을 만들어
모든 이의 행복한 경험과 성장에 기여한다

교과서
개념
잡기

정답과 해설

중학 수학

2·1

유리수의 표현과 식의 계산

I·1 유리수와 순환소수

1 유한소수와 무한소수의 구분
8쪽

1 (1) 유한   (2) 무한   (3) 무한

2 (1) 유   (2) 무   (3) 유   (4) 유   (5) 무   (6) 무

3 (1) 0.8333···, 무   (2) 1.75, 유   (3) 0.090909···, 무
   (4) 0.444···, 무   (5) −0.3, 유   (6) −0.3157···, 무

3 (1) $\dfrac{5}{6}=5\div6=0.8333\cdots$ ➡ 무한소수

   (2) $\dfrac{7}{4}=7\div4=1.75$ ➡ 유한소수

   (3) $\dfrac{1}{11}=1\div11=0.090909\cdots$ ➡ 무한소수

   (4) $\dfrac{4}{9}=4\div9=0.444\cdots$ ➡ 무한소수

   (5) $-\dfrac{3}{10}=-(3\div10)=-0.3$ ➡ 유한소수

   (6) $-\dfrac{6}{19}=-(6\div19)=-0.3157\cdots$ ➡ 무한소수

2 순환소수의 표현
9쪽

1 (1) 순환소수이다   (2) 순환소수이다   (3) 순환소수가 아니다

2 (1) ○   (2) ×   (3) ○   (4) ×   (5) ○

3 (1) 5, $0.\dot{5}$ (2) 94, $0.8\dot{9}\dot{4}$

4 (1) 5, $3.\dot{5}$ (2) 46, $1.\dot{4}\dot{6}$ (3) 27, $0.0\dot{2}\dot{7}$
   (4) 384, $0.\dot{3}8\dot{4}$ (5) 267, $7.\dot{2}6\dot{7}$ (6) 375, $1.1\dot{3}7\dot{5}$

2 (1) 소수점 아래에 21이 한없이 되풀이되므로 순환소수이다.
   (3) 소수점 아래에 327이 한없이 되풀이되므로 순환소수이다.
   (5) 소수점 아래에 38이 한없이 되풀이되므로 순환소수이다.

3 유한소수 또는 순환소수로 나타낼 수 있는 분수
10쪽~11쪽

1 풀이 참조

2 (1) 2, 5, 있다   (2) 7, 없다   (3) 2, 있다   (4) 3, 없다

3 (1) $\dfrac{4}{25}$, $\dfrac{4}{5^2}$, 유한소수   (2) $\dfrac{17}{33}$, $\dfrac{17}{3\times11}$, 순환소수

   (3) $\dfrac{21}{88}$, $\dfrac{21}{2^3\times11}$, 순환소수   (4) $\dfrac{27}{40}$, $\dfrac{27}{2^3\times5}$, 유한소수

   (5) $\dfrac{9}{28}$, $\dfrac{9}{2^2\times7}$, 순환소수   (6) $\dfrac{9}{80}$, $\dfrac{9}{2^4\times5}$, 유한소수

4 (1) 11, 11   (2) 7   (3) 3, 3   (4) 13   (5) 3, 3   (6) 7   (7) 21

---

1 (1) $\dfrac{3}{8}=\dfrac{3}{2^3}=\dfrac{3\times5^{\boxed{3}}}{2^3\times5^{\boxed{3}}}=\dfrac{\boxed{375}}{10^{\boxed{3}}}=\dfrac{\boxed{375}}{1000}=\boxed{0.375}$

   (2) $\dfrac{2}{25}=\dfrac{2}{5^{\boxed{2}}}=\dfrac{2^{\boxed{3}}}{5^{\boxed{2}}\times2^{\boxed{2}}}=\dfrac{\boxed{8}}{10^{\boxed{2}}}=\dfrac{\boxed{8}}{100}=\boxed{0.08}$

   (3) $\dfrac{7}{50}=\dfrac{7}{2\times5^{\boxed{2}}}=\dfrac{7\times\boxed{2}}{2\times5^{\boxed{2}}\times\boxed{2}}=\dfrac{\boxed{14}}{2^{\boxed{2}}\times5^{\boxed{2}}}$

   $=\dfrac{\boxed{14}}{10^{\boxed{2}}}=\dfrac{\boxed{14}}{100}=\boxed{0.14}$

   (4) $\dfrac{9}{200}=\dfrac{9}{2^3\times5^{\boxed{2}}}=\dfrac{9\times\boxed{5}}{2^3\times5^{\boxed{2}}\times\boxed{5}}=\dfrac{\boxed{45}}{2^{\boxed{3}}\times5^{\boxed{3}}}$

   $=\dfrac{\boxed{45}}{10^{\boxed{3}}}=\dfrac{\boxed{45}}{1000}=\boxed{0.045}$

4 (4) $\dfrac{11}{5^2\times11\times13}$ $\xrightarrow{\text{약분}}$ $\dfrac{1}{5^2\times\mathbf{13}}$

   ➡ 분모의 소인수가 2나 5뿐이 되도록 하는 가장 작은 자연
   수 **13**을 곱한다.

   (6) $\dfrac{3}{140}$ $\xrightarrow{\text{분모를 소인수분해}}$ $\dfrac{3}{2^2\times5\times\mathbf{7}}$

   ➡ 분모의 소인수가 2나 5뿐이 되도록 하는 가장 작은 자연
   수 **7**을 곱한다.

   (7) $\dfrac{39}{630}$ $\xrightarrow{\text{약분}}$ $\dfrac{13}{210}$ $\xrightarrow{\text{분모를 소인수분해}}$ $\dfrac{13}{2\times\mathbf{3}\times5\times\mathbf{7}}$

   ➡ 분모의 소인수가 2나 5뿐이 되도록 하는 가장 작은 자연
   수 $3\times7=\mathbf{21}$을 곱한다.

4 순환소수를 분수로 나타내기 (1)
12쪽~13쪽

1 2.222···, 2.222···, 2, 2

2 (1) 10, 9, 9, $\dfrac{5}{3}$ (2) 100, 99, $\dfrac{205}{99}$

   (3) 1000, 999, 999, $\dfrac{15}{37}$ (4) 1000, 999, $\dfrac{3151}{999}$

3 (1) 100, 10, 90, 90, $\dfrac{83}{45}$ (2) 1000, 10, 990, 990, $\dfrac{17}{55}$

   (3) 1000, 100, 900, 900, $\dfrac{97}{450}$

4 (1) ㄴ   (2) ㅂ   (3) ㄹ   (4) ㄱ   (5) ㅁ   (6) ㄷ

5 (1) $\dfrac{8}{9}$ (2) $\dfrac{41}{333}$ (3) $\dfrac{277}{90}$ (4) $\dfrac{29}{110}$ (5) $\dfrac{134}{55}$

4 (1) $0.\dot{3}\dot{8}$을 x라고 하면 $x=0.383838\cdots$

   $\qquad\qquad 100x=38.383838\cdots$

   $\underline{-)\qquad\quad\ x=\ \ 0.383838\cdots}$

   $\qquad\boxed{100x-x}=38$

   $\qquad\quad 99x=38$ $\therefore x=\dfrac{38}{99}$

   따라서 가장 편리한 식은 ㄴ이다.

(2) $0.71\dot{3}$을 x라고 하면 $x=0.71333\cdots$

$$1000x=713.333\cdots$$
$$-)100x=71.333\cdots$$
$$\overline{1000x-100x=642}$$
$$900x=642 \qquad \therefore x=\frac{642}{900}=\frac{107}{150}$$

따라서 가장 편리한 식은 ㅂ이다.

(3) $3.\dot{2}1\dot{5}$를 x라고 하면 $x=3.215215\cdots$

$$1000x=3215.215215\cdots$$
$$-)x=3.215215\cdots$$
$$\overline{1000x-x=3212}$$
$$999x=3212 \qquad \therefore x=\frac{3212}{999}$$

따라서 가장 편리한 식은 ㄹ이다.

(4) $1.\dot{7}$을 x라고 하면 $x=1.777\cdots$

$$10x=17.777\cdots$$
$$-)x=1.777\cdots$$
$$\overline{10x-x=16}$$
$$9x=16 \qquad \therefore x=\frac{16}{9}$$

따라서 가장 편리한 식은 ㄱ이다.

(5) $2.3\dot{2}\dot{4}$를 x라고 하면 $x=2.3242424\cdots$

$$1000x=2324.242424\cdots$$
$$-)10x=23.242424\cdots$$
$$\overline{1000x-10x=2301}$$
$$990x=2301 \qquad \therefore x=\frac{2301}{990}=\frac{767}{330}$$

따라서 가장 편리한 식은 ㅁ이다.

(6) $0.2\dot{5}$를 x라고 하면 $x=0.2555\cdots$

$$100x=25.555\cdots$$
$$-)10x=2.555\cdots$$
$$\overline{100x-10x=23}$$
$$90x=23 \qquad \therefore x=\frac{23}{90}$$

따라서 가장 편리한 식은 ㄷ이다.

5 (1) $0.\dot{8}$을 x라고 하면 $x=0.888\cdots$

$$10x=8.888\cdots$$
$$-)x=0.888\cdots$$
$$\overline{9x=8}$$
$$\therefore x=\frac{8}{9}$$

(2) $0.\dot{1}2\dot{3}$을 x라고 하면 $x=0.123123\cdots$

$$1000x=123.123123\cdots$$
$$-)x=0.123123\cdots$$
$$\overline{999x=123}$$
$$\therefore x=\frac{123}{999}=\frac{41}{333}$$

(3) $3.0\dot{7}$을 x라고 하면 $x=3.0777\cdots$

$$100x=307.777\cdots$$
$$-)10x=30.777\cdots$$
$$\overline{90x=277}$$
$$\therefore x=\frac{277}{90}$$

(4) $0.2\dot{6}\dot{3}$을 x라고 하면 $x=0.2636363\cdots$

$$1000x=263.636363\cdots$$
$$-)10x=2.636363\cdots$$
$$\overline{990x=261}$$
$$\therefore x=\frac{261}{990}=\frac{29}{110}$$

(5) $2.4\dot{3}\dot{6}$을 x라고 하면 $x=2.4363636\cdots$

$$1000x=2436.363636\cdots$$
$$-)10x=24.363636\cdots$$
$$\overline{990x=2412}$$
$$\therefore x=\frac{2412}{990}=\frac{134}{55}$$

5 순환소수를 분수로 나타내기 (2)
14쪽

1 (1) 6, $\frac{2}{3}$ (2) 99 (3) 173 (4) 2, 257

(5) 3, 999, $\frac{3424}{999}$ (6) $\frac{5}{11}$ (7) $\frac{1504}{333}$

2 (1) 6, $\frac{59}{90}$ (2) 65, 586, $\frac{293}{45}$ (3) 23, $\frac{2323}{990}$

(4) 17, 990, 1767, $\frac{589}{330}$ (5) $\frac{47}{90}$ (6) $\frac{3161}{990}$ (7) $\frac{71}{150}$

1 (4) $2.\dot{5}\dot{9}=\frac{259-2}{99}=\frac{257}{99}$

(5) $3.\dot{4}2\dot{7}=\frac{3427-3}{999}=\frac{3424}{999}$

(6) $0.\dot{4}\dot{5}=\frac{45}{99}=\frac{5}{11}$

(7) $4.\dot{5}1\dot{6}=\frac{4516-4}{999}=\frac{4512}{999}=\frac{1504}{333}$

2 (1) $0.6\dot{5}=\frac{65-6}{90}=\frac{59}{90}$

(2) $6.5\dot{1}=\frac{651-65}{90}=\frac{586}{90}=\frac{293}{45}$

(3) $2.3\dot{4}\dot{6}=\frac{2346-23}{990}=\frac{2323}{990}$

(4) $1.7\dot{8}\dot{4}=\frac{1784-17}{990}=\frac{1767}{990}=\frac{589}{330}$

(5) $0.5\dot{2}=\frac{52-5}{90}=\frac{47}{90}$

(6) $3.1\dot{9}\dot{2}=\frac{3192-31}{990}=\frac{3161}{990}$

(7) $0.4\dot{7}\dot{3}=\frac{473-47}{900}=\frac{426}{900}=\frac{71}{150}$

6 유리수와 소수의 관계
15쪽

1 (1) ○ (2) × (3) ○ (4) ○ (5) × (6) ○

2 (1) ○ (2) × (3) ○ (4) ○ (5) ○ (6) ○

(7) ×

1 (1), (3), (4), (6) 분수로 나타낼 수 있으므로 유리수이다.
　(2), (5) 순환소수가 아닌 무한소수이므로 유리수가 아니다.

2 (2) 순환소수가 아닌 무한소수는 유리수가 아니다.
　(5) 순환소수가 아닌 무한소수는 유리수가 아니다.
　(7) 정수가 아닌 유리수는 유한소수 또는 순환소수로 나타낼 수 있다.

I·2　식의 계산

1 지수법칙 (1)　16쪽

1 (1) 1, 10　(2) 5^{11}　(3) y^9　(4) 4, 4, 9　(5) 3^{14}　(6) x^{11}
　(7) a^{12}　(8) 2^{14}

2 (1) 7, 12　(2) $x^7 y^4$　(3) 3, 5, 5, 8　(4) $a^5 b^7$　(5) $2^9 \times 5^6$
　(6) $x^8 y^7$

1 (2) $5^3 \times 5^8 = 5^{3+8} = 5^{11}$
　(5) $3^5 \times 3 \times 3^8 = 3^{5+1+8} = 3^{14}$
　(6) $x^3 \times x^6 \times x^2 = x^{3+6+2} = x^{11}$
　(7) $a^3 \times a^5 \times a^2 \times a^2 = a^{3+5+2+2} = a^{12}$
　(8) $2^4 \times 2^2 \times 2^3 \times 2^5 = 2^{4+2+3+5} = 2^{14}$

2 (2) $x^3 \times y^4 \times x^4 = \underline{x^3 \times x^4} \times y^4 = x^{3+4} \times y^4 = x^7 y^4$
　(4) $a^4 \times b^4 \times a \times b^3 = \underline{a^4 \times a} \times \underline{b^4 \times b^3} = a^{4+1} \times b^{4+3} = a^5 b^7$
　(5) $2^3 \times 2 \times 5^2 \times 2^5 \times 5^4 = \underline{2^3 \times 2 \times 2^5} \times \underline{5^2 \times 5^4}$
　　　$= 2^{3+1+5} \times 5^{2+4} = 2^9 \times 5^6$
　(6) $x \times y^3 \times x^2 \times y^4 \times x^5 = \underline{x \times x^2 \times x^5} \times \underline{y^3 \times y^4}$
　　　$= x^{1+2+5} \times y^{3+4} = x^8 y^7$

8 지수법칙 (2)　17쪽

1 (1) 2, 12　(2) 10^9　(3) x^{21}　(4) 5^{18}
2 (1) 5, 15, 15, 16　(2) 7^8　(3) a^{18}　(4) 3^{23}
3 (1) 6, 8, 6, 8, 6, 8, 11, 8　(2) $x^{10} y^{15}$　(3) $x^{16} y^8$　(4) $a^{18} b^3$
　(5) $x^{22} y^{28}$　(6) $a^{12} b^{11}$

2 (2) $(7^2)^3 \times 7^2 = 7^{2 \times 3} \times 7^2 = 7^6 \times 7^2 = 7^{6+2} = 7^8$
　(3) $(a^4)^2 \times (a^2)^5 = a^{4 \times 2} \times a^{2 \times 5} = a^8 \times a^{10} = a^{8+10} = a^{18}$
　(4) $(3^3)^5 \times (3^2)^4 = 3^{3 \times 5} \times 3^{2 \times 4} = 3^{15} \times 3^8 = 3^{15+8} = 3^{23}$

3 (2) $(x^2)^5 \times y^3 \times (y^3)^4 = x^{10} \times \underline{y^3 \times y^{12}} = x^{10} \times y^{3+12} = x^{10} y^{15}$
　(3) $(x^2)^3 \times (y^4)^2 \times (x^2)^5 = x^6 \times y^8 \times x^{10}$
　　　$= \underline{x^6 \times x^{10}} \times y^8$
　　　$= x^{6+10} \times y^8$
　　　$= x^{16} y^8$

(4) $(a^3)^4 \times b^2 \times (a^2)^3 \times b = a^{12} \times b^2 \times a^6 \times b$
　　　$= \underline{a^{12} \times a^6} \times \underline{b^2 \times b}$
　　　$= a^{12+6} \times b^{2+1}$
　　　$= a^{18} b^3$
(5) $x^2 \times (y^4)^3 \times (x^4)^5 \times (y^2)^8 = x^2 \times y^{12} \times x^{20} \times y^{16}$
　　　$= \underline{x^2 \times x^{20}} \times \underline{y^{12} \times y^{16}}$
　　　$= x^{2+20} \times y^{12+16}$
　　　$= x^{22} y^{28}$
(6) $(a^2)^4 \times (b^2)^3 \times (a^2)^2 \times b^5 = a^8 \times b^6 \times a^4 \times b^5$
　　　$= \underline{a^8 \times a^4} \times \underline{b^6 \times b^5}$
　　　$= a^{8+4} \times b^{6+5}$
　　　$= a^{12} b^{11}$

9 지수법칙 (3)　18쪽

1 (1) 9, 5　(2) 1　(3) 8, 4　(4) 7^4　(5) 1　(6) $\dfrac{1}{2^{13}}$
　(7) 2, 2, 2　(8) x^5

2 (1) 15, 12, 15, 12, 3　(2) $\dfrac{1}{x^2}$　(3) 1
　(4) 12, 6, 12, 6, 4　(5) 5　(6) $\dfrac{1}{a^2}$

1 (4) $7^5 \div 7 = 7^{5-1} = 7^4$
　(6) $2^2 \div 2^{15} = \dfrac{1}{2^{15-2}} = \dfrac{1}{2^{13}}$
　(8) $x^9 \div x \div x^3 = x^{9-1} \div x^3 = x^{9-1-3} = x^5$

2 (2) $(x^5)^2 \div (x^4)^3 = x^{10} \div x^{12} = \dfrac{1}{x^{12-10}} = \dfrac{1}{x^2}$
　(3) $(a^4)^6 \div (a^2)^{12} = a^{24} \div a^{24} = 1$
　(5) $(5^3)^6 \div (5^7)^2 \div 5^3 = 5^{18} \div 5^{14} \div 5^3 = 5^{18-14-3} = 5$
　(6) $(a^5)^3 \div (a^2)^4 \div (a^3)^3 = a^{15} \div a^8 \div a^9$
　　　$= a^{15-8} \div a^9$
　　　$= a^7 \div a^9 = \dfrac{1}{a^{9-7}} = \dfrac{1}{a^2}$

10 지수법칙 (4)　19쪽

1 (1) 16, 4　(2) $27b^3$　(3) $x^5 y^5$　(4) 9, 6　(5) $a^4 b^2$　(6) $x^6 y^{18}$
　(7) 7　(8) $36b^4$　(9) $-32a^{10} b^{15}$

2 (1) 6　(2) $\dfrac{y^{12}}{81}$　(3) $\dfrac{x^{14}}{y^{21}}$　(4) 10, 15　(5) $\dfrac{y^{30}}{x^{24}}$　(6) $-\dfrac{a^{15}}{27}$
　(7) 36, 6, 25, 4　(8) $\dfrac{b^{10}}{32a^5}$　(9) $\dfrac{9y^{14}}{16x^8}$

1 (2) $(3b)^3 = 3^3 b^3 = 27b^3$
　(5) $(a^2 b)^2 = a^{2 \times 2} b^2 = a^4 b^2$
　(6) $(xy^3)^6 = x^6 y^{3 \times 6} = x^6 y^{18}$

(8) $(-6b^2)^2=(-6)^2b^{2\times2}=36b^4$

(9) $(-2a^2b^3)^5=(-2)^5a^{2\times5}b^{3\times5}=-32a^{10}b^{15}$

2 (2) $\left(\dfrac{y^3}{3}\right)^4=\dfrac{y^{3\times4}}{3^4}=\dfrac{y^{12}}{81}$

(3) $\left(\dfrac{x^2}{y^3}\right)^7=\dfrac{x^{2\times7}}{y^{3\times7}}=\dfrac{x^{14}}{y^{21}}$

(4) $\left(-\dfrac{y^2}{x^3}\right)^5=(-1)^5\times\dfrac{y^{2\times5}}{x^{3\times5}}=-\dfrac{y^{10}}{x^{15}}$

(5) $\left(-\dfrac{y^5}{x^4}\right)^6=(-1)^6\times\dfrac{y^{5\times6}}{x^{4\times6}}=\dfrac{y^{30}}{x^{24}}$

(6) $\left(-\dfrac{a^5}{3}\right)^3=(-1)^3\times\dfrac{a^{5\times3}}{3^3}=-\dfrac{a^{15}}{27}$

(7) $\left(\dfrac{6x^3}{5y^2}\right)^2=\dfrac{6^2x^{3\times2}}{5^2y^{2\times2}}=\dfrac{36x^6}{25y^4}$

(8) $\left(\dfrac{b^2}{2a}\right)^5=\dfrac{b^{2\times5}}{2^5a^5}=\dfrac{b^{10}}{32a^5}$

(9) $\left(-\dfrac{3y^7}{4x^4}\right)^2=(-1)^2\times\dfrac{3^2y^{7\times2}}{4^2x^{4\times2}}=\dfrac{9y^{14}}{16x^8}$

11 단항식의 곱셈
20쪽

1 (1) x, $15xy$ (2) a^4, $28a^9$ (3) $-\dfrac{1}{3}$, y^3, $-3x^3y^5$

(4) 3, 3, -8, 3, $-8a^7b^3$

2 (1) $21xy$ (2) $-\dfrac{1}{3}a^2b$ (3) $-2a^5b^8$ (4) $-x^3y^4$ (5) $50xy^2$

(6) $-81a^4b^6$ (7) $24a^5b^9$ (8) $80x^5y^{12}$ (9) $-12x^7y^6$

2 (3) $\dfrac{1}{2}a^3b^4\times(-4a^2b^4)=\dfrac{1}{2}\times(-4)\times a^3\times a^2\times b^4\times b^4$
$=-2a^5b^8$

(4) $2x^2\times\dfrac{1}{4}xy^3\times(-2y)=2\times\dfrac{1}{4}\times(-2)\times x^2\times x\times y^3\times y$
$=-x^3y^4$

(5) $2x\times(5y)^2=2x\times5^2y^2$
$=2\times25\times x\times y^2$
$=50xy^2$

(6) $(-3ab)^3\times3ab^3=(-3)^3a^3b^3\times3ab^3$
$=-27\times3\times a^3\times a\times b^3\times b^3$
$=-81a^4b^6$

(7) $(2ab^2)^3\times3a^2b^3=2^3a^3b^6\times3a^2b^3$
$=8\times3\times a^3\times a^2\times b^6\times b^3$
$=24a^5b^9$

(8) $5xy^6\times(-4x^2y^3)^2=5xy^6\times(-4)^2x^4y^6$
$=5\times16\times x\times x^4\times y^6\times y^6$
$=80x^5y^{12}$

(9) $\dfrac{3}{8}x^4y\times(-2xy)^3\times(2y)^2$
$=\dfrac{3}{8}x^4y\times(-2)^3x^3y^3\times2^2y^2$
$=\dfrac{3}{8}\times(-8)\times4\times x^4\times x^3\times y\times y^3\times y^2$
$=-12x^7y^6$

12 단항식의 나눗셈
21쪽

1 (1) $3a^5$, 3, a^5, $5a$ (2) x^3, $-2x^4y$ (3) $\dfrac{4}{3}$, x^5, $\dfrac{8}{x^3}$

(4) $4a^8b$, $\dfrac{5}{4}$, a^8b, $\dfrac{20b}{a^6}$

2 (1) $\dfrac{x^4}{4y}$ (2) $4xy$ (3) $12ab^4$ (4) $\dfrac{20b^2}{a}$

3 (1) x^2y^2, $4x$, 4, x^2y^2, $2y^7$ (2) $-3a^6b$ (3) $18y^2$

2 (1) $2x^6y\div8x^2y^2=\dfrac{2x^6y}{8x^2y^2}=\dfrac{2}{8}\times\dfrac{x^6y}{x^2y^2}=\dfrac{x^4}{4y}$

(2) $24x^3y^2\div6x^2y=\dfrac{24x^3y^2}{6x^2y}=\dfrac{24}{6}\times\dfrac{x^3y^2}{x^2y}=4xy$

(3) $9a^2b^5\div\dfrac{3}{4}ab=9a^2b^5\div\dfrac{3ab}{4}$
$=9a^2b^5\times\dfrac{4}{3ab}$
$=9\times\dfrac{4}{3}\times a^2b^5\times\dfrac{1}{ab}$
$=12ab^4$

(4) $5ab^2\div\left(-\dfrac{1}{2}a\right)^2=5ab^2\div\dfrac{a^2}{4}$
$=5ab^2\times\dfrac{4}{a^2}$
$=5\times4\times ab^2\times\dfrac{1}{a^2}$
$=\dfrac{20b^2}{a}$

3 (2) $6a^9b^2\div(-2a^3)\div b=6a^9b^2\times\left(-\dfrac{1}{2a^3}\right)\times\dfrac{1}{b}$
$=6\times\left(-\dfrac{1}{2}\right)\times a^9b^2\times\dfrac{1}{a^3}\times\dfrac{1}{b}$
$=-3a^6b$

(3) $(3xy^3)^2\div\dfrac{7}{6}x\div\dfrac{3}{7}xy^4=9x^2y^6\div\dfrac{7x}{6}\div\dfrac{3xy^4}{7}$
$=9x^2y^6\times\dfrac{6}{7x}\times\dfrac{7}{3xy^4}$
$=9\times\dfrac{6}{7}\times\dfrac{7}{3}\times x^2y^6\times\dfrac{1}{x}\times\dfrac{1}{xy^4}$
$=18y^2$

13 단항식의 곱셈과 나눗셈의 혼합 계산
22쪽

1 (1) 4, a^3b^2, 4, a^3b^2, 4, a^3b^2, $12ab$

(2) $-8a^3$, $-8a^3$, 8, a^3, $3a^4$

(3) 8, $-4a^2b^3$, 8, 4, 8, a^2b^3, $-4a^2b^4$

2 (1) x^3 (2) $-\dfrac{7}{2}a$ (3) $-96xy$ (4) $\dfrac{6}{y^2}$ (5) $12a^6$

(6) $-x^7y^6$ (7) $-\dfrac{50}{x^3y^2}$ (8) x^3y^6

2 (1) $4x \times 3x^3 \div 12x = 4x \times 3x^3 \times \dfrac{1}{12x}$

$$= 4 \times 3 \times \dfrac{1}{12} \times x \times x^3 \times \dfrac{1}{x} = x^3$$

(2) $7a^2b \div (-12ab^2) \times 6b = 7a^2b \times \left(-\dfrac{1}{12ab^2}\right) \times 6b$

$$= 7 \times \left(-\dfrac{1}{12}\right) \times 6 \times a^2b \times \dfrac{1}{ab^2} \times b$$

$$= -\dfrac{7}{2}a$$

(3) $2x^2y \div \dfrac{1}{8}xy \times (-6y) = 2x^2y \times \dfrac{8}{xy} \times (-6y)$

$$= 2 \times 8 \times (-6) \times x^2y \times \dfrac{1}{xy} \times y$$

$$= -96xy$$

(4) $2y \div (-4xy^5) \times (-12xy^2)$

$$= 2y \times \left(-\dfrac{1}{4xy^5}\right) \times (-12xy^2)$$

$$= 2 \times \left(-\dfrac{1}{4}\right) \times (-12) \times y \times \dfrac{1}{xy^5} \times xy^2$$

$$= \dfrac{6}{y^2}$$

(5) $(-2a^2)^4 \times 3b \div 4a^2b$

$$= 16a^8 \times 3b \div 4a^2b$$

$$= 16a^8 \times 3b \times \dfrac{1}{4a^2b}$$

$$= 16 \times 3 \times \dfrac{1}{4} \times a^8 \times b \times \dfrac{1}{a^2b}$$

$$= 12a^6$$

(6) $36x^9y^7 \times (-y) \div (-6xy)^2$

$$= 36x^9y^7 \times (-y) \div 36x^2y^2$$

$$= 36x^9y^7 \times (-y) \times \dfrac{1}{36x^2y^2}$$

$$= 36 \times (-1) \times \dfrac{1}{36} \times x^9y^7 \times y \times \dfrac{1}{x^2y^2}$$

$$= -x^7y^6$$

(7) $(5x^2)^2 \div (-2x^3y)^3 \times 16x^2y$

$$= 25x^4 \div (-8x^9y^3) \times 16x^2y$$

$$= 25x^4 \times \left(-\dfrac{1}{8x^9y^3}\right) \times 16x^2y$$

$$= 25 \times \left(-\dfrac{1}{8}\right) \times 16 \times x^4 \times \dfrac{1}{x^9y^3} \times x^2y$$

$$= -\dfrac{50}{x^3y^2}$$

(8) $(x^2y^3)^2 \times \dfrac{xy^2}{25} \div \left(-\dfrac{1}{5}xy\right)^2$

$$= x^4y^6 \times \dfrac{xy^2}{25} \div \dfrac{x^2y^2}{25}$$

$$= x^4y^6 \times \dfrac{xy^2}{25} \times \dfrac{25}{x^2y^2}$$

$$= \dfrac{1}{25} \times 25 \times x^4y^6 \times xy^2 \times \dfrac{1}{x^2y^2}$$

$$= x^3y^6$$

---

14 다항식의 덧셈과 뺄셈

1 (1) $4x$, $6x+2y$ (2) b, $a+8b$ (3) $5x+2y$ (4) $-7a-4b$

    (5) $-4x+y$ (6) $4a+16b$ (7) $x-\dfrac{6}{5}y$

2 (1) $3y$, $3y$, $2x+7y$ (2) $6a$, $6a$, $15a+b$ (3) $-7a-11b$

    (4) $11x+8y$ (5) $x-y$ (6) $-20a+11b$

    (7) $-\dfrac{1}{2}x+\dfrac{4}{5}y$

3 (1) $\dfrac{1}{2}a-\dfrac{5}{6}b$ (2) $\dfrac{1}{6}x-\dfrac{2}{3}y$ (3) $\dfrac{17}{20}x+\dfrac{7}{10}y$

    (4) $\dfrac{1}{6}x+\dfrac{5}{3}y$ (5) $-\dfrac{7}{12}a+\dfrac{5}{6}b$

4 (1) $13x-8y$ (2) $4a$ (3) $5x$ (4) $7x-6y$ (5) $2a+2b+2$

---

1 (5) $(2x-3y)+2(-3x+2y) = 2x-3y-6x+4y$

$$= 2x-6x-3y+4y$$

$$= -4x+y$$

(6) $2(5a+2b)+3(-2a+4b) = 10a+4b-6a+12b$

$$= 10a-6a+4b+12b$$

$$= 4a+16b$$

(7) $\left(\dfrac{1}{3}x-\dfrac{4}{5}y\right)+\left(\dfrac{2}{3}x-\dfrac{2}{5}y\right) = \dfrac{1}{3}x-\dfrac{4}{5}y+\dfrac{2}{3}x-\dfrac{2}{5}y$

$$= \dfrac{1}{3}x+\dfrac{2}{3}x-\dfrac{4}{5}y-\dfrac{2}{5}y$$

$$= x-\dfrac{6}{5}y$$

2 (5) $4(x+y)-(3x+5y) = 4x+4y-3x-5y$

$$= 4x-3x+4y-5y$$

$$= x-y$$

(6) $(-6a+5b)-2(7a-3b) = -6a+5b-14a+6b$

$$= -6a-14a+5b+6b$$

$$= -20a+11b$$

(7) $\left(\dfrac{1}{4}x+\dfrac{1}{5}y\right)-\left(\dfrac{3}{4}x-\dfrac{3}{5}y\right) = \dfrac{1}{4}x+\dfrac{1}{5}y-\dfrac{3}{4}x+\dfrac{3}{5}y$

$$= \dfrac{1}{4}x-\dfrac{3}{4}x+\dfrac{1}{5}y+\dfrac{3}{5}y$$

$$= -\dfrac{1}{2}x+\dfrac{4}{5}y$$

3 (2) $\dfrac{-7x+10y}{12}+\dfrac{3x-6y}{4} = \dfrac{-7x+10y+3(3x-6y)}{12}$

$$= \dfrac{-7x+10y+9x-18y}{12}$$

$$= \dfrac{2x-8y}{12} = \dfrac{1}{6}x-\dfrac{2}{3}y$$

(3) $\dfrac{x+2y}{4}+\dfrac{3x+y}{5} = \dfrac{5(x+2y)+4(3x+y)}{20}$

$$= \dfrac{5x+10y+12x+4y}{20}$$

$$= \dfrac{17x+14y}{20} = \dfrac{17}{20}x+\dfrac{7}{10}y$$

(4) $\dfrac{x+2y}{2}-\dfrac{x-2y}{3}=\dfrac{3(x+2y)-2(x-2y)}{6}$

$\qquad\qquad\qquad\quad =\dfrac{3x+6y-2x+4y}{6}$

$\qquad\qquad\qquad\quad =\dfrac{x+10y}{6}=\dfrac{1}{6}x+\dfrac{5}{3}y$

(5) $\dfrac{a-4b}{6}-\dfrac{3(a-2b)}{4}=\dfrac{2(a-4b)-9(a-2b)}{12}$

$\qquad\qquad\qquad\qquad =\dfrac{2a-8b-9a+18b}{12}$

$\qquad\qquad\qquad\qquad =\dfrac{-7a+10b}{12}=-\dfrac{7}{12}a+\dfrac{5}{6}b$

4 (3) $7x+[2y-\{3x-(x-2y)\}]$

$\quad =7x+\{2y-(3x-x+2y)\}$

$\quad =7x+\{2y-(2x+2y)\}$

$\quad =7x+(2y-2x-2y)$

$\quad =7x-2x$

$\quad =5x$

(4) $2x-[4y-3x-\{3x-(x+2y)\}]$

$\quad =2x-\{4y-3x-(3x-x-2y)\}$

$\quad =2x-\{4y-3x-(2x-2y)\}$

$\quad =2x-(4y-3x-2x+2y)$

$\quad =2x-(-5x+6y)$

$\quad =2x+5x-6y$

$\quad =7x-6y$

(5) $-a-[3a-\{2b-(5-6a)+7\}]$

$\quad =-a-\{3a-(2b-5+6a+7)\}$

$\quad =-a-\{3a-(6a+2b+2)\}$

$\quad =-a-(3a-6a-2b-2)$

$\quad =-a-(-3a-2b-2)$

$\quad =-a+3a+2b+2$

$\quad =2a+2b+2$

15 이차식의 덧셈과 뺄셈
25쪽

1 (1) ○ (2) × (3) ○ (4) × (5) ○ (6) ×

2 (1) $4x,\ 4x^2+2x-2$ (2) $-2x^2+2x-3$

(3) $2x^2+2x-3$ (4) $-7x^2-4x+1$

(5) $7x,\ 7x,\ 8x^2-3x-5$ (6) $x^2+3x+13$

(7) $12x^2+7x+5$ (8) $18a^2-11a+2$

2 (4) $3(-4x^2-x)+(5x^2-x+1)$

$\quad =-12x^2-3x+5x^2-x+1$

$\quad =-12x^2+5x^2-3x-x+1$

$\quad =-7x^2-4x+1$

(8) $2(4a^2-3a-4)-5(-2a^2+a-2)$

$\quad =8a^2-6a-8+10a^2-5a+10$

$\quad =8a^2+10a^2-6a-5a-8+10$

$\quad =18a^2-11a+2$

16 (단항식) × (다항식)
26쪽

1 (1) $2ab$ (2) $4y^2$ (3) $-4a^2$ (4) $3xy$

2 (1) $2x^2+2x$ (2) $-10y+15y^2$

(3) $-2ab-4a$ (4) $4x^2-3xy$

(5) $8a^2+12a$ (6) $-6x^2-8xy$

(7) $6a^2-4ab$ (8) $-4a^2+8ab+28a$

(9) $10x^2+15x-5xy$ (10) $-xy+3y^2-6y$

2 (8) $4a(-a+2b+7)=-4a^2+8ab+28a$

(9) $5x(2x+3-y)=10x^2+15x-5xy$

(10) $(4x-12y+24)\times\left(-\dfrac{1}{4}y\right)=-xy+3y^2-6y$

17 (다항식) ÷ (단항식)
27쪽

1 (1) $b,\ -6a^2b,\ -6a^2+b$ (2) $5x+3$ (3) $3a-2$

(4) $-2y+3$ (5) $-3b+2a$ (6) $-xy-6y$

2 (1) $\dfrac{2}{b},\ \dfrac{2}{b},\ \dfrac{2}{b},\ 6a-10b$ (2) $8x+24$ (3) $15ab+10a$

(4) $-20x-12y$ (5) $-20a-10b$ (6) $-4x+12y$

1 (4) $(8xy-12x)\div(-4x)=\dfrac{8xy-12x}{-4x}$

$\qquad\qquad\qquad\qquad =\dfrac{8xy}{-4x}-\dfrac{12x}{-4x}$

$\qquad\qquad\qquad\qquad =-2y+3$

(5) $(6b^2-4ab)\div(-2b)=\dfrac{6b^2-4ab}{-2b}$

$\qquad\qquad\qquad\qquad =\dfrac{6b^2}{-2b}-\dfrac{4ab}{-2b}$

$\qquad\qquad\qquad\qquad =-3b+2a$

(6) $(2x^2y^2+12xy^2)\div(-2xy)=\dfrac{2x^2y^2+12xy^2}{-2xy}$

$\qquad\qquad\qquad\qquad\qquad =\dfrac{2x^2y^2}{-2xy}+\dfrac{12xy^2}{-2xy}$

$\qquad\qquad\qquad\qquad\qquad =-xy-6y$

2 (2) $(4x^2+12x)\div\dfrac{x}{2}=(4x^2+12x)\times\dfrac{2}{x}$

$\qquad\qquad\qquad\qquad =4x^2\times\dfrac{2}{x}+12x\times\dfrac{2}{x}$

$\qquad\qquad\qquad\qquad =8x+24$

(3) $(3a^2b^2+2a^2b)\div\dfrac{ab}{5}=(3a^2b^2+2a^2b)\times\dfrac{5}{ab}$

$\qquad\qquad\qquad\qquad\quad =3a^2b^2\times\dfrac{5}{ab}+2a^2b\times\dfrac{5}{ab}$

$\qquad\qquad\qquad\qquad\quad =15ab+10a$

$(4)\ (5x^2+3xy)\div\left(-\dfrac{x}{4}\right)=(5x^2+3xy)\times\left(-\dfrac{4}{x}\right)$

$\qquad\qquad\qquad\qquad\quad =5x^2\times\left(-\dfrac{4}{x}\right)+3xy\times\left(-\dfrac{4}{x}\right)$

$\qquad\qquad\qquad\qquad\quad =-20x-12y$

$(5)\ (16a^2b+8ab^2)\div\left(-\dfrac{4}{5}ab\right)$

$\qquad =(16a^2b+8ab^2)\times\left(-\dfrac{5}{4ab}\right)$

$\qquad =16a^2b\times\left(-\dfrac{5}{4ab}\right)+8ab^2\times\left(-\dfrac{5}{4ab}\right)$

$\qquad =-20a-10b$

$(6)\ (3x^2y-9xy^2)\div\left(-\dfrac{3}{4}xy\right)$

$\qquad =(3x^2y-9xy^2)\times\left(-\dfrac{4}{3xy}\right)$

$\qquad =3x^2y\times\left(-\dfrac{4}{3xy}\right)-9xy^2\times\left(-\dfrac{4}{3xy}\right)$

$\qquad =-4x+12y$

$(5)\ (9a^2b^2-27a^3b^2)\div(-3ab)^2+a(2a-3b)$

$\qquad =(9a^2b^2-27a^3b^2)\div 9a^2b^2+2a^2-3ab$

$\qquad =\dfrac{9a^2b^2}{9a^2b^2}-\dfrac{27a^3b^2}{9a^2b^2}+2a^2-3ab$

$\qquad =1-3a+2a^2-3ab$

$\qquad =2a^2-3ab-3a+1$

$(6)\ (12x^2-32x^2y)\div(2x)^2-(25y^2-10xy)\div(-5y)$

$\qquad =(12x^2-32x^2y)\div 4x^2-(25y^2-10xy)\div(-5y)$

$\qquad =\dfrac{12x^2}{4x^2}-\dfrac{32x^2y}{4x^2}-\left(\dfrac{25y^2}{-5y}-\dfrac{10xy}{-5y}\right)$

$\qquad =3-8y-(-5y+2x)$

$\qquad =3-8y+5y-2x$

$\qquad =-2x-3y+3$

---

18 덧셈, 뺄셈, 곱셈, 나눗셈이 혼합된 식의 계산
28쪽

1　(1) $6a,\ \dfrac{3}{2b},\ \dfrac{3}{2b},\ 6a,\ 12b,\ -2a^2+3a+12b$

　　(2) $-5a,\ -5a,\ 6a^2,\ -a,\ 6a^2,\ -6a^2+8a-2$

　　(3) $4x^2y^2,\ 4x^2y^2,\ 4x^2y^2,\ 6x,\ y,\ 6x,\ 2x^2-3x-y$

2　(1) $4a^2-5ab$　(2) $2x^2-x-6$　(3) $3x^2+x$

　　(4) $6a^2+6ab+6a$　(5) $2a^2-3ab-3a+1$

　　(6) $-2x-3y+3$

2　$(1)\ 3a^2+(a^3-5a^2b)\div a=3a^2+\dfrac{a^3}{a}-\dfrac{5a^2b}{a}$

$\qquad\qquad\qquad\qquad\qquad\quad =3a^2+a^2-5ab$

$\qquad\qquad\qquad\qquad\qquad\quad =4a^2-5ab$

$(2)\ x(2x-3)+(6x^2-18x)\div 3x=2x^2-3x+\dfrac{6x^2}{3x}-\dfrac{18x}{3x}$

$\qquad\qquad\qquad\qquad\qquad\qquad\quad =2x^2-3x+2x-6$

$\qquad\qquad\qquad\qquad\qquad\qquad\quad =2x^2-x-6$

$(3)\ 2x(3x+1)-(3x^3y+x^2y)\div xy$

$\qquad =6x^2+2x-\left(\dfrac{3x^3y}{xy}+\dfrac{x^2y}{xy}\right)$

$\qquad =6x^2+2x-(3x^2+x)$

$\qquad =6x^2+2x-3x^2-x$

$\qquad =3x^2+x$

$(4)\ 2a(3a-2b+4)-(a^2-5a^2b)\div\dfrac{a}{2}$

$\qquad =6a^2-4ab+8a-(a^2-5a^2b)\times\dfrac{2}{a}$

$\qquad =6a^2-4ab+8a-\left(a^2\times\dfrac{2}{a}-5a^2b\times\dfrac{2}{a}\right)$

$\qquad =6a^2-4ab+8a-(2a-10ab)$

$\qquad =6a^2-4ab+8a-2a+10ab$

$\qquad =6a^2+6ab+6a$

29쪽~31쪽

대단원 개념 마무리

1　ㄱ, ㄷ, ㅁ, ㅂ

2　(1) $64,\ 0.\dot{6}\dot{4}$　(2) $2,\ 2.\dot{1}\dot{2}$　(3) $201,\ -1.\dot{2}0\dot{1}$　(4) $4,\ 0.05\dot{4}$

3　ㄱ, ㄴ, ㅁ, ㅂ

4　(1) 7　(2) 3　(3) 3　(4) 21

5　(교차 연결선)

6　(1) $\dfrac{103}{999}$　(2) $\dfrac{23}{9}$　(3) $\dfrac{463}{90}$　(4) $\dfrac{469}{330}$

7　ㄱ, ㄷ

8　(1) 7^7　(2) a^6b^2　(3) $x^{10}y^5$　(4) x^9

　　(5) 5^{16}　(6) $a^{10}b^{23}$

9　(1) 1　(2) y^2　(3) $\dfrac{1}{x^4}$　(4) $8a^6b^3$

　　(5) $16x^6y^8$　(6) $-\dfrac{27y^{18}}{x^9}$

10　(1) $12x^6$　(2) $-10x^4y^3$　(3) $32a^4b^8$　(4) $2x$

　　(5) $\dfrac{10b^2}{a}$　(6) $-\dfrac{15y^3}{x^2}$

11　(1) $3a^5$　(2) $-2xy^7$　(3) $\dfrac{5b^{11}}{a^7}$

12　(1) $2x+6y$　(2) $2a-12b$　(3) $16x+9y$　(4) $\dfrac{2}{3}a+\dfrac{1}{2}b$

　　(5) $-\dfrac{1}{6}x+\dfrac{1}{12}y$　(6) $6a-2b$　(7) $-x-2y$

13　(1) $3x^2-x+2$　(2) $4x^2-6x+13$

　　(3) $3x^2+5x+14$

14　(1) $15x^2+10xy$　(2) $-6ab+10b^2$

　　(3) $-12xy+3y^2+8y$　(4) $-5-3y$

　　(5) $\dfrac{x}{2}-3y^2$　(6) $-8ab+6b^2$

15　(1) $-3x^2-3$　(2) $-2a^2+5b^2+\dfrac{5}{2}$

---

1 ㄱ. $\frac{4}{9}=0.444\cdots$ ㄴ. $\frac{5}{16}=0.3125$

  ㄷ. $-\frac{1}{6}=-0.1666\cdots$ ㄹ. $-\frac{7}{8}=-0.875$

  ㅁ. $\frac{10}{9}=1.111\cdots$ ㅂ. $\frac{15}{22}=0.68181\cdots$

  따라서 무한소수인 것은 ㄱ, ㄷ, ㅁ, ㅂ이다.

3 ㅁ. $\frac{11}{5^2\times11}=\frac{1}{5^2}$이므로 분모의 소인수가 5뿐이다.

  따라서 $\frac{11}{5^2\times11}$은 유한소수이다.

4 (2) $\frac{6}{2^2\times3^2\times5}=\frac{1}{2\times3\times5}$

  ➡ 분모의 소인수가 2나 5뿐이 되도록 하는 가장 작은 자연수 3을 곱한다.

  (3) $\frac{7}{30}=\frac{7}{2\times3\times5}$

  ➡ 분모의 소인수가 2나 5뿐이 되도록 하는 가장 작은 자연수 3을 곱한다.

  (4) $\frac{30}{252}=\frac{5}{42}=\frac{5}{2\times3\times7}$

  ➡ 분모의 소인수가 2나 5뿐이 되도록 하는 가장 작은 자연수 $3\times7=21$을 곱한다.

6 (2) $2.\dot{5}=\frac{25-2}{9}=\frac{23}{9}$

  (3) $5.1\dot{4}=\frac{514-51}{90}=\frac{463}{90}$

  (4) $1.4\dot{2}\dot{1}=\frac{1421-14}{990}=\frac{1407}{990}=\frac{469}{330}$

7 ㄱ, ㄷ. 무한소수 중에서 순환소수는 분수로 나타낼 수 있으므로 유리수이다.

10 (3) $\frac{a^2}{2}\times(-2ab^3)^2\times(4b)^2=\frac{a^2}{2}\times4a^2b^6\times16b^2$

  $\qquad\qquad=\frac{1}{2}\times4\times16+a^2\times a^2\times b^6\times b^2$

  $\qquad\qquad=32a^4b^8$

  (5) $15a^5b^6\div\frac{3}{2}a^6b^4=15a^5b^6\div\frac{3a^6b^4}{2}$

  $\qquad\qquad=15a^5b^6\times\frac{2}{3a^6b^4}$

  $\qquad\qquad=15\times\frac{2}{3}\times a^5b^6\times\frac{1}{a^6b^4}=\frac{10b^2}{a}$

  (6) $(3xy^4)^2\div\left(-\frac{3}{5}x^3\right)\div xy^5=9x^2y^8\div\left(-\frac{3x^3}{5}\right)\div xy^5$

  $\qquad\qquad=9x^2y^8\times\left(-\frac{5}{3x^3}\right)\times\frac{1}{xy^5}$

  $\qquad\qquad=9\times\left(-\frac{5}{3}\right)\times x^2y^8\times\frac{1}{x^3}\times\frac{1}{xy^5}$

  $\qquad\qquad=-\frac{15y^3}{x^2}$

11 (1) $6a^4\times(-a)^3\div(-2a^2)$

  $\quad=6a^4\times(-a^3)\times\left(-\frac{1}{2a^2}\right)$

  $\quad=6\times(-1)\times\left(-\frac{1}{2}\right)\times a^4\times a^3\times\frac{1}{a^2}=3a^5$

  (2) $3xy^2\div(-6x^2y)\times(2xy^3)^2$

  $\quad=3xy^2\times\left(-\frac{1}{6x^2y}\right)\times4x^2y^6$

  $\quad=3\times\left(-\frac{1}{6}\right)\times4\times xy^2\times\frac{1}{x^2y}\times x^2y^6$

  $\quad=-2xy^7$

  (3) $5ab^3\times(-3a)^2\div\left(\frac{3a^5}{b^4}\right)^2=5ab^3\times9a^2\div\frac{9a^{10}}{b^8}$

  $\qquad\qquad=5ab^3\times9a^2\times\frac{b^8}{9a^{10}}$

  $\qquad\qquad=5\times9\times\frac{1}{9}\times ab^3\times a^2\times\frac{b^8}{a^{10}}$

  $\qquad\qquad=\frac{5b^{11}}{a^7}$

12 (4) $\frac{a+2b}{2}+\frac{a-3b}{6}=\frac{3(a+2b)+a-3b}{6}$

  $\qquad\qquad=\frac{3a+6b+a-3b}{6}$

  $\qquad\qquad=\frac{4a+3b}{6}=\frac{2}{3}a+\frac{1}{2}b$

  (5) $\frac{2x-y}{4}-\frac{2(2x-y)}{6}=\frac{3(2x-y)-4(2x-y)}{12}$

  $\qquad\qquad=\frac{6x-3y-8x+4y}{12}$

  $\qquad\qquad=\frac{-2x+y}{12}=-\frac{1}{6}x+\frac{1}{12}y$

  (6) $5a-6b-\{a-(2a+4b)\}$

  $\quad=5a-6b-(a-2a-4b)$

  $\quad=5a-6b-(-a-4b)$

  $\quad=5a-6b+a+4b=6a-2b$

  (7) $-3x-[5y-\{4x+2y-(2x-y)\}]$

  $\quad=-3x-\{5y-(4x+2y-2x+y)\}$

  $\quad=-3x-\{5y-(2x+3y)\}$

  $\quad=-3x-(5y-2x-3y)$

  $\quad=-3x-(-2x+2y)$

  $\quad=-3x+2x-2y=-x-2y$

13 (2) $2(-x^2+3x-1)+3(2x^2-4x+5)$

  $\quad=-2x^2+6x-2+6x^2-12x+15$

  $\quad=4x^2-6x+13$

  (3) $(7x^2-x+6)-2(2x^2-3x-4)$

  $\quad=7x^2-x+6-4x^2+6x+8$

  $\quad=3x^2+5x+14$

15 (1) $-x(3x+2)+(4x^2-6x)\div2x$

  $\quad=-3x^2-2x+\frac{4x^2}{2x}-\frac{6x}{2x}$

  $\quad=-3x^2-2x+2x-3$

  $\quad=-3x^2-3$

  (2) $(8a^3b^5-20a^3b^3)\div(-2ab)^3-2(a^2-3b^2)$

  $\quad=(8a^3b^5-20a^3b^3)\div(-8a^3b^3)-2a^2+6b^2$

  $\quad=\frac{8a^3b^5}{-8a^3b^3}-\frac{20a^3b^3}{-8a^3b^3}-2a^2+6b^2$

  $\quad=-b^2+\frac{5}{2}-2a^2+6b^2$

  $\quad=-2a^2+5b^2+\frac{5}{2}$

부등식과 연립방정식

II·1 일차부등식

1 부등식과 그 해　34쪽

1　(1) ○　(2) ○　(3) ×　(4) ×
2　(1) >　(2) <　(3) ≤　(4) ≤　(5) >　(6) ≤
3　풀이 참조

3 (1) $3x-1\leq 4$

x	좌변	부등호	우변	참, 거짓
1	$3\times1-1=2$	<	4	참
2	$3\times2-1=5$	>	4	거짓
3	$3\times3-1=8$	>	4	거짓

➡ 주어진 부등식의 해는 1이다.

(2) $-x+3\leq 2$

x	좌변	부등호	우변	참, 거짓
1	$-1+3=2$	=	2	참
2	$-2+3=1$	<	2	참
3	$-3+3=0$	<	2	참

➡ 주어진 부등식의 해는 1, 2, 3이다.

(3) $-4x+1<-3$

x	좌변	부등호	우변	참, 거짓
1	$-4\times1+1=-3$	=	-3	거짓
2	$-4\times2+1=-7$	<	-3	참
3	$-4\times3+1=-11$	<	-3	참

➡ 주어진 부등식의 해는 2, 3이다.

2 부등식의 성질　35쪽

1　(1) >　(2) >　(3) 2, >　(4) −9, <
2　(1) ≤, ≤, ≤　(2) >　(3) >, >, >　(4) ≤
3　(1) <, <, <　(2) <　(3) ≥　(4) <

2 (2)
$$a>b$$
$$\frac{3}{2}a>\frac{3}{2}b \quad \Big\}\times\frac{3}{2}$$
$$\therefore \frac{3}{2}a-2>\frac{3}{2}b-2 \quad \Big\}-2$$

(4)
$$a\geq b$$
$$-\frac{a}{5}\leq-\frac{b}{5} \quad \Big\}\div(-5)$$
$$\therefore 7-\frac{a}{5}\leq 7-\frac{b}{5} \quad \Big\}+7$$

3 (2)
$$9+2a<9+2b \quad \Big\}-9$$
$$2a<2b \quad \Big\}\div 2$$
$$\therefore a<b$$

(3)
$$-4a+6\leq-4b+6 \quad \Big\}-6$$
$$-4a\leq-4b \quad \Big\}\div(-4)$$
$$\therefore a\geq b$$

(4)
$$-\frac{2}{3}a+1>-\frac{2}{3}b+1 \quad \Big\}-1$$
$$-\frac{2}{3}a>-\frac{2}{3}b \quad \Big\}\times\left(-\frac{3}{2}\right)$$
$$\therefore a<b$$

3 부등식의 해와 수직선　36쪽

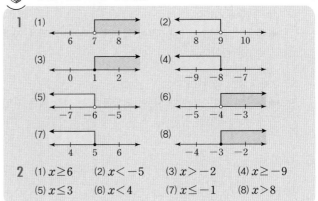

2　(1) $x\geq 6$　(2) $x<-5$　(3) $x>-2$　(4) $x\geq-9$
　(5) $x\leq 3$　(6) $x<4$　(7) $x\leq-1$　(8) $x>8$

4 일차부등식 풀기　37쪽

1　(1) $x-5$, ○　(2) x, ○　(3) 3, ×　(4) $-3x+1$, ○
2　(1) 3, 1,　(2) $x\leq-2$,
　(3) $x<-3$,　(4) $x\geq-2$,
3　(1) $3x$, 2, 12, -2　(2) $x\geq-1$　(3) $x<-3$
　(4) $x\leq 2$　(5) $x\geq 5$

2 (2)
$$3x+1\leq-5$$
$$3x\leq-5-1 \quad \text{1을 우변으로 이항하기}$$
$$3x\leq-6 \quad \text{양변을 정리하기}$$
$$\therefore x\leq-2 \quad \Big\}\div 3$$

(3)
$$-4x+2>14$$
$$-4x>14-2 \quad \text{2를 우변으로 이항하기}$$
$$-4x>12 \quad \text{양변을 정리하기}$$
$$\therefore x<-3 \quad \Big\}\div(-4)$$
　　↳양변을 같은 음수로 나누면
　　부등호의 방향이 바뀐다.

(4)
$$-5x-1\leq 9$$
$$-5x\leq 9+1 \quad \text{−1을 우변으로 이항하기}$$
$$-5x\leq 10 \quad \text{양변을 정리하기}$$
$$\therefore x\geq-2 \quad \Big\}\div(-5)$$

3 (2)
$$5-x\geq2-4x$$
$$-x+4x\geq2-5 \quad \rgroup -4x\text{를 좌변으로, }5\text{를 우변으로 이항하기}$$
$$3x\geq-3 \quad \rgroup \text{양변을 정리하기}$$
$$\therefore x\geq-1 \quad \rgroup \div3$$

(3)
$$-8-2x>2x+4$$
$$-2x-2x>4+8 \quad \rgroup 2x\text{를 좌변으로, }-8\text{을 우변으로 이항하기}$$
$$-4x>12 \quad \rgroup \text{양변을 정리하기}$$
$$\therefore x<-3 \quad \rgroup \div(-4)$$

(4)
$$2x-1\leq9-3x$$
$$2x+3x\leq9+1 \quad \rgroup -3x\text{를 좌변으로, }-1\text{을 우변으로 이항하기}$$
$$5x\leq10 \quad \rgroup \text{양변을 정리하기}$$
$$\therefore x\leq2 \quad \rgroup \div5$$

(5)
$$6x-9\geq3x+6$$
$$6x-3x\geq6+9 \quad \rgroup 3x\text{를 좌변으로, }-9\text{를 우변으로 이항하기}$$
$$3x\geq15 \quad \rgroup \text{양변을 정리하기}$$
$$\therefore x\geq5 \quad \rgroup \div3$$

5 여러 가지 일차부등식 풀기

1 (1) $6, -6, 1, \dfrac{1}{2}$ (2) $x\leq1$ (3) $x\leq-\dfrac{5}{3}$
  (4) $x\leq3$ (5) $x>-1$

2 (1) $10x, 10x, -9, -5$ (2) $x\geq-\dfrac{1}{2}$ (3) $x>4$
  (4) $x\leq6$ (5) $x<\dfrac{5}{3}$

3 (1) $6, 8x, 6, 6$ (2) $x\leq-12$ (3) $x<-7$
  (4) $x<5$ (5) $x\leq-1$

4 (1) $a, \dfrac{5+a}{3}, \dfrac{5+a}{3}, 12, 7$ (2) 3 (3) 11 (4) -2

1 (2)
$$4(x-3)+8\leq1-x$$
$$4x-4\leq1-x \quad \rgroup \text{괄호를 풀어 정리하기}$$
$$5x\leq5 \quad \rgroup \text{이항하여 정리하기}$$
$$\therefore x\leq1 \quad \rgroup \div5$$

(3)
$$1-(4+8x)\geq-2(x-1)+5$$
$$-3-8x\geq-2x+7 \quad \rgroup \text{괄호를 풀어 정리하기}$$
$$-6x\geq10 \quad \rgroup \text{이항하여 정리하기}$$
$$\therefore x\leq-\dfrac{5}{3} \quad \rgroup \div(-6)$$

(4)
$$2(x-3)\leq x-3(x-2)$$
$$2x-6\leq-2x+6 \quad \rgroup \text{괄호를 풀어 정리하기}$$
$$4x\leq12 \quad \rgroup \text{이항하여 정리하기}$$
$$\therefore x\leq3 \quad \rgroup \div4$$

(5)
$$4-2(x+2)<3x+5$$
$$-2x<3x+5 \quad \rgroup \text{괄호를 풀어 정리하기}$$
$$-5x<5 \quad \rgroup \text{이항하여 정리하기}$$
$$\therefore x>-1 \quad \rgroup \div(-5)$$

2 (2)
$$1.1x-0.7\geq0.5x-1$$
$$11x-7\geq5x-10 \quad \rgroup \text{양변에 }10\text{ 곱하기}$$
$$6x\geq-3 \quad \rgroup \text{이항하여 정리하기}$$
$$\therefore x\geq-\dfrac{1}{2} \quad \rgroup \div6$$

(3)
$$0.4x+1.5<0.9x-0.5$$
$$4x+15<9x-5 \quad \rgroup \text{양변에 }10\text{ 곱하기}$$
$$-5x<-20 \quad \rgroup \text{이항하여 정리하기}$$
$$\therefore x>4 \quad \rgroup \div(-5)$$

(4)
$$1.2x-2\leq0.8x+0.4$$
$$12x-20\leq8x+4 \quad \rgroup \text{양변에 }10\text{ 곱하기}$$
$$4x\leq24 \quad \rgroup \text{이항하여 정리하기}$$
$$\therefore x\leq6 \quad \rgroup \div4$$

(5)
$$0.05x+0.1>0.2x-0.15$$
$$5x+10>20x-15 \quad \rgroup \text{양변에 }100\text{ 곱하기}$$
$$-15x>-25 \quad \rgroup \text{이항하여 정리하기}$$
$$\therefore x<\dfrac{5}{3} \quad \rgroup \div(-15)$$

3 (2)
$$\dfrac{x}{2}-1\geq\dfrac{3}{4}x+2$$
$$2x-4\geq3x+8 \quad \rgroup \begin{array}{l}\text{양변에 분모 }2, 4\text{의}\\\text{최소공배수 }4\text{ 곱하기}\end{array}$$
$$-x\geq12 \quad \rgroup \text{이항하여 정리하기}$$
$$\therefore x\leq-12 \quad \rgroup \div(-1)$$

(3)
$$\dfrac{x}{2}+3<\dfrac{x}{6}+\dfrac{2}{3}$$
$$3x+18<x+4 \quad \rgroup \begin{array}{l}\text{양변에 분모 }2, 6, 3\text{의}\\\text{최소공배수 }6\text{ 곱하기}\end{array}$$
$$2x<-14 \quad \rgroup \text{이항하여 정리하기}$$
$$\therefore x<-7 \quad \rgroup \div2$$

(4)
$$\dfrac{x}{5}-1>\dfrac{x-5}{3}$$
$$3x-15>5(x-5) \quad \rgroup \begin{array}{l}\text{양변에 분모 }5, 3\text{의}\\\text{최소공배수 }15\text{ 곱하기}\end{array}$$
$$3x-15>5x-25 \quad \rgroup \text{괄호 풀기}$$
$$-2x>-10 \quad \rgroup \text{이항하여 정리하기}$$
$$\therefore x<5 \quad \rgroup \div(-2)$$

(5)
$$\dfrac{x+3}{2}\leq\dfrac{x+6}{5}$$
$$5(x+3)\leq2(x+6) \quad \rgroup \begin{array}{l}\text{양변에 분모 }2, 5\text{의}\\\text{최소공배수 }10\text{ 곱하기}\end{array}$$
$$5x+15\leq2x+12 \quad \rgroup \text{괄호 풀기}$$
$$3x\leq-3 \quad \rgroup \text{이항하여 정리하기}$$
$$\therefore x\leq-1 \quad \rgroup \div3$$

4 (2) $2x-1>-a$에서 $2x>-a+1$
$$\therefore x>\dfrac{-a+1}{2}$$
이때 부등식의 해가 $x>-1$이므로
$$\dfrac{-a+1}{2}=-1, \ -a+1=-2$$
$$-a=-3 \quad \therefore a=3$$

II. 부등식과 연립방정식 **11**

(3) $6x+3\geq2x+a$에서 $4x\geq a-3$

$$\therefore x\geq\frac{a-3}{4}$$

이때 부등식의 해가 $x\geq2$이므로

$$\frac{a-3}{4}=2,\ a-3=8$$

$$\therefore a=11$$

(4) $-3(x+4)\geq4x-a$에서 $-3x-12\geq4x-a$

$$-7x\geq-a+12 \qquad \therefore x\leq\frac{a-12}{7}$$

이때 부등식의 해가 $x\leq-2$이므로

$$\frac{a-12}{7}=-2,\ a-12=-14$$

$$\therefore a=-2$$

6 일차부등식의 활용 (1)   40쪽~41쪽

1 (1) $2x-6$ (2) $2x-6\leq40$ (3) $x\leq23$ (4) 23
2 7
3 (1) $10-x,\ 500(10-x)$
　　(2) $1000x+500(10-x)\leq7000$
　　(3) $x\leq4$　　　　(4) 4자루
4 5장
5 (1) $\frac{1}{2}\times(5+x)\times8$ (2) $\frac{1}{2}\times(5+x)\times8\leq56$
　　(3) $x\leq9$　　　(4) 9 cm
6 23 cm
7 (1) $550x,\ 1440$ (2) $700x>550x+1440$
　　(3) $x>\dfrac{48}{5}$　　(4) 10송이
8 6권

1 (2) (크지 않다.)＝(작거나 같다.)＝(이하이다.)
　　➡ $2x-6\leq40$
　　(3) $2x-6\leq40$에서 $2x\leq46$　　$\therefore x\leq23$

2 어떤 자연수를 x라고 하면 $4x+2>5x-6$
　　$-x>-8$　　$\therefore x<8$
　　따라서 가장 큰 자연수는 7이다.
　　[확인] $4x+2$에서 $4\times7+2=30$ ➡ $4x+2>5x-6$
　　　　　$5x-6$에서 $5\times7-6=29$

3 (1)

	펜	연필
개수	x	$10-x$
총가격(원)	$1000x$	$500(10-x)$

　　(3) $1000x+500(10-x)\leq7000$에서
　　　　$1000x+5000-500x\leq7000$
　　　　$500x\leq2000$　　$\therefore x\leq4$
　　(4) x는 자연수이므로 부등식의 해는 1, 2, 3, 4이다.
　　　　따라서 펜은 최대 4자루까지 살 수 있다.
　　[확인] 펜을 4자루 사면 $1000\times4+500\times6=7000$(원)
　　　　　펜을 5자루 사면 $1000\times5+500\times5=7500$(원)

4 엽서를 x장 산다고 하면

	엽서	우표
개수	x	$16-x$
총가격(원)	$900x$	$300(16-x)$

(엽서의 총가격)＋(우표의 총가격)<8000(원)
이어야 하므로 부등식을 세우면
$900x+300(16-x)<8000$
$900x+4800-300x<8000$
$600x<3200$　　$\therefore x<\dfrac{16}{3}$
x는 자연수이므로 부등식의 해는 1, 2, 3, 4, 5이다.
따라서 엽서는 최대 5장까지 살 수 있다.
[확인] 엽서를 5장 사면 $900\times5+300\times11=7800$(원)
　　　엽서를 6장 사면 $900\times6+300\times10=8400$(원)

5 (1) 사다리꼴의 넓이는

$$\frac{1}{2}\times\{(\text{윗변의 길이})+(\text{아랫변의 길이})\}\times\text{높이}$$

이므로 아랫변의 길이를 x cm라고 하면 사다리꼴의 넓이는

$$\frac{1}{2}\times(5+x)\times8$$

(2) 사다리꼴의 넓이가 56 cm^2 이하이므로

$$\frac{1}{2}\times(5+x)\times8\leq56$$

(3) $\dfrac{1}{2}\times(5+x)\times8\leq56$에서 $4(5+x)\leq56$
　　$20+4x\leq56,\ 4x\leq36$　　$\therefore x\leq9$
(4) $x\leq9$이므로 아랫변의 길이는 9 cm 이하이어야 한다.
[확인] 사다리꼴의 아랫변의 길이가 9 cm이면 넓이는

$$\frac{1}{2}\times(5+9)\times8=56(\text{cm}^2)$$

6 직사각형의 세로의 길이를 x cm라고 하면 가로의 길이는
$(x+4)$ cm이므로
$2\{(x+4)+x\}\geq100,\ 2x+4\geq50$
$2x\geq46$　　$\therefore x\geq23$
따라서 직사각형의 둘레의 길이가 100 cm 이상이 되게 그리려면 세로의 길이는 23 cm 이상이어야 한다.
[확인] 직사각형의 세로의 길이가 23 cm이면 둘레의 길이는
　　　$2\{(23+4)+23\}=2\times50=100(\text{cm})$

7 (1)

	집 앞 꽃집	꽃 도매 시장
장미 x송이의 가격(원)	$700x$	$550x$
왕복 교통비(원)	0	1440

(3) $700x>550x+1440$에서
　　$150x>1440$　　$\therefore x>\dfrac{48}{5}$
(4) x는 자연수이므로 부등식의 해는 10, 11, 12, …이다.
　　따라서 장미를 10송이 이상 살 경우에 꽃 도매 시장에서
　　사는 것이 유리하다.
[확인] 9송이 살 때 [집 앞 꽃집: $700\times9=6300$(원)
　　　　　　　　　　꽃 도매 시장: $550\times9+1440=6390$(원)
　　　　10송이 살 때 [집 앞 꽃집: $700\times10=7000$(원)
　　　　　　　　　　　꽃 도매 시장: $550\times10+1440=6940$(원)

8 공책을 x권 산다고 하면

	집 앞 문구점	할인점
공책 x권의 가격(원)	$1000x$	$700x$
왕복 교통비(원)	0	1500

(집 앞 문구점에서 사는 비용)>(할인점에서 사는 비용)
이어야 하므로 부등식을 세우면

$1000x>700x+1500$

$300x>1500$ ∴ $x>5$

x는 자연수이므로 부등식의 해는 6, 7, 8, …이다.
따라서 공책을 6권 이상 살 경우에 할인점에서 사는 것이 유리하다.

[확인] 5권 살 때 [집 앞 문구점: $1000×5=5000$(원)
할인점: $700×5+1500=5000$(원)

6권 살 때 [집 앞 문구점: $1000×6=6000$(원)
할인점: $700×6+1500=5700$(원)

일차부등식의 활용 (2)
42쪽

1 (1) x km, $\frac{x}{4}$시간 (2) $\frac{7}{2}$, $\frac{x}{3}+\frac{x}{4}\le\frac{7}{2}$
(3) $x\le 6$ (4) 6 km

2 (1) $\frac{x}{4}$시간, $\frac{1}{2}$시간, $\frac{x}{4}$시간 (2) 2, $\frac{x}{4}+\frac{1}{2}+\frac{x}{4}\le 2$
(3) $x\le 3$ (4) 3 km

1 (1)

	올라갈 때	내려올 때
거리	x km	x km
속력	시속 3 km	시속 4 km
시간	$\frac{x}{3}$시간	$\frac{x}{4}$시간

(3) $\frac{x}{3}+\frac{x}{4}\le\frac{7}{2}$의 양변에 12를 곱하면

$4x+3x\le 42$, $7x\le 42$ ∴ $x\le 6$

(4) $x\le 6$이므로 최대 6 km까지 올라갔다가 내려올 수 있다.

[확인] (올라갈 때 걸린 시간)+(내려올 때 걸린 시간)

$=\frac{6}{3}+\frac{6}{4}=\frac{7}{2}$(시간)

2 (1)

	갈 때	물건을 사는 데 걸린 시간	올 때
거리	x km		x km
속력	시속 4 km		시속 4 km
시간	$\frac{x}{4}$시간	$\frac{30}{60}=\frac{1}{2}$(시간)	$\frac{x}{4}$시간

(3) $\frac{x}{4}+\frac{1}{2}+\frac{x}{4}\le 2$의 양변에 4를 곱하면

$x+2+x\le 8$, $2x\le 6$ ∴ $x\le 3$

(4) $x\le 3$이므로 최대 3 km 떨어진 상점까지 다녀올 수 있다.

[확인] $\binom{\text{갈 때}}{\text{걸린 시간}}+\binom{\text{물건을 사는 데}}{\text{걸린 시간}}+\binom{\text{올 때}}{\text{걸린 시간}}$

$=\frac{3}{4}+\frac{1}{2}+\frac{3}{4}=2$(시간)

미지수가 2개인 일차방정식
43쪽

1 (1) × (2) × (3) ○ (4) × (5) ○
(6) $5x-y-6$, ○ (7) y, ×

2 (1) $3x+4y=34$ (2) $4x+5y=91$
(3) $800x+1200y=5600$ (4) $\frac{9}{2}x=y$
(5) $\frac{x}{4}+\frac{y}{6}=5$

2 (1) x의 3배와 y의 4배의 합은 34이다.
　↘ $3x$　↘ $4y$
➡ $3x+4y=34$

(2) 영준이가 수학 시험에서 4점짜리 문제 x개와 5점짜리 문제 y개를 맞혀서 91점을 받았다. ↘ $4x$ ↘ $5y$
➡ $4x+5y=91$

(3) 1개에 800원짜리 초콜릿 x개와 1개에 1200원짜리 빵 y개를 구입한 금액은 5600원이다. ↘ $800x$ ↘ $1200y$
➡ $800x+1200y=5600$

(4) 밑변의 길이가 x cm이고 높이가 9 cm인 삼각형의 넓이는 y cm²이다.
➡ $\frac{1}{2}×x×9=y$ ➡ $\frac{9}{2}x=y$

미지수가 2개인 일차방정식의 해
44쪽

1 (1) ○, 4, 3, 24, 해이다
(2) × (3) × (4) ○ (5) ×

2 풀이 참조

1 (2) $2x-5y=4$에 $x=4$, $y=3$을 대입하면
$2×4-5×3\ne 4$
따라서 $(4, 3)$은 $2x-5y=4$의 해가 아니다.

(3) $x=3y-8$에 $x=4$, $y=3$을 대입하면
$4\ne 3×3-8$
따라서 $(4, 3)$은 $x=3y-8$의 해가 아니다.

(4) $y=-2x+11$에 $x=4$, $y=3$을 대입하면
$3=-2×4+11$
따라서 $(4, 3)$은 $y=-2x+11$의 해이다.

(5) $6x-7y-1=0$에 $x=4$, $y=3$을 대입하면
$6×4-7×3-1\ne 0$
따라서 $(4, 3)$은 $6x-7y-1=0$의 해가 아니다.

2 (1)

x	1	2	3	…
y	4	1	-2	…

➡ 해: $(1, 4)$, $(2, 1)$

(2)

x	1	2	3	4	5	…
y	7	5	3	1	-1	…

➡ 해: $(1, 7)$, $(2, 5)$, $(3, 3)$, $(4, 1)$

(3)

x	1	2	3	4	$\cdots$
y	7	4	1	-2	$\cdots$

➡ 해: $(1, 7)$, $(2, 4)$, $(3, 1)$

(4)

x	1	2	3	4	$\cdots$
y	6	4	2	0	$\cdots$

➡ 해: $(1, 6)$, $(2, 4)$, $(3, 2)$

🔟 미지수가 2개인 연립일차방정식 45쪽

1 풀이 참조

2 (1) 1, 2, 1, 2, ○   (2) ×   (3) ○

3 (1) $a=-2$, $b=3$ (2) $a=2$, $b=2$ (3) $a=-2$, $b=-3$

1 ➡

x	2	3	4	5	6	$\cdots$
y	2	4	6	8	10	$\cdots$

➡

x	1	3	5	7	9	$\cdots$
y	3	4	5	6	7	$\cdots$

➡ 연립방정식의 해: $(3, 4)$

2 (2) $\begin{cases} x+2y=5 \\ 2x-y=4 \end{cases}$ $\xrightarrow[\text{대입}]{x=1,\ y=2}$ $\begin{cases} 1+2\times 2=5 \\ 2\times 1-2\neq 4 \end{cases}$

(3) $\begin{cases} 4x-y=2 \\ -x+y=1 \end{cases}$ $\xrightarrow[\text{대입}]{x=1,\ y=2}$ $\begin{cases} 4\times 1-2 \ominus 2 \\ -1+2 \ominus 1 \end{cases}$

3 (1) $\begin{cases} x+ay=-7 \\ bx+y=14 \end{cases}$ $\xrightarrow[\text{대입}]{x=3,\ y=5}$ $\begin{cases} 3+5a=-7 \\ 3b+5=14 \end{cases}$

➡ $5a=-10$ ∴ $a=-2$
  $3b=9$ ∴ $b=3$

(2) $\begin{cases} ax+y=11 \\ -2x+by=4 \end{cases}$ $\xrightarrow[\text{대입}]{x=3,\ y=5}$ $\begin{cases} 3a+5=11 \\ -6+5b=4 \end{cases}$

➡ $3a=6$ ∴ $a=2$
  $5b=10$ ∴ $b=2$

(3) $\begin{cases} ax+3y=9 \\ x-by=18 \end{cases}$ $\xrightarrow[\text{대입}]{x=3,\ y=5}$ $\begin{cases} 3a+15=9 \\ 3-5b=18 \end{cases}$

➡ $3a=-6$ ∴ $a=-2$
  $-5b=15$ ∴ $b=-3$

1️⃣1️⃣ 대입법을 이용하여 연립방정식 풀기 46쪽

1 (1) $2x$, 2, 3, 3, 6   (2) $x=-1$, $y=2$ (3) $x=2$, $y=1$
  (4) $x=4$, $y=-2$ (5) $2y+5$, $2y+5$, 7, -2, -2, 1
  (6) $x=-3$, $y=2$ (7) $x=1$, $y=-1$ (8) $x=3$, $y=-1$

1 (2) $\begin{cases} 5x-2y=-9 & \cdots \text{㉠} \\ y=-x+1 & \cdots \text{㉡} \end{cases}$

㉡을 ㉠에 대입하면 $5x-2(-x+1)=-9$
$5x+2x-2=-9$, $7x=-7$ ∴ $x=-1$
$x=-1$을 ㉡에 대입하면 $y=1+1=2$

(3) $\begin{cases} 3x+2y=8 & \cdots \text{㉠} \\ x=-3y+5 & \cdots \text{㉡} \end{cases}$

㉡을 ㉠에 대입하면 $3(-3y+5)+2y=8$
$-9y+15+2y=8$, $-7y=-7$ ∴ $y=1$
$y=1$를 ㉡에 대입하면 $x=-3+5=2$

(4) $\begin{cases} 2x=-3y+2 & \cdots \text{㉠} \\ 2x-y=10 & \cdots \text{㉡} \end{cases}$

㉠을 ㉡에 대입하면 $(-3y+2)-y=10$
$-4y=8$ ∴ $y=-2$
$y=-2$를 ㉠에 대입하면 $2x=6+2$
$2x=8$ ∴ $x=4$

(6) $\begin{cases} 2x-y=-8 & \cdots \text{㉠} \\ 3x+2y=-5 & \cdots \text{㉡} \end{cases}$

㉠에서 y를 x에 대한 식으로 나타내면
$y=2x+8$ $\cdots \text{㉢}$
㉢을 ㉡에 대입하면 $3x+2(2x+8)=-5$
$3x+4x+16=-5$, $7x=-21$ ∴ $x=-3$
$x=-3$을 ㉢에 대입하면 $y=-6+8=2$

(7) $\begin{cases} x-3y=4 & \cdots \text{㉠} \\ 2x-y=3 & \cdots \text{㉡} \end{cases}$

㉠에서 x를 y에 대한 식으로 나타내면
$x=3y+4$ $\cdots \text{㉢}$
㉢을 ㉡에 대입하면 $2(3y+4)-y=3$
$6y+8-y=3$, $5y=-5$ ∴ $y=-1$
$y=-1$을 ㉢에 대입하면 $x=-3+4=1$

(8) $\begin{cases} 3x+2y-7=0 & \cdots \text{㉠} \\ x-3y=6 & \cdots \text{㉡} \end{cases}$

㉡에서 x를 y에 대한 식으로 나타내면
$x=3y+6$ $\cdots \text{㉢}$
㉢을 ㉠에 대입하면 $3(3y+6)+2y-7=0$
$9y+18+2y-7=0$, $11y+11=0$
$11y=-11$ ∴ $y=-1$
$y=-1$을 ㉢에 대입하면 $x=-3+6=3$

1️⃣2️⃣ 가감법을 이용하여 연립방정식 풀기 47쪽

1 (1) $+$, 7, 2, 2, 4, 4   (2) $x=10$, $y=4$ (3) $x=3$, $y=3$
  (4) $x=2$, $y=9$
  (5) -40, 27, -35, -70, 2, 2, 18, -4
  (6) $x=3$, $y=4$ (7) $x=2$, $y=3$ (8) $x=5$, $y=-5$

1 (2)
$$\begin{cases} x+y=14 & \cdots \text{㉠} \\ x-y=6 & \cdots \text{㉡} \end{cases}$$
x를 없애기 위하여 ㉠−㉡을 하면

$$\begin{array}{r} x+y=14 \\ -)\ \underline{x-y=6} \\ 2y=8 \end{array} \quad \therefore\ y=4$$

$y=4$를 ㉠에 대입하면
$x+4=14 \quad \therefore\ x=10$

(3)
$$\begin{cases} x-2y=-3 & \cdots \text{㉠} \\ -x+4y=9 & \cdots \text{㉡} \end{cases}$$
x를 없애기 위하여 ㉠+㉡을 하면

$$\begin{array}{r} x-2y=-3 \\ +)\ \underline{-x+4y=9} \\ 2y=6 \end{array} \quad \therefore\ y=3$$

$y=3$을 ㉠에 대입하면
$x-6=-3 \quad \therefore\ x=3$

(4)
$$\begin{cases} 4x-y=-1 & \cdots \text{㉠} \\ 3x+y=15 & \cdots \text{㉡} \end{cases}$$
y를 없애기 위하여 ㉠+㉡을 하면

$$\begin{array}{r} 4x-y=-1 \\ +)\ \underline{3x+y=15} \\ 7x=14 \end{array} \quad \therefore\ x=2$$

$x=2$를 ㉠에 대입하면
$8-y=-1 \quad \therefore\ y=9$

(6)
$$\begin{cases} x+y=7 & \cdots \text{㉠} \\ 3x-2y=1 & \cdots \text{㉡} \end{cases}$$
y를 없애기 위하여 ㉠×2+㉡을 하면

$$\begin{array}{r} 2x+2y=14 \\ +)\ \underline{3x-2y=1} \\ 5x=15 \end{array} \quad \therefore\ x=3$$

$x=3$을 ㉠에 대입하면
$3+y=7 \quad \therefore\ y=4$

(7)
$$\begin{cases} 5x-3y=1 & \cdots \text{㉠} \\ 3x+5y=21 & \cdots \text{㉡} \end{cases}$$
y를 없애기 위하여 ㉠×5+㉡×3을 하면

$$\begin{array}{r} 25x-15y=5 \\ +)\ \underline{9x+15y=63} \\ 34x=68 \end{array} \quad \therefore\ x=2$$

$x=2$를 ㉠에 대입하면
$10-3y=1,\ -3y=-9 \quad \therefore\ y=3$

(8)
$$\begin{cases} 5x+6y=-5 & \cdots \text{㉠} \\ 7x+4y=15 & \cdots \text{㉡} \end{cases}$$
y를 없애기 위하여 ㉠×2−㉡×3을 하면

$$\begin{array}{r} 10x+12y=-10 \\ -)\ \underline{21x+12y=45} \\ -11x=-55 \end{array} \quad \therefore\ x=5$$

$x=5$를 ㉠에 대입하면
$25+6y=-5,\ 6y=-30 \quad \therefore\ y=-5$

---

13 여러 가지 연립방정식 풀기

1 (1) $5x-2y$, 9, 1, 1, 4, $\dfrac{1}{2}$

(2) 3, 2 / $x=-2$, $y=4$

(3) $x=5$, $y=-3$

2 (1) 10, 5, -2, -2, 6, 6, 18, 14

(2) 3, 4, 2 / $x=-1$, $y=1$　　(3) $x=2$, $y=2$

(4) $x=10$, $y=13$　　　　　(5) $x=1$, $y=1$

3 (1) 12, 2, 3, 8, 6, 2, 2, 4, $\dfrac{16}{3}$

(2) 2, 8 / $x=4$, $y=2$

(3) $x=10$, $y=12$　(4) $x=6$, $y=-6$　(5) $x=4$, $y=0$

4 (1) 2, 5, 3, -12 / $x=-3$, $y=2$

(2) $x=-1$, $y=3$　(3) $x=3$, $y=2$

---

1 (2) 괄호가 있는 방정식의 괄호를 풀고 동류항끼리 정리하면

$$\begin{cases} 3x-3y+5y=2 \\ x+2y=6 \end{cases} \Rightarrow \begin{cases} 3x+2y=2 & \cdots \text{㉠} \\ x+2y=6 & \cdots \text{㉡} \end{cases}$$

y를 없애기 위하여 ㉠−㉡을 하면

$$\begin{array}{r} 3x+2y=2 \\ -)\ \underline{x+2y=6} \\ 2x=-4 \end{array} \quad \therefore\ x=-2$$

$x=-2$를 ㉡에 대입하면
$-2+2y=6,\ 2y=8 \quad \therefore\ y=4$

(3) 각 방정식의 괄호를 풀고 동류항끼리 정리하면

$$\begin{cases} 5x+5y-2x=0 \\ 2x-2y+3y=7 \end{cases} \Rightarrow \begin{cases} 3x+5y=0 & \cdots \text{㉠} \\ 2x+y=7 & \cdots \text{㉡} \end{cases}$$

y를 없애기 위하여 ㉠−㉡×5를 하면

$$\begin{array}{r} 3x+5y=0 \\ -)\ \underline{10x+5y=35} \\ -7x=-35 \end{array} \quad \therefore\ x=5$$

$x=5$를 ㉡에 대입하면
$10+y=7 \quad \therefore\ y=-3$

2 (2)
$$\begin{cases} 0.3x+0.4y=0.1 \\ 0.2x-0.1y=-0.3 \end{cases} \xrightarrow[\times 10]{\times 10} \begin{cases} 3x+4y=1 & \cdots \text{㉠} \\ 2x-y=-3 & \cdots \text{㉡} \end{cases}$$

y를 없애기 위하여 ㉠+㉡×4를 하면

$$\begin{array}{r} 3x+4y=1 \\ +)\ \underline{8x-4y=-12} \\ 11x=-11 \end{array} \quad \therefore\ x=-1$$

$x=-1$을 ㉡에 대입하면
$-2-y=-3,\ -y=-1 \quad \therefore\ y=1$

(3)
$$\begin{cases} 1.2x+0.7y=3.8 \\ 0.6x-0.2y=0.8 \end{cases} \xrightarrow[\times 10]{\times 10} \begin{cases} 12x+7y=38 & \cdots \text{㉠} \\ 6x-2y=8 & \cdots \text{㉡} \end{cases}$$

x를 없애기 위하여 ㉠−㉡×2를 하면

$$\begin{array}{r} 12x+7y=38 \\ -)\ \underline{12x-4y=16} \\ 11y=22 \end{array} \quad \therefore\ y=2$$

$y=2$를 ㉡에 대입하면
$6x-4=8,\ 6x=12 \quad \therefore\ x=2$

(4) $\begin{cases} -0.05x+0.04y=0.02 \\ 0.04x-0.03y=0.01 \end{cases} \xrightarrow[\times 100]{\times 100} \begin{cases} -5x+4y=2 & \cdots \text{㉠} \\ 4x-3y=1 & \cdots \text{㉡} \end{cases}$

y를 없애기 위하여 ㉠$\times 3$+㉡$\times 4$를 하면

$\begin{array}{r} -15x+12y=6 \\ +)\ \underline{16x-12y=4} \\ x=10 \end{array}$

$x=10$을 ㉠에 대입하면

$-50+4y=2,\ 4y=52$ $\qquad \therefore\ y=13$

(5) $\begin{cases} 0.04x+0.03y=0.07 \\ 0.1x+0.2y=0.3 \end{cases} \xrightarrow[\times 10]{\times 100} \begin{cases} 4x+3y=7 & \cdots \text{㉠} \\ x+2y=3 & \cdots \text{㉡} \end{cases}$

x를 없애기 위하여 ㉠$-$㉡$\times 4$를 하면

$\begin{array}{r} 4x+3y=7 \\ -)\ \underline{4x+8y=12} \\ -5y=-5 \qquad \therefore\ y=1 \end{array}$

$y=1$을 ㉡에 대입하면

$x+2=3$ $\qquad \therefore\ x=1$

3 (2) $\begin{cases} 3x-2y=8 \\ \dfrac{x}{4}+\dfrac{y}{2}=2 \end{cases} \xrightarrow{\times 4} \begin{cases} 3x-2y=8 & \cdots \text{㉠} \\ x+2y=8 & \cdots \text{㉡} \end{cases}$

y를 없애기 위하여 ㉠$+$㉡을 하면

$\begin{array}{r} 3x-2y=8 \\ +)\ \underline{x+2y=8} \\ 4x=16 \qquad \therefore\ x=4 \end{array}$

$x=4$를 ㉡에 대입하면

$4+2y=8,\ 2y=4$ $\qquad \therefore\ y=2$

(3) $\begin{cases} \dfrac{x}{2}-\dfrac{y}{3}=1 \\ \dfrac{x}{5}-\dfrac{y}{4}=-1 \end{cases} \xrightarrow[\times 20]{\times 6} \begin{cases} 3x-2y=6 & \cdots \text{㉠} \\ 4x-5y=-20 & \cdots \text{㉡} \end{cases}$

x를 없애기 위하여 ㉠$\times 4$$-$㉡$\times 3$을 하면

$\begin{array}{r} 12x-8y=24 \\ -)\ \underline{12x-15y=-60} \\ 7y=84 \qquad \therefore\ y=12 \end{array}$

$y=12$를 ㉠에 대입하면

$3x-24=6,\ 3x=30$ $\qquad \therefore\ x=10$

(4) $\begin{cases} \dfrac{3}{2}x+y=3 \\ \dfrac{x}{3}+\dfrac{y}{4}=\dfrac{1}{2} \end{cases} \xrightarrow[\times 12]{\times 2} \begin{cases} 3x+2y=6 & \cdots \text{㉠} \\ 4x+3y=6 & \cdots \text{㉡} \end{cases}$

y를 없애기 위하여 ㉠$\times 3$$-$㉡$\times 2$를 하면

$\begin{array}{r} 9x+6y=18 \\ -)\ \underline{8x+6y=12} \\ x=6 \end{array}$

$x=6$을 ㉠에 대입하면

$18+2y=6,\ 2y=-12$ $\qquad \therefore\ y=-6$

(5) $\begin{cases} -\dfrac{x}{4}+\dfrac{y}{5}=-1 \\ \dfrac{x}{2}+\dfrac{y}{3}=2 \end{cases} \xrightarrow[\times 6]{\times 20} \begin{cases} -5x+4y=-20 & \cdots \text{㉠} \\ 3x+2y=12 & \cdots \text{㉡} \end{cases}$

y를 없애기 위하여 ㉠$-$㉡$\times 2$를 하면

$\begin{array}{r} -5x+4y=-20 \\ -)\ \underline{6x+4y=24} \\ -11x=-44 \qquad \therefore\ x=4 \end{array}$

$x=4$를 ㉡에 대입하면

$12+2y=12,\ 2y=0$ $\qquad \therefore\ y=0$

4 (1) $\begin{cases} 0.2x+0.5y=0.4 \\ \dfrac{x}{3}-\dfrac{y}{2}=-2 \end{cases} \xrightarrow[\times 6]{\times 10} \begin{cases} 2x+5y=4 & \cdots \text{㉠} \\ 2x-3y=-12 & \cdots \text{㉡} \end{cases}$

x를 없애기 위하여 ㉠$-$㉡을 하면

$\begin{array}{r} 2x+5y=4 \\ -)\ \underline{2x-3y=-12} \\ 8y=16 \qquad \therefore\ y=2 \end{array}$

$y=2$를 ㉠에 대입하면

$2x+10=4,\ 2x=-6$ $\qquad \therefore\ x=-3$

(2) $\begin{cases} \dfrac{x}{2}+\dfrac{y}{3}=\dfrac{1}{2} \\ 0.01x-0.03y=-0.1 \end{cases} \xrightarrow[\times 100]{\times 6} \begin{cases} 3x+2y=3 & \cdots \text{㉠} \\ x-3y=-10 & \cdots \text{㉡} \end{cases}$

x를 없애기 위하여 ㉠$-$㉡$\times 3$을 하면

$\begin{array}{r} 3x+2y=3 \\ -)\ \underline{3x-9y=-30} \\ 11y=33 \qquad \therefore\ y=3 \end{array}$

$y=3$을 ㉡에 대입하면 $x-9=-10$ $\qquad \therefore\ x=-1$

(3) $\begin{cases} 0.3x+0.4y=1.7 \\ \dfrac{2}{3}x+\dfrac{1}{2}y=3 \end{cases} \xrightarrow[\times 6]{\times 10} \begin{cases} 3x+4y=17 & \cdots \text{㉠} \\ 4x+3y=18 & \cdots \text{㉡} \end{cases}$

x를 없애기 위하여 ㉠$\times 4$$-$㉡$\times 3$을 하면

$\begin{array}{r} 12x+16y=68 \\ -)\ \underline{12x+9y=54} \\ 7y=14 \qquad \therefore\ y=2 \end{array}$

$y=2$를 ㉠에 대입하면

$3x+8=17,\ 3x=9$ $\qquad \therefore\ x=3$

14 $A=B=C$ 꼴의 방정식 풀기

50쪽

1 (1) $3x+2y,\ x-2y$ / $x=2,\ y=-1$ (2) $x=3,\ y=1$
　(3) $4x-y,\ 3x+y$ / $x=2,\ y=1$ (4) $x=3,\ y=1$

2 (1) $\dfrac{x-y}{2},\ \dfrac{x-3y}{3}$ / $x=\dfrac{3}{2},\ y=-\dfrac{1}{2}$

　(2) $\dfrac{-x+4y}{2},\ \dfrac{2x+y}{5}$ / $x=6,\ y=3$

　(3) $\dfrac{x-y}{3},\ \dfrac{3x-y}{2}$ / $x=-1,\ y=-7$

1 (1) $3x+2y=x-2y=4 \ \Rightarrow\ \begin{cases} 3x+2y=4 & \cdots \text{㉠} \\ x-2y=4 & \cdots \text{㉡} \end{cases}$

y를 없애기 위하여 ㉠$+$㉡을 하면

$\begin{array}{r} 3x+2y=4 \\ +)\ \underline{x-2y=4} \\ 4x=8 \qquad \therefore\ x=2 \end{array}$

$x=2$를 ㉡에 대입하면

$2-2y=4,\ -2y=2$ $\qquad \therefore\ y=-1$

(2) $3x+y=4x-2y=10 \ \Rightarrow\ \begin{cases} 3x+y=10 & \cdots \text{㉠} \\ 4x-2y=10 & \cdots \text{㉡} \end{cases}$

y를 없애기 위하여 ㉠$\times 2$$+$㉡을 하면

$\begin{array}{r} 6x+2y=20 \\ +)\ \underline{4x-2y=10} \\ 10x=30 \qquad \therefore\ x=3 \end{array}$

$x=3$을 ㉠에 대입하면

$9+y=10$ $\qquad \therefore\ y=1$

(3) $4x-y=x+5=3x+y$

⇒ $\begin{cases} 4x-y=x+5 \\ x+5=3x+y \end{cases}$ ⇒ $\begin{cases} 3x-y=5 & \cdots ㉠ \\ -2x-y=-5 & \cdots ㉡ \end{cases}$

y를 없애기 위하여 ㉠-㉡을 하면

$\begin{array}{r} 3x-y=5 \\ -)\ -2x-y=-5 \\ \hline 5x\ \ \ \ =10 \end{array}$ ∴ $x=2$

$x=2$를 ㉠에 대입하면

$6-y=5$ ∴ $y=1$

(4) $x+2y=4x-3y-4=3x+y-5$

⇒ $\begin{cases} x+2y=4x-3y-4 \\ x+2y=3x+y-5 \end{cases}$ ⇒ $\begin{cases} -3x+5y=-4 & \cdots ㉠ \\ -2x+y=-5 & \cdots ㉡ \end{cases}$

y를 없애기 위하여 ㉠-㉡×5를 하면

$\begin{array}{r} -3x+5y=-4 \\ -)\ -10x+5y=-25 \\ \hline 7x\ \ \ \ =21 \end{array}$ ∴ $x=3$

$x=3$을 ㉡에 대입하면

$-6+y=-5$ ∴ $y=1$

2 (1) $\dfrac{x-y}{2}=\dfrac{x-3y}{3}=1$

⇒ $\begin{cases} \dfrac{x-y}{2}=1 & \xrightarrow{\times 2} \\ \dfrac{x-3y}{3}=1 & \xrightarrow{\times 3} \end{cases}$ $\begin{cases} x-y=2 & \cdots ㉠ \\ x-3y=3 & \cdots ㉡ \end{cases}$

x를 없애기 위하여 ㉠-㉡을 하면

$\begin{array}{r} x-\ y=2 \\ -)\ x-3y=3 \\ \hline 2y=-1 \end{array}$ ∴ $y=-\dfrac{1}{2}$

$y=-\dfrac{1}{2}$을 ㉠에 대입하면

$x+\dfrac{1}{2}=2$ ∴ $x=\dfrac{3}{2}$

(2) $\dfrac{-x+4y}{2}=\dfrac{2x+y}{5}=3$

⇒ $\begin{cases} \dfrac{-x+4y}{2}=3 & \xrightarrow{\times 2} \\ \dfrac{2x+y}{5}=3 & \xrightarrow{\times 5} \end{cases}$ $\begin{cases} -x+4y=6 & \cdots ㉠ \\ 2x+y=15 & \cdots ㉡ \end{cases}$

y를 없애기 위하여 ㉠-㉡×4를 하면

$\begin{array}{r} -x+4y=6 \\ -)\ 8x+4y=60 \\ \hline -9x\ \ \ \ =-54 \end{array}$ ∴ $x=6$

$x=6$을 ㉡에 대입하면

$12+y=15$ ∴ $y=3$

(3) $\dfrac{x-y}{3}=\dfrac{3x-y}{2}=2$

⇒ $\begin{cases} \dfrac{x-y}{3}=2 & \xrightarrow{\times 3} \\ \dfrac{3x-y}{2}=2 & \xrightarrow{\times 2} \end{cases}$ $\begin{cases} x-y=6 & \cdots ㉠ \\ 3x-y=4 & \cdots ㉡ \end{cases}$

y를 없애기 위하여 ㉠-㉡을 하면

$\begin{array}{r} x-y=6 \\ -)\ 3x-y=4 \\ \hline -2x\ \ \ =2 \end{array}$ ∴ $x=-1$

$x=-1$을 ㉠에 대입하면

$-1-y=6$ ∴ $y=-7$

15 해가 특수한 연립방정식 풀기 51쪽

1 (1) 해가 무수히 많다., 9, 15, 무수히 많다
(2) 해가 무수히 많다. (3) 해가 무수히 많다.
(4) 해가 무수히 많다. (5) 해가 없다., 4, 16, 없다
(6) 해가 없다. (7) 해가 없다. (8) 해가 없다.

2 (2) $\begin{cases} 3x-12y=18 & \cdots ㉠ \\ x-4y=6 & \cdots ㉡ \end{cases}$

x의 계수가 같아지도록 ㉡×3을 하면

$\begin{cases} 3x-12y=18 & \cdots ㉠ \\ 3x-12y=18 & \cdots ㉢ \end{cases}$

이때 ㉠과 ㉢이 서로 일치하므로 해가 무수히 많다.

(3) $\begin{cases} 3x-2y=5 & \cdots ㉠ \\ 6x-4y=10 & \cdots ㉡ \end{cases}$

x의 계수가 같아지도록 ㉠×2를 하면

$\begin{cases} 6x-4y=10 & \cdots ㉢ \\ 6x-4y=10 & \cdots ㉡ \end{cases}$

이때 ㉡과 ㉢이 서로 일치하므로 해가 무수히 많다.

(4) $\begin{cases} 2x+4y=6 & \cdots ㉠ \\ -3x-6y=-9 & \cdots ㉡ \end{cases}$

x의 계수가 같아지도록 ㉠×3, ㉡×(-2)를 하면

$\begin{cases} 6x+12y=18 & \cdots ㉢ \\ 6x+12y=18 & \cdots ㉣ \end{cases}$

이때 ㉢과 ㉣이 서로 일치하므로 해가 무수히 많다.

(6) $\begin{cases} 15x+3y=5 & \cdots ㉠ \\ 5x+y=1 & \cdots ㉡ \end{cases}$

x의 계수가 같아지도록 ㉡×3을 하면

$\begin{cases} 15x+3y=5 & \cdots ㉠ \\ 15x+3y=3 & \cdots ㉢ \end{cases}$

이때 ㉠과 ㉢에서 x, y의 계수는 각각 같고, 상수항은 다르므로 해가 없다.

(7) $\begin{cases} -4x+3y=8 & \cdots ㉠ \\ -16x+12y=24 & \cdots ㉡ \end{cases}$

x의 계수가 같아지도록 ㉠×4를 하면

$\begin{cases} -16x+12y=32 & \cdots ㉢ \\ -16x+12y=24 & \cdots ㉡ \end{cases}$

이때 ㉡과 ㉢에서 x, y의 계수는 각각 같고, 상수항은 다르므로 해가 없다.

(8) $\begin{cases} -2x-4y=7 & \cdots ㉠ \\ 8x+16y=28 & \cdots ㉡ \end{cases}$

x의 계수가 같아지도록 ㉠×(-4)를 하면

$\begin{cases} 8x+16y=-28 & \cdots ㉢ \\ 8x+16y=28 & \cdots ㉡ \end{cases}$

이때 ㉡과 ㉢에서 x, y의 계수는 각각 같고, 상수항은 다르므로 해가 없다.

16 연립방정식의 활용 (1)

1 (1) $2000x$, $3000y$, 48000

(2) $\begin{cases} x+y=20 \\ 2000x+3000y=48000 \end{cases}$

(3) $x=12$, $y=8$　　(4) 12송이

2 (1) $2x$, $4y$, 94

(2) $\begin{cases} x+y=35 \\ 2x+4y=94 \end{cases}$

(3) $x=23$, $y=12$　　(4) 23마리, 12마리

3 (1) y, x, $10y+x$

(2) $\begin{cases} x+y=9 \\ 10y+x=(10x+y)+9 \end{cases}$

(3) $x=4$, $y=5$　　(4) 45

4 (1) $x+14$, $y+14$

(2) $\begin{cases} x-y=40 \\ x+14=3(y+14) \end{cases}$

(3) $x=46$, $y=6$　　(4) 46세, 6세

---

1 (1)

	튤립	장미	전체
개수	x	y	20
총가격(원)	$2000x$	$3000y$	48000

(3) $\begin{cases} x+y=20 \\ 2000x+3000y=48000 \end{cases} \xrightarrow{\div 1000} \begin{cases} x+y=20 & \cdots \text{㉠} \\ 2x+3y=48 & \cdots \text{㉡} \end{cases}$

x를 없애기 위하여 ㉠×2−㉡을 하면

$$\begin{array}{r} 2x+2y=40 \\ -)\ 2x+3y=48 \\ \hline -y=-8 \quad \therefore\ y=8 \end{array}$$

$y=8$을 ㉠에 대입하면

$x+8=20 \quad \therefore\ x=12$

[확인] 전체 꽃의 수: $12+8=20$(송이)

　　　전체 금액: $2000 \times 12 + 3000 \times 8 = 48000$(원)

2 (1)

	오리	토끼	전체
동물 수	x	y	35
다리 수	$2x$	$4y$	94

(3) $\begin{cases} x+y=35 \\ 2x+4y=94 \end{cases} \xrightarrow{\div 2} \begin{cases} x+y=35 & \cdots \text{㉠} \\ x+2y=47 & \cdots \text{㉡} \end{cases}$

x를 없애기 위하여 ㉠−㉡을 하면

$$\begin{array}{r} x+\ y=35 \\ -)\ x+2y=47 \\ \hline -y=-12 \quad \therefore\ y=12 \end{array}$$

$y=12$를 ㉠에 대입하면

$x+12=35 \quad \therefore\ x=23$

[확인] 동물 수: $23+12=35$(마리)

　　　다리 수: $2 \times 23 + 4 \times 12 = 94$(개)

3 (1)

	십의 자리의 숫자	일의 자리의 숫자	자연수
처음 수	x	y	$10x+y$
바꾼 수	y	x	$10y+x$

(3) $\begin{cases} x+y=9 \\ 10y+x=(10x+y)+9 \end{cases}$ 에서

$\begin{cases} x+y=9 \\ -9x+9y=9 \end{cases} \xrightarrow{\div 9} \begin{cases} x+y=9 & \cdots \text{㉠} \\ -x+y=1 & \cdots \text{㉡} \end{cases}$

---

x를 없애기 위하여 ㉠+㉡을 하면

$$\begin{array}{r} x+y=9 \\ +)\ -x+y=1 \\ \hline 2y=10 \quad \therefore\ y=5 \end{array}$$

$y=5$를 ㉠에 대입하면

$x+5=9 \quad \therefore\ x=4$

[확인] 각 자리의 숫자의 합: $4+5=9$

　　　각 자리의 숫자를 바꾼 수: $54=45+9$

4 (1)

	아버지	아들
현재 나이(세)	x	y
14년 후의 나이(세)	$x+14$	$y+14$

(3) $\begin{cases} x-y=40 \\ x+14=3(y+14) \end{cases} \Rightarrow \begin{cases} x-y=40 & \cdots \text{㉠} \\ x-3y=28 & \cdots \text{㉡} \end{cases}$

x를 없애기 위해 ㉠−㉡을 하면

$$\begin{array}{r} x-\ y=40 \\ -)\ x-3y=28 \\ \hline 2y=12 \quad \therefore\ y=6 \end{array}$$

$y=6$을 ㉠에 대입하면

$x-6=40 \quad \therefore\ x=46$

[확인] 현재 아버지와 아들의 나이의 차: $46-6=40$(세)

　　　14년 후 아버지의 나이: $46+14=60$ ⎤

　　　3×(14년 후 아들의 나이): $3 \times (6+14) = 60$ ⎦ 같다.

---

17 연립방정식의 활용 (2)

1 (1) 풀이 참조

(2) $\dfrac{3}{2}$, $\begin{cases} x+y=48 \\ \dfrac{x}{60}+\dfrac{y}{4}=\dfrac{3}{2} \end{cases}$

(3) $x=45$, $y=3$　　(4) 3 km

2 (1) 풀이 참조

(2) $\begin{cases} y=x+6 \\ \dfrac{x}{3}+\dfrac{y}{6}=3 \end{cases}$

(3) $x=4$, $y=10$　　(4) 10 km

---

1 (1)

	버스를 탈 때	걸어갈 때
거리	x km	y km
속력	시속 60 km	시속 4 km
시간	$\dfrac{x}{60}$ 시간	$\dfrac{y}{4}$ 시간

(3) $\begin{cases} x+y=48 \\ \dfrac{x}{60}+\dfrac{y}{4}=\dfrac{3}{2} \end{cases} \xrightarrow{\times 60} \begin{cases} x+y=48 & \cdots \text{㉠} \\ x+15y=90 & \cdots \text{㉡} \end{cases}$

x를 없애기 위하여 ㉠−㉡을 하면

$$\begin{array}{r} x+\ y=48 \\ -)\ x+15y=90 \\ \hline -14y=-42 \quad \therefore\ y=3 \end{array}$$

$y=3$을 ㉠에 대입하면

$x+3=48 \quad \therefore\ x=45$

[확인] 전체 거리: $45+3=48$(km)

　　　전체 걸린 시간: $\dfrac{45}{60}+\dfrac{3}{4}=\dfrac{3}{2}$(시간)

---

2 (1)

	A코스	B코스
거리	x km	y km
속력	시속 3 km	시속 6 km
시간	$\dfrac{x}{3}$ 시간	$\dfrac{y}{6}$ 시간

(3) $\begin{cases} y=x+6 \\ \dfrac{x}{3}+\dfrac{y}{6}=3 \end{cases} \xrightarrow{\times 6} \begin{cases} y=x+6 & \cdots \text{㉠} \\ 2x+y=18 & \cdots \text{㉡} \end{cases}$

㉠을 ㉡에 대입하면

$2x+(x+6)=18$

$3x=12 \qquad \therefore x=4$

$x=4$를 ㉠에 대입하면

$y=4+6=10$

[확인] B코스의 거리: $10=4+6$(km)

전체 걸린 시간: $\dfrac{4}{3}+\dfrac{10}{6}=3$(시간)

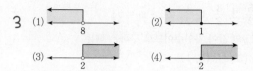

대단원 개념 마무리

55쪽~57쪽

1 표는 풀이 참조, 0, 1, 2

2 (1) > (2) > (3) ≤ (4) ≤

3 그림은 풀이 참조

4 (1) $x \leq \dfrac{5}{2}$ (2) $x < -20$ (3) $x < -9$ (4) $x > 1$

5 (1) 3 (2) 12 (3) -11

6 50개

7 $\dfrac{25}{6}$ km

8 (1) × (2) ○ (3) ○ (4) ×
(5) × (6) ○

9 (1) $(1, 3)$, $(3, 2)$, $(5, 1)$ (2) $(3, 3)$, $(6, 1)$
(3) $(1, 14)$, $(2, 9)$, $(3, 4)$

10 (1) ○ (2) ○ (3) ×

11 (1) $a=2$, $b=3$ (2) $a=4$, $b=-1$
(3) $a=-6$, $b=5$

12 (1) $x=-3$, $y=2$ (2) $x=2$, $y=3$
(3) $x=6$, $y=4$ (4) $x=28$, $y=5$
(5) $x=1$, $y=3$ (6) $x=-1$, $y=-2$

13 (1) $x=3$, $y=-1$ (2) $x=2$, $y=6$
(3) $x=0$, $y=2$ (4) $x=2$, $y=-3$

14 (1) $x=1$, $y=4$ (2) $x=3$, $y=3$
(3) $x=6$, $y=0$

15 (1) 해가 없다. (2) 해가 무수히 많다.
(3) 해가 없다. (4) 해가 무수히 많다.
(5) 해가 무수히 많다.

16 11 cm

17 1 km

1

x	좌변	부등호	우변	참, 거짓
0	$3 \times 0 - 2 = -2$	<	4	참
1	$3 \times 1 - 2 = 1$	<	4	참
2	$3 \times 2 - 2 = 4$	=	4	참
3	$3 \times 3 - 2 = 7$	>	4	거짓
4	$3 \times 4 - 2 = 10$	>	4	거짓

3 (1) ──○──→ 8 (2) ←──●── 1
(3) ──●──→ 2 (4) ←──●── 2

4 (1) $5(2x-4) \leq 2(5-x)$에서
$10x-20 \leq 10-2x$, $12x \leq 30 \qquad \therefore x \leq \dfrac{5}{2}$

(2) $-2(3-3x) > 7(x+2)$에서
$-6+6x > 7x+14$, $-x > 20 \qquad \therefore x < -20$

(3) $0.3x-0.7 > 0.5x+1.1$에서
양변에 10을 곱하면
$3x-7 > 5x+11$, $-2x > 18 \qquad \therefore x < -9$

(4) $\dfrac{4x+1}{5} < \dfrac{4x-1}{3}$에서
양변에 분모 5와 3의 최소공배수인 15를 곱하면
$12x+3 < 20x-5$, $-8x < -8 \qquad \therefore x > 1$

5 (1) $4x-a \geq 9$에서 $4x \geq 9+a$
$\therefore x \geq \dfrac{9+a}{4}$
이때 부등식의 해가 $x \geq 3$이므로
$\dfrac{9+a}{4}=3$, $9+a=12 \qquad \therefore a=3$

(2) $a-5x < -8$에서 $-5x < -8-a$
$\therefore x > \dfrac{8+a}{5}$
이때 부등식의 해가 $x > 4$이므로
$\dfrac{8+a}{5}=4$, $a+8=20 \qquad \therefore a=12$

(3) $2(2-x) > a-7x$에서 $4-2x > a-7x$
$5x > a-4 \qquad \therefore x > \dfrac{a-4}{5}$
이때 부등식의 해가 $x > -3$이므로
$\dfrac{a-4}{5}=-3$, $a-4=-15 \qquad \therefore a=-11$

6 엘리베이터에 싣는 상자의 개수를 x라고 하면
$50+11x \leq 600$, $11x \leq 550 \qquad \therefore x \leq 50$
따라서 한 번에 운반할 수 있는 상자는 최대 50개이다.

7 집에서 도서관까지의 거리를 x km라고 하면
$\dfrac{x}{5}+\dfrac{2}{3}+\dfrac{x}{5} \leq \dfrac{7}{3}$, $3x+10+3x \leq 35$
$6x \leq 25 \qquad \therefore x \leq \dfrac{25}{6}$
따라서 집에서 $\dfrac{25}{6}$ km 이내에 있는 도서관을 이용할 수 있다.

8 (4) $4x-5y=4x+7$에서 $-5x-7=0$
➡ 미지수가 1개인 일차방정식이다.
(6) $3x+y^2+2y=y^2$에서 $3x+2y=0$
➡ 미지수가 2개인 일차방정식이다.

9 (1) $x+2y=7$에 $x=1, 2, 3, 4, 5, 6, 7$을 차례로 대입하면
$y=3, \dfrac{5}{2}, 2, \dfrac{3}{2}, 1, \dfrac{1}{2}, 0$
이때 x, y의 값이 자연수이므로 구하는 해는
$(1, 3), (3, 2), (5, 1)$
(2) $2x+3y=15$에 $x=1, 2, 3, 4, 5, 6, 7, 8$을 차례로 대입하면
$y=\dfrac{13}{3}, \dfrac{11}{3}, 3, \dfrac{7}{3}, \dfrac{5}{3}, 1, \dfrac{1}{3}, -\dfrac{1}{3}$
이때 x, y의 값이 자연수이므로 구하는 해는
$(3, 3), (6, 1)$
(3) $5x+y=19$에 $x=1, 2, 3, 4$를 차례로 대입하면
$y=14, 9, 4, -1$
이때 x, y의 값이 자연수이므로 구하는 해는
$(1, 14), (2, 9), (3, 4)$

10 $x=-2, y=3$을 주어진 연립방정식에 각각 대입하면
(1) $\begin{cases} 2\times(-2)-3=-7 \\ 3\times(-2)+4\times3=6 \end{cases}$
(2) $\begin{cases} 5\times(-2)+6\times3=8 \\ 6\times(-2)-3=-15 \end{cases}$
(3) $\begin{cases} -2+5\times3=13 \\ -4\times(-2)-2\times3\neq1 \end{cases}$

11 (1) $\begin{cases} ax-y=10 \\ 2x+by=2 \end{cases} \xrightarrow[\text{대입}]{x=4, \, y=-2} \begin{cases} 4a+2=10 \\ 8-2b=2 \end{cases}$
➡ $4a=8$ ∴ $a=2$
$-2b=-6$ ∴ $b=3$
(2) $\begin{cases} ax+4y=8 \\ -3x+by=-10 \end{cases} \xrightarrow[\text{대입}]{x=4, \, y=-2} \begin{cases} 4a-8=8 \\ -12-2b=-10 \end{cases}$
➡ $4a=16$ ∴ $a=4$
$-2b=2$ ∴ $b=-1$
(3) $\begin{cases} -ax+5y=14 \\ 4x+by=6 \end{cases} \xrightarrow[\text{대입}]{x=4, \, y=-2} \begin{cases} -4a-10=14 \\ 16-2b=6 \end{cases}$
➡ $-4a=24$ ∴ $a=-6$
$-2b=-10$ ∴ $b=5$

12 (1) $\begin{cases} -x+2y=7 & \cdots ㉠ \\ x+3y=3 & \cdots ㉡ \end{cases}$
㉠+㉡을 하면 $5y=10$ ∴ $y=2$
$y=2$를 ㉡에 대입하면
$x+6=3$ ∴ $x=-3$
(2) $\begin{cases} 3x+y=9 & \cdots ㉠ \\ 4x-y=5 & \cdots ㉡ \end{cases}$
㉠+㉡을 하면 $7x=14$ ∴ $x=2$
$x=2$를 ㉠에 대입하면
$6+y=9$ ∴ $y=3$

(3) $\begin{cases} 3x-2y=10 & \cdots ㉠ \\ y=2x-8 & \cdots ㉡ \end{cases}$
㉡을 ㉠에 대입하면 $3x-2(2x-8)=10$
$3x-4x+16=10, \ -x=-6$ ∴ $x=6$
$x=6$을 ㉡에 대입하면
$y=12-8=4$
(4) $\begin{cases} x=5y+3 & \cdots ㉠ \\ x-3y=13 & \cdots ㉡ \end{cases}$
㉠을 ㉡에 대입하면 $(5y+3)-3y=13$
$2y=10$ ∴ $y=5$
$y=5$를 ㉠에 대입하면
$x=25+3=28$
(5) $\begin{cases} 5x+2y=11 & \cdots ㉠ \\ x-4y=-11 & \cdots ㉡ \end{cases}$
㉠×2+㉡을 하면 $11x=11$ ∴ $x=1$
$x=1$을 ㉠에 대입하면
$5+2y=11, 2y=6$ ∴ $y=3$
(6) $\begin{cases} 4x-9y=14 & \cdots ㉠ \\ 2x+3y=-8 & \cdots ㉡ \end{cases}$
㉠-㉡×2를 하면 $-15y=30$ ∴ $y=-2$
$y=-2$를 ㉡에 대입하면
$2x-6=-8, 2x=-2$ ∴ $x=-1$

13 (1) 각 방정식의 괄호를 풀고 동류항끼리 정리하면
$\begin{cases} 3x+9-y=19 \\ 2x-5y+10=21 \end{cases} ➡ \begin{cases} 3x-y=10 & \cdots ㉠ \\ 2x-5y=11 & \cdots ㉡ \end{cases}$
㉠×5-㉡을 하면
$13x=39$ ∴ $x=3$
$x=3$을 ㉠에 대입하면
$9-y=10$ ∴ $y=-1$
(2) $\begin{cases} 0.05x-0.03y=-0.08 \\ -0.5x+0.1y=-0.4 \end{cases}$
$\xrightarrow[\times 10]{\times 100} \begin{cases} 5x-3y=-8 & \cdots ㉠ \\ -5x+y=-4 & \cdots ㉡ \end{cases}$
㉠+㉡을 하면
$-2y=-12$ ∴ $y=6$
$y=6$을 ㉡에 대입하면
$-5x+6=-4, -5x=-10$ ∴ $x=2$
(3) $\begin{cases} \dfrac{x}{3}+\dfrac{3}{4}y=\dfrac{3}{2} \\ \dfrac{x}{3}-\dfrac{y}{2}=-1 \end{cases} \xrightarrow[\times 6]{\times 12} \begin{cases} 4x+9y=18 & \cdots ㉠ \\ 2x-3y=-6 & \cdots ㉡ \end{cases}$
㉠-㉡×2를 하면
$15y=30$ ∴ $y=2$
$y=2$를 ㉡에 대입하면
$2x-6=-6, 2x=0$ ∴ $x=0$
(4) $\begin{cases} -\dfrac{x}{3}+\dfrac{y}{2}=-\dfrac{13}{6} \\ 0.1x+0.4y=-1 \end{cases} \xrightarrow[\times 10]{\times 6} \begin{cases} -2x+3y=-13 & \cdots ㉠ \\ x+4y=-10 & \cdots ㉡ \end{cases}$
㉠+㉡×2를 하면
$11y=-33$ ∴ $y=-3$
$y=-3$을 ㉡에 대입하면
$x-12=-10$ ∴ $x=2$

14 (1) $-3x+2y=x+y=5$ $\Rightarrow$ $\begin{cases} -3x+2y=5 & \cdots\text{㉠} \\ x+y=5 & \cdots\text{㉡} \end{cases}$

㉠$-$㉡$\times 2$를 하면

$-5x=-5$ $\therefore x=1$

$x=1$을 ㉡에 대입하면

$1+y=5$ $\therefore y=4$

(2) $2x+y=7x-4y=x-y+9$

$\Rightarrow \begin{cases} 2x+y=7x-4y \\ 2x+y=x-y+9 \end{cases} \Rightarrow \begin{cases} 5x-5y=0 & \cdots\text{㉠} \\ x+2y=9 & \cdots\text{㉡} \end{cases}$

㉠$-$㉡$\times 5$를 하면

$-15y=-45$ $\therefore y=3$

$y=3$을 ㉡에 대입하면

$x+6=9$ $\therefore x=3$

(3) $\dfrac{x-y}{2}=\dfrac{2x-3-y}{3}=3$

$\Rightarrow \begin{cases} \dfrac{x-y}{2}=3 & \xrightarrow{\times 2} \\ \dfrac{2x-3-y}{3}=3 & \xrightarrow{\times 3} \end{cases} \begin{cases} x-y=6 & \cdots\text{㉠} \\ 2x-y=12 & \cdots\text{㉡} \end{cases}$

㉠$-$㉡을 하면 $-x=-6$ $\therefore x=6$

$x=6$을 ㉠에 대입하면

$6-y=6$ $\therefore y=0$

15 (1) $\begin{cases} 3x+6y=-9 & \cdots\text{㉠} \\ -x-2y=-3 & \cdots\text{㉡} \end{cases}$

㉡$\times(-3)$을 하면

$\begin{cases} 3x+6y=-9 & \cdots\text{㉠} \\ 3x+6y=9 & \cdots\text{㉢} \end{cases}$

이때 ㉠과 ㉢에서 x, y의 계수는 각각 같고, 상수항은 다르므로 해가 없다.

(2) $\begin{cases} -4x+y=2 & \cdots\text{㉠} \\ 12x-3y=-6 & \cdots\text{㉡} \end{cases}$

㉠$\times(-3)$을 하면

$\begin{cases} 12x-3y=-6 & \cdots\text{㉢} \\ 12x-3y=-6 & \cdots\text{㉡} \end{cases}$

이때 ㉡과 ㉢이 서로 일치하므로 해가 무수히 많다.

(3) $\begin{cases} 5x-4y=3 & \cdots\text{㉠} \\ 0.1x-0.08y=0.6 & \cdots\text{㉡} \end{cases}$

㉡$\times 50$을 하면

$\begin{cases} 5x-4y=3 & \cdots\text{㉠} \\ 5x-4y=30 & \cdots\text{㉢} \end{cases}$

이때 ㉠과 ㉢에서 x, y의 계수는 각각 같고, 상수항은 다르므로 해가 없다.

(4) $\begin{cases} \dfrac{x}{2}+\dfrac{y}{3}=-2 & \cdots\text{㉠} \\ \dfrac{3}{4}x+\dfrac{y}{2}=-3 & \cdots\text{㉡} \end{cases}$

㉠$\times 6$, ㉡$\times 4$를 하면

$\begin{cases} 3x+2y=-12 & \cdots\text{㉢} \\ 3x+2y=-12 & \cdots\text{㉣} \end{cases}$

이때 ㉢과 ㉣이 서로 일치하므로 해가 무수히 많다.

(5) $\begin{cases} \dfrac{x}{10}+\dfrac{y}{5}=-1 & \cdots\text{㉠} \\ 0.1x+0.2y=-1 & \cdots\text{㉡} \end{cases}$

㉠$\times 10$, ㉡$\times 10$을 하면

$\begin{cases} x+2y=-10 & \cdots\text{㉢} \\ x+2y=-10 & \cdots\text{㉣} \end{cases}$

이때 ㉢과 ㉣이 서로 일치하므로 해가 무수히 많다.

16 직사각형의 가로의 길이를 x cm, 세로의 길이를 y cm라고 하면

$\begin{cases} x=y+6 \\ 2(x+y)=32 \end{cases} \xrightarrow{\div 2} \begin{cases} x=y+6 & \cdots\text{㉠} \\ x+y=16 & \cdots\text{㉡} \end{cases}$

㉠을 ㉡에 대입하면

$(y+6)+y=16$

$2y+6=16,\ 2y=10$ $\therefore y=5$

$y=5$를 ㉠에 대입하면

$x=5+6=11$

따라서 직사각형의 가로의 길이는 11 cm이다.

17 걸어간 거리를 x km, 뛰어간 거리를 y km라고 하면

$\begin{cases} x+y=8 \\ \dfrac{x}{3}+\dfrac{y}{6}=\dfrac{5}{2} \end{cases} \xrightarrow{\times 6} \begin{cases} x+y=8 & \cdots\text{㉠} \\ 2x+y=15 & \cdots\text{㉡} \end{cases}$

㉠$-$㉡을 하면 $-x=-7$ $\therefore x=7$

$x=7$을 ㉠에 대입하면

$7+y=8$ $\therefore y=1$

따라서 뛰어간 거리는 1 km이다.

일차함수

III·1 일차함수와 그 그래프

함수

60쪽~61쪽

1 표는 풀이 참조
(1) ○ (2) × (3) × (4) ○ (5) × (6) × (7) ○ (8) ○

2 (1) 표는 풀이 참조, y는 x의 함수이다. (2) $y=10x$

3 (1) 표는 풀이 참조, y는 x의 함수이다. (2) $y=\dfrac{60}{x}$

4 (1) 표는 풀이 참조, y는 x의 함수이다. (2) $y=12-x$

5 (1) $y=3x$ (2) $y=500x$ (3) $y=\dfrac{4}{x}$
(4) $y=\dfrac{40}{x}$ (5) $y=24-x$ (6) $y=80-x$

---

1 (1)

x	1	2	3	4	…
y	6	7	8	9	…

x의 값 하나에 y의 값이 오직 하나씩 대응하므로 y는 x의 함수이다.

(2)

x	1	2	3	4	…
y		1	1	1, 3	…

x의 값 하나에 y의 값이 대응하지 않거나 2개 이상 대응하는 x의 값이 있으므로 y는 x의 함수가 아니다.

(3)

x	1	2	3	4	…
y	$-1, 1$	$-2, 2$	$-3, 3$	$-4, 4$	…

x의 값 하나에 y의 값이 2개씩 대응하므로 y는 x의 함수가 아니다.

(4)

x	1	2	3	4	…
y	1	2	3	0	…

x의 값 하나에 y의 값이 오직 하나씩 대응하므로 y는 x의 함수이다.

(5)

x	1	2	3	4	…
y	1, 2, …	2, 4, …	3, 6, …	4, 8, …	…

x의 값 하나에 y의 값이 2개 이상 대응하므로 y는 x의 함수가 아니다.

(6)

x	1	2	3	4	…
y	1	1, 2	1, 3	1, 2, 4	…

y의 값이 2개 이상 대응하는 x의 값이 있으므로 y는 x의 함수가 아니다.

(7)

x	1	2	3	4	…
y	1	2	2	3	…

x의 값 하나에 y의 값이 오직 하나씩 대응하므로 y는 x의 함수이다.

(8)

x	1	2	3	4	…
y	1	$\dfrac{1}{2}$	$\dfrac{1}{3}$	$\dfrac{1}{4}$	…

x의 값 하나에 y의 값이 오직 하나씩 대응하므로 y는 x의 함수이다.

2 (1)

x	1	2	3	4	…
y	10	20	30	40	…

x의 값 하나에 y의 값이 오직 하나씩 대응하므로 y는 x의 함수이다.

(2) (물건의 무게)=(물건 한 개의 무게)×(물건의 수)이므로
$y=10x$

3 (1)

x	1	2	3	4	…
y	60	30	20	15	…

x의 값 하나에 y의 값이 오직 하나씩 대응하므로 y는 x의 함수이다.

(2) (직사각형의 넓이)=(가로의 길이)×(세로의 길이)이므로
$60=xy$ ∴ $y=\dfrac{60}{x}$

4 (1)

x	1	2	3	4	…
y	11	10	9	8	…

x의 값 하나에 y의 값이 오직 하나씩 대응하므로 y는 x의 함수이다.

(2) (남은 길이)=(전체 길이)−(잘라 낸 길이)이므로
$y=12-x$

5 (1) (정삼각형의 둘레의 길이)=3×(한 변의 길이)이므로
$y=3x$
(2) (연필의 가격)=(연필 한 자루의 가격)×(연필의 수)이므로
$y=500x$
(3) (전체 우유의 양)=(사람 수)×(한 명이 마시는 우유의 양)
이므로 $4=xy$ ∴ $y=\dfrac{4}{x}$
(4) (시간)=$\dfrac{(거리)}{(속력)}$이므로 $y=\dfrac{40}{x}$
(5) (밤의 길이)=24−(낮의 길이)이므로
$y=24-x$
(6) (남은 쪽수)=(전체 쪽수)−(읽은 쪽수)이므로
$y=80-x$

함숫값

62쪽

1 (1) 1, -5 (2) 2, -10 (3) 3, -15
2 (1) -2, -4 (2) 4, 2 (3) 8, 1
3 (1) -1 (2) 2 (3) 6
4 (1) 14 (2) -7 (3) $\dfrac{7}{2}$
5 (1) -6 (2) 9 (3) 3
6 (1) 0 (2) -1 (3) 1

4 (1) $f(2)=7\times2=14$

(2) $f(-1)=7\times(-1)=-7$

(3) $f\left(\dfrac{1}{2}\right)=7\times\dfrac{1}{2}=\dfrac{7}{2}$

5 (1) $f(6)=-\dfrac{36}{6}=-6$

(2) $f(-4)=-\dfrac{36}{-4}=-(-9)=9$

(3) $f(6)+f(-4)=-6+9=3$

6 (1) $f\left(\dfrac{1}{2}\right)=2\times\dfrac{1}{2}-1=1-1=0$

(2) $f(0)=2\times0-1=-1$

(3) $f\left(\dfrac{1}{2}\right)-f(0)=0-(-1)=1$

③ 일차함수
63쪽

1 (1) ○ (2) × (3) ○ (4) x^2-2x, × (5) $\dfrac{5}{x}$, ×

(6) $\dfrac{2}{3}x-2$, ○

2 (1) $5000+1000x$, ○ (2) $1000x+100$, ○ (3) $200-3x$, ○

(4) $\dfrac{100}{x}$, × (5) $4x$, ○ (6) πx^2, ×

2 (4) (시간)$=\dfrac{(거리)}{(속력)}$이므로 $y=\dfrac{100}{x}$

(5) (정사각형의 둘레의 길이)$=4\times$(한 변의 길이)이므로
$y=4x$

(6) (원의 넓이)$=\pi\times$(반지름의 길이)^{2}이므로
$y=\pi x^2$

④ 일차함수의 그래프와 평행이동
64쪽~65쪽

1 풀이 참조
2 그래프는 풀이 참조 (1) 4 (2) -4
3 그래프는 풀이 참조 (1) 3 (2) -3
4 (1) $y=5x+2$ (2) $y=-6x+3$ (3) $y=-8x-5$

(4) $y=\dfrac{1}{3}x-1$ (5) $y=\dfrac{1}{2}x+\dfrac{4}{3}$ (6) $y=-\dfrac{3}{4}x-\dfrac{1}{4}$

(7) $y=4x-3$ (8) $y=-\dfrac{5}{2}x+\dfrac{1}{2}$

1 (1)

x	...	-2	-1	0	1	2	...
$y=x$	...	-2	-1	0	1	2	...
$y=x+2$	...	0	1	2	3	4	...

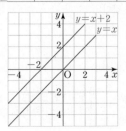

(2)

x	...	-4	-2	0	2	4	...
$y=\dfrac{1}{2}x$	...	-2	-1	0	1	2	...
$y=\dfrac{1}{2}x-3$	...	-5	-4	-3	-2	-1	...

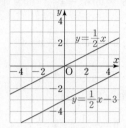

(3)

x	...	-2	-1	0	1	2	...
$y=-3x$	...	6	3	0	-3	-6	...
$y=-3x+3$	...	9	6	3	0	-3	...

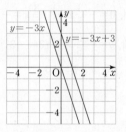

(4)

x	...	-6	-3	0	3	6	...
$y=-\dfrac{1}{3}x$	...	2	1	0	-1	-2	...
$y=-\dfrac{1}{3}x-2$	...	0	-1	-2	-3	-4	...

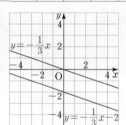

2

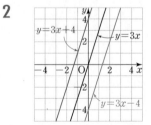

3

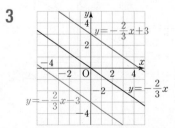

4 (7) $y=4x+1-4=4x-3$

(8) $y=-\dfrac{5}{2}x-1+\dfrac{3}{2}=-\dfrac{5}{2}x+\dfrac{1}{2}$

5 일차함수의 그래프의 x절편과 y절편　66쪽

1 (1) $-2, 2$　(2) $2, -1$　(3) $2, 4$　(4) $-2, -6$
2 (1) $1, -2, 1, -2$　(2) $-2, 10$　(3) $3, 12$
　　(4) $-3, -6$　(5) $6, -4$　(6) $8, 4$　(7) $-5, -3$

2 (5) $y=0$일 때, $0=\dfrac{2}{3}x-4$, $\dfrac{2}{3}x=4$　∴ $x=6$

　　　$x=0$일 때, $y=\dfrac{2}{3}\times0-4=-4$

　　　➡ x절편: 6, y절편: -4

　　(6) $y=0$일 때, $0=-\dfrac{1}{2}x+4$, $\dfrac{1}{2}x=4$　∴ $x=8$

　　　$x=0$일 때, $y=-\dfrac{1}{2}\times0+4=4$

　　　➡ x절편: 8, y절편: 4

　　(7) $y=0$일 때, $0=-\dfrac{3}{5}x-3$, $\dfrac{3}{5}x=-3$　∴ $x=-5$

　　　$x=0$일 때, $y=-\dfrac{3}{5}\times0-3=-3$

　　　➡ x절편: -5, y절편: -3

6 일차함수의 그래프 그리기 (1)　67쪽

1 그래프는 풀이 참조
　　(1) $3, -6, 3, -6, 3, -6$　(2) $1, 3$　(3) $-2, -2$
　　(4) $4, -2$　(5) $4, 6$

1 (1) 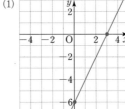　(2)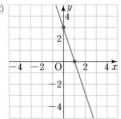

　　(3)　　　　　　　　(4)

　　(5)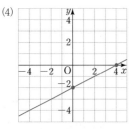

7 일차함수의 그래프의 기울기　68쪽

1 (1) $+4, 4, 4, 1$　(2) $+2, \dfrac{2}{3}$　(3) $-2, -2, 3, -\dfrac{2}{3}$
　　(4) $-4, -2$
2 (1) 4　(2) $\dfrac{3}{2}$　(3) -5
3 (1) $7, 3, 1$　(2) $-4, -5, -\dfrac{1}{5}$　(3) $-1, 3, \dfrac{2}{3}$

8 일차함수의 그래프 그리기 (2)　69쪽

1 그래프는 풀이 참조
　　(1) $4, 4, 6, 4, 6$　(2) $-3, -3, -5, -3, -5$
2 그래프는 풀이 참조　(1) $3, 2$　(2) $\dfrac{3}{2}, -4$　(3) $-\dfrac{3}{4}, 1$

1 (1) 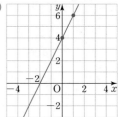　(2)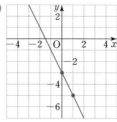

2 (1) 일차함수 $y=3x+2$의 그래프의 y절편이 2이므로
점 $(0, 2)$를 지난다.
또 기울기가 3이므로

$(0, 2)$ $\xrightarrow[y축의\ 방향으로\ 3만큼\ 증가]{x축의\ 방향으로\ 1만큼\ 증가}$ $(1, 5)$

즉, 두 점 $(0, 2)$, $(1, 5)$를 지나
므로 그래프를 그리면 오른쪽 그
림과 같다.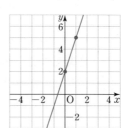

　(2) 일차함수 $y=\dfrac{3}{2}x-4$의 그래프의 y절편이 -4이므로
점 $(0, -4)$를 지난다.

또 기울기가 $\dfrac{3}{2}$이므로

$(0, -4)$ $\xrightarrow[y축의\ 방향으로\ 3만큼\ 증가]{x축의\ 방향으로\ 2만큼\ 증가}$ $(2, -1)$

즉, 두 점 $(0, -4)$, $(2, -1)$을
지나므로 그래프를 그리면 오른
쪽 그림과 같다.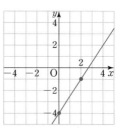

　(3) 일차함수 $y=-\dfrac{3}{4}x+1$의 그래프의 y절편이 1이므로
점 $(0, 1)$을 지난다.

또 기울기가 $-\dfrac{3}{4}$이므로

$(0, 1) \xrightarrow[\text{y축의 방향으로 3만큼 감소}]{\text{x축의 방향으로 4만큼 증가}} (4, -2)$

즉, 두 점 $(0, 1)$, $(4, -2)$를 지나므로 그래프를 그리면 오른쪽 그림과 같다.

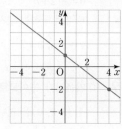

9 일차함수 $y=ax+b$의 그래프의 성질
70쪽~71쪽

1 그래프는 풀이 참조 (1) × (2) ○ (3) ○ (4) × (5) ×
2 그래프는 풀이 참조 (1) × (2) ○ (3) ○ (4) × (5) ○
3 (1) ㄱ, ㄷ, ㄹ (2) ㄴ, ㅁ, ㅂ (3) ㄱ, ㄷ, ㄹ (4) ㄴ, ㅁ, ㅂ
   (5) ㄴ, ㅂ (6) ㄷ, ㄹ, ㅁ
4 풀이 참조

1 $y=3x-3$에
$y=0$을 대입하면
$0=3x-3$, $3x=3$ ∴ $x=1$
$x=0$을 대입하면
$y=3\times0-3=-3$

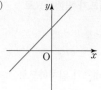

즉, x절편은 1, y절편은 -3이므로
그래프를 그리면 오른쪽 그림과 같다.
(1) x축과의 교점의 좌표는 $(1, 0)$이다.
(3) 기울기가 3이므로 x의 값이 2만큼 증가할 때,
   y의 값은 6만큼 증가한다.
(4) 제1사분면, 제3사분면, 제4사분면을 지난다.
(5) $y=3x-3$에 $x=2$, $y=-3$을 대입하면 $-3\neq3\times2-3$
   즉, 점 $(2, -3)$을 지나지 않는다.

2 $y=-\dfrac{1}{2}x+1$에
$y=0$을 대입하면
$0=-\dfrac{1}{2}x+1$, $\dfrac{1}{2}x=1$ ∴ $x=2$
$x=0$을 대입하면
$y=-\dfrac{1}{2}\times0+1=1$

즉, x절편은 2, y절편은 1이므로 그래프를 그리면 오른쪽 그림과 같다.
(3), (4) 그래프는 오른쪽 아래로 향하는 직선이므로
   x의 값이 증가할 때, y의 값은 감소한다.

3 (1), (3) 기울기가 양수인 일차함수 ➡ ㄱ, ㄷ, ㄹ
  (2), (4) 기울기가 음수인 일차함수 ➡ ㄴ, ㅁ, ㅂ
  (5) ㅂ에서 $y=-\dfrac{1}{3}(x-3)=-\dfrac{1}{3}x+1$
   y절편이 양수인 일차함수 ➡ ㄴ, ㅂ
  (6) y절편이 음수인 일차함수 ➡ ㄷ, ㄹ, ㅁ

4 (1) (2)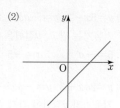
➡ 제1사분면, 제2사분면, 제3사분면 ➡ 제1사분면, 제3사분면, 제4사분면

(3) (4)
➡ 제1사분면, 제2사분면, 제4사분면 ➡ 제2사분면, 제3사분면, 제4사분면

10 일차함수의 그래프의 평행과 일치
72쪽

1 (1) ㄷ과 ㅂ, ㄹ과 ㅅ (2) ㄱ과 ㅁ (3) ㄴ (4) ㅇ
2 (1) -2 (2) $\dfrac{1}{3}$ (3) -5
3 (1) $a=2$, $b=5$ (2) $a=-\dfrac{3}{2}$, $b=-5$ (3) $a=-2$, $b=-3$

1 ㄱ. $y=-\dfrac{3}{4}x+2$ ➡ 기울기: $-\dfrac{3}{4}$, y절편: 2
  ㄴ. $y=2(x+2)=2x+4$ ➡ 기울기: 2, y절편: 4
  ㄷ. $y=-3x+7$ ➡ 기울기: -3, y절편: 7
  ㄹ. $y=x+6$ ➡ 기울기: 1, y절편: 6
  ㅁ. $y=-\dfrac{1}{4}(3x-8)=-\dfrac{3}{4}x+2$
   ➡ 기울기: $-\dfrac{3}{4}$, y절편: 2
  ㅂ. $y=-3x-2$ ➡ 기울기: -3, y절편: -2
  ㅅ. $y=x-6$ ➡ 기울기: 1, y절편: -6
  ㅇ. $y=-\dfrac{3}{2}x+6$ ➡ 기울기: $-\dfrac{3}{2}$, y절편: 6

(1) 서로 평행하려면 기울기는 같고, y절편은 달라야 하므로
   ➡ ㄷ과 ㅂ, ㄹ과 ㅅ
(2) 일치하려면 기울기와 y절편이 각각 같아야 하므로
   ➡ ㄱ과 ㅁ
(3) 주어진 그래프가 두 점 $(-1, 0)$, $(0, 2)$를 지나므로
   $(\text{기울기})=\dfrac{2-0}{0-(-1)}=2$, $(y\text{절편})=2$
   따라서 주어진 그래프와 평행한 것, 즉 기울기는 같고,
   y절편은 다른 것은 ㄴ이다.
(4) 주어진 그래프가 두 점 $(4, 0)$, $(0, 6)$을 지나므로
   $(\text{기울기})=\dfrac{6-0}{0-4}=-\dfrac{3}{2}$, $(y\text{절편})=6$
   따라서 주어진 그래프와 일치하는 것, 즉 기울기와 y절편이
   각각 같은 것은 ㅇ이다.

2 (3) $y=5x-3$, $y=-ax+3$의 그래프가 평행하므로
기울기는 같고, y절편은 다르다.
$5=-a$ $\therefore a=-5$

3 (3) $y=2ax+3$, $y=-4x-b$의 그래프가 일치하므로
기울기와 y절편이 각각 같다.
$2a=-4$ $\therefore a=-2$
$3=-b$ $\therefore b=-3$

🔟🔟 일차함수의 식 구하기(1)

> **1** (1) 3, -2, $3x-2$ (2) $y=-5x+9$ (3) $y=\dfrac{3}{5}x+5$
>
> (4) $y=-\dfrac{4}{3}x-7$ (5) $y=2x+6$ (6) $y=-\dfrac{1}{4}x+4$
>
> **2** (1) 3, $y=3x-\dfrac{1}{3}$ (2) -2, $y=-2x-6$
>
> (3) 1, $y=x-1$ (4) $-\dfrac{1}{2}$, -4, $y=-\dfrac{1}{2}x-4$

2 (1) (기울기)$=\dfrac{9}{3}=3$, (y절편)$=-\dfrac{1}{3}$

➡ $y=3x-\dfrac{1}{3}$

(2) (기울기)$=\dfrac{-4}{2}=-2$, (y절편)$=-6$

➡ $y=-2x-6$

(3) 일차함수 $y=x-8$의 그래프와 기울기가 같으므로
(기울기)$=1$, (y절편)$=-1$

➡ $y=x-1$

(4) 일차함수 $y=-\dfrac{1}{2}x+5$의 그래프와 기울기가 같으므로

(기울기)$=-\dfrac{1}{2}$

점 $(0, -4)$를 지나므로 (y절편)$=-4$

➡ $y=-\dfrac{1}{2}x-4$

🔟2️⃣ 일차함수의 식 구하기(2)

> **1** (1) -4, 5, -4, 1, $-4x+1$ (2) $y=3x-1$
>
> (3) $y=\dfrac{1}{6}x+3$ (4) $y=-4x-4$ (5) $y=-\dfrac{2}{3}x+2$
>
> **2** (1) $\dfrac{3}{2}$, $y=\dfrac{3}{2}x+3$ (2) $-\dfrac{1}{3}$, $y=-\dfrac{1}{3}x-6$
>
> (3) 3, $y=3x-2$ (4) $\dfrac{3}{2}$, -5, $y=\dfrac{3}{2}x+\dfrac{15}{2}$

1 (4) 기울기가 -4이므로 일차함수의 식을 $y=-4x+b$라고 하자.
x절편이 -1, 즉 점 $(-1, 0)$을 지나므로 $x=-1$, $y=0$을
대입하면
$0=4+b$ $\therefore b=-4$
따라서 구하는 일차함수의 식은
$y=-4x-4$

(5) 기울기가 $-\dfrac{2}{3}$이므로 일차함수의 식을 $y=-\dfrac{2}{3}x+b$라고 하자.

x절편이 3, 즉 점 $(3, 0)$을 지나므로 $x=3$, $y=0$을 대입하면
$0=-2+b$ $\therefore b=2$
따라서 구하는 일차함수의 식은

$y=-\dfrac{2}{3}x+2$

2 (1) 기울기가 $\dfrac{3}{2}$이므로 일차함수의 식을 $y=\dfrac{3}{2}x+b$라고 하자.

점 $(-2, 0)$을 지나므로 $x=-2$, $y=0$을 대입하면
$0=-3+b$ $\therefore b=3$
따라서 구하는 일차함수의 식은

$y=\dfrac{3}{2}x+3$

(2) 기울기가 $-\dfrac{1}{3}$이므로 일차함수의 식을 $y=-\dfrac{1}{3}x+b$라고 하자.

점 $(-6, -4)$를 지나므로 $x=-6$, $y=-4$를 대입하면
$-4=2+b$ $\therefore b=-6$
따라서 구하는 일차함수의 식은

$y=-\dfrac{1}{3}x-6$

(3) 일차함수 $y=3x+2$의 그래프와 기울기가 같다.
즉, 기울기가 3이므로 일차함수의 식을 $y=3x+b$라고 하자.
점 $(2, 4)$를 지나므로 $x=2$, $y=4$를 대입하면
$4=6+b$ $\therefore b=-2$
따라서 구하는 일차함수의 식은
$y=3x-2$

(4) 일차함수 $y=\dfrac{3}{2}x+4$의 그래프와 기울기가 같다.

즉, 기울기가 $\dfrac{3}{2}$이므로 일차함수의 식을 $y=\dfrac{3}{2}x+b$라고 하자.

x절편이 -5, 즉 점 $(-5, 0)$을 지나므로 $x=-5$, $y=0$을
대입하면
$0=-\dfrac{15}{2}+b$ $\therefore b=\dfrac{15}{2}$
따라서 구하는 일차함수의 식은

$y=\dfrac{3}{2}x+\dfrac{15}{2}$

🔟3️⃣ 일차함수의 식 구하기(3)

> **1** (1) 5, 4, $\dfrac{3}{4}$, $\dfrac{3}{4}$, $\dfrac{9}{4}$, $\dfrac{3}{4}x+\dfrac{9}{4}$ (2) $y=x+4$
>
> (3) $y=-x+3$ (4) $y=2x$ (5) $y=-\dfrac{1}{2}x-10$
>
> **2** (1) $(-1, 4)$, $(1, 1)$, $y=-\dfrac{3}{2}x+\dfrac{5}{2}$
>
> (2) $(1, 1)$, $(4, 7)$, $y=2x-1$
>
> (3) $(-2, 1)$, $(3, 4)$, $y=\dfrac{3}{5}x+\dfrac{11}{5}$
>
> (4) $(-4, 2)$, $(1, -3)$, $y=-x-2$

1 (2) (기울기)$=\dfrac{6-2}{2-(-2)}=1$이므로 일차함수의 식을 $y=x+b$
라고 하자.

점 $(-2, 2)$를 지나므로 $x=-2$, $y=2$를 대입하면
$2=-2+b$ ∴ $b=4$
따라서 구하는 일차함수의 식은 $y=x+4$

(3) (기울기)$=\dfrac{-2-2}{5-1}=-1$이므로 일차함수의 식을
$y=-x+b$라고 하자.
점 $(1, 2)$를 지나므로 $x=1$, $y=2$를 대입하면
$2=-1+b$ ∴ $b=3$
따라서 구하는 일차함수의 식은 $y=-x+3$

(4) (기울기)$=\dfrac{-4-4}{-2-2}=2$이므로 일차함수의 식을 $y=2x+b$
라고 하자.
점 $(2, 4)$를 지나므로 $x=2$, $y=4$를 대입하면
$4=4+b$ ∴ $b=0$
따라서 구하는 일차함수의 식은 $y=2x$

(5) (기울기)$=\dfrac{-8-(-9)}{-4-(-2)}=-\dfrac{1}{2}$이므로 일차함수의 식을
$y=-\dfrac{1}{2}x+b$라고 하자.
점 $(-2, -9)$를 지나므로 $x=-2$, $y=-9$를 대입하면
$-9=1+b$ ∴ $b=-10$
따라서 구하는 일차함수의 식은 $y=-\dfrac{1}{2}x-10$

2 (1) 두 점 $(-1, 4)$, $(1, 1)$을 지나므로
(기울기)$=\dfrac{1-4}{1-(-1)}=-\dfrac{3}{2}$
일차함수의 식을 $y=-\dfrac{3}{2}x+b$라 하고,
점 $(1, 1)$을 지나므로 $x=1$, $y=1$을 대입하면
$1=-\dfrac{3}{2}+b$ ∴ $b=\dfrac{5}{2}$
따라서 구하는 일차함수의 식은 $y=-\dfrac{3}{2}x+\dfrac{5}{2}$

(2) 두 점 $(1, 1)$, $(4, 7)$을 지나므로
(기울기)$=\dfrac{7-1}{4-1}=2$
일차함수의 식을 $y=2x+b$라 하고,
점 $(1, 1)$을 지나므로 $x=1$, $y=1$을 대입하면
$1=2+b$ ∴ $b=-1$
따라서 구하는 일차함수의 식은 $y=2x-1$

(3) 두 점 $(-2, 1)$, $(3, 4)$를 지나므로
(기울기)$=\dfrac{4-1}{3-(-2)}=\dfrac{3}{5}$
일차함수의 식을 $y=\dfrac{3}{5}x+b$라 하고,
점 $(-2, 1)$을 지나므로 $x=-2$, $y=1$을 대입하면
$1=-\dfrac{6}{5}+b$ ∴ $b=\dfrac{11}{5}$
따라서 구하는 일차함수의 식은 $y=\dfrac{3}{5}x+\dfrac{11}{5}$

(4) 두 점 $(-4, 2)$, $(1, -3)$을 지나므로
(기울기)$=\dfrac{-3-2}{1-(-4)}=-1$
일차함수의 식을 $y=-x+b$라 하고,
점 $(1, -3)$을 지나므로 $x=1$, $y=-3$을 대입하면
$-3=-1+b$ ∴ $b=-2$
따라서 구하는 일차함수의 식은 $y=-x-2$

1 (1) 2, $\dfrac{2}{5}$, $\dfrac{2}{5}$, $\dfrac{2}{5}x+2$ (2) $y=-\dfrac{4}{3}x-4$

(3) $y=\dfrac{7}{2}x+7$ (4) $y=-2x+6$

2 (1) -5, 8, $y=\dfrac{8}{5}x+8$ (2) 2, 4, $y=-2x+4$

(3) 6, -4, $y=\dfrac{2}{3}x-4$ (4) -2, -2, $y=-x-2$

1 (2) x절편이 -3이고, y절편이 -4이므로
두 점 $(-3, 0)$, $(0, -4)$를 지난다.
∴ (기울기)$=\dfrac{-4-0}{0-(-3)}=-\dfrac{4}{3}$
따라서 구하는 일차함수의 식은 $y=-\dfrac{4}{3}x-4$

(3) 일차함수 $y=-2x+7$의 그래프와 y축 위에서 만나므로 y절
편이 같다.
즉, 구하는 일차함수의 그래프는 x절편이 -2이고, y절편이
7이므로 두 점 $(-2, 0)$, $(0, 7)$을 지난다.
∴ (기울기)$=\dfrac{7-0}{0-(-2)}=\dfrac{7}{2}$
따라서 구하는 일차함수의 식은 $y=\dfrac{7}{2}x+7$

(4) 일차함수 $y=4x-12$의 그래프와 x축 위에서 만나므로 x절
편이 같다.
$y=0$일 때, $0=4x-12$, $4x=12$ ∴ $x=3$
즉, 구하는 일차함수의 그래프는 x절편이 3이고, y절편이
6이므로 두 점 $(3, 0)$, $(0, 6)$을 지난다.
∴ (기울기)$=\dfrac{6-0}{0-3}=-2$
따라서 구하는 일차함수의 식은 $y=-2x+6$

2 (1) x절편이 -5이고, y절편이 8이므로
두 점 $(-5, 0)$, $(0, 8)$을 지난다.
∴ (기울기)$=\dfrac{8-0}{0-(-5)}=\dfrac{8}{5}$
따라서 구하는 일차함수의 식은 $y=\dfrac{8}{5}x+8$

(2) x절편이 2이고, y절편이 4이므로
두 점 $(2, 0)$, $(0, 4)$를 지난다.
∴ (기울기)$=\dfrac{4-0}{0-2}=-2$
따라서 구하는 일차함수의 식은 $y=-2x+4$

(3) x절편이 6이고, y절편이 -4이므로
두 점 $(6, 0)$, $(0, -4)$를 지난다.
∴ (기울기)$=\dfrac{-4-0}{0-6}=\dfrac{2}{3}$
따라서 구하는 일차함수의 식은 $y=\dfrac{2}{3}x-4$

(4) x절편이 -2이고, y절편이 -2이므로
두 점 $(-2, 0)$, $(0, -2)$를 지난다.
∴ (기울기)$=\dfrac{-2-0}{0-(-2)}=-1$
따라서 구하는 일차함수의 식은 $y=-x-2$

15 일차함수의 활용

1 (1) $y=35+3x$ (2) 21, 56, 56 (3) 65, $3x$, 10, 10
2 (1) $y=50-2x$ (2) $34\,\mathrm{cm}$
3 (1) $y=20-6x$ (2) 24, -4, -4 (3) -10, $6x$, 5, 5
4 (1) $2\,℃$ (2) $y=10+2x$ (3) 18분
5 (1) $\dfrac{3}{2}\mathrm{L}$ (2) $y=7+\dfrac{3}{2}x$ (3) 18, 25, 25
   (4) 40, $\dfrac{3}{2}x$, 22, 22
6 (1) $\dfrac{1}{10}\mathrm{L}$ (2) $y=50-\dfrac{1}{10}x$ (3) $30\,\mathrm{L}$ (4) $500\,\mathrm{km}$
7 (1) $y=420-70x$ (2) 140, 280, 280 (3) 140, $70x$, 4, 4
8 (1) $y=80-15x$ (2) $35\,\mathrm{km}$ (3) 4시간

---

2 (1) 초의 길이가 1분에 $2\,\mathrm{cm}$씩 짧아지므로 x분 후에 $2x\,\mathrm{cm}$만큼 짧아진다.
   ➡ $y=50-2x$
   (2) $y=50-2x$에 $x=8$을 대입하면
   $y=50-16=34$
   따라서 남아 있는 초의 길이는 $34\,\mathrm{cm}$이다.

4 (1) 물의 온도가 3분마다 $6\,℃$씩 올라가므로 1분마다 $\dfrac{6}{3}=2(℃)$씩 올라간다.
   (2) x분 후에 물의 온도가 $2x\,℃$만큼 올라간다.
   ➡ $y=10+2x$
   (3) $y=10+2x$에 $y=46$을 대입하면
   $46=10+2x$, $2x=36$ ∴ $x=18$
   따라서 걸린 시간은 18분이다.

6 (1) $10\,\mathrm{km}$를 달리는 데 $1\,\mathrm{L}$의 연료가 필요하므로
   $1\,\mathrm{km}$를 달리는 데 필요한 연료의 양은 $\dfrac{1}{10}\mathrm{L}$
   (2) $x\,\mathrm{km}$를 달리는 데 필요한 연료의 양은 $\dfrac{1}{10}x\,\mathrm{L}$
   ➡ $y=50-\dfrac{1}{10}x$
   (3) $y=50-\dfrac{1}{10}x$에 $x=200$을 대입하면
   $y=50-20=30$
   따라서 남아 있는 연료의 양은 $30\,\mathrm{L}$이다.
   (4) 연료를 다 쓸 때까지 달릴 수 있으므로
   $y=50-\dfrac{1}{10}x$에 $y=0$을 대입하면
   $0=50-\dfrac{1}{10}x$, $\dfrac{1}{10}x=50$ ∴ $x=500$
   따라서 최대 거리는 $500\,\mathrm{km}$이다.

8 (1) (거리)=(속력)×(시간)이므로
   시속 $15\,\mathrm{km}$로 x시간 동안 달린 거리는 $15x\,\mathrm{km}$이다.
   ➡ $y=80-15x$
   (2) $y=80-15x$에 $x=3$을 대입하면
   $y=80-45=35$
   따라서 남은 거리는 $35\,\mathrm{km}$이다.
   (3) $y=80-15x$에 $y=20$을 대입하면
   $20=80-15x$, $15x=60$ ∴ $x=4$
   따라서 걸린 시간은 4시간이다.

Ⅲ·2 일차함수와 일차방정식의 관계

16 미지수가 2개인 일차방정식의 그래프

79쪽

1 풀이 참조
2 풀이 참조

---

1 (1)

x	$\cdots$	-4	-2	0	2	4	$\cdots$
y	$\cdots$	4	3	2	1	0	$\cdots$

(2) 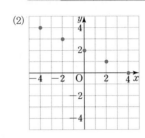 (3)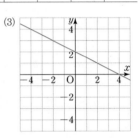

2 (1)

x	$\cdots$	-1	0	1	2	3	4	$\cdots$
y	$\cdots$	11	9	7	5	3	1	$\cdots$

(2) 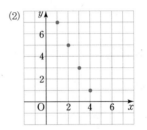 (3)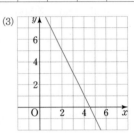

17 일차방정식의 그래프와 일차함수의 그래프

80쪽

1 그래프는 풀이 참조
   (1) $-x-4$, $\dfrac{1}{2}x+2$, $\dfrac{1}{2}$, -4, 2
   (2) $-3x+6$, $-\dfrac{3}{2}x+3$, $-\dfrac{3}{2}$, 2, 3
2 (1) × (2) × (3) ○ (4) ○ (5) ○
3 (1) ○ (2) × (3) ○ (4) × (5) ×

1 (1) 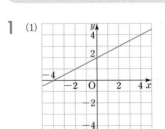 (2)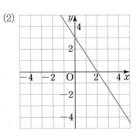

2 $2x-5y+7=0$에서 $-5y=-2x-7$

$$\therefore y=\frac{2}{5}x+\frac{7}{5}$$

(1) $y=\frac{2}{5}x+\frac{7}{5}$에 $y=0$을 대입하면

$$0=\frac{2}{5}x+\frac{7}{5},\ \frac{2}{5}x=-\frac{7}{5}\qquad\therefore x=-\frac{7}{2}$$

따라서 x절편은 $-\frac{7}{2}$이다.

(2) $y=\frac{2}{5}x+\frac{7}{5}$에서 y절편은 $\frac{7}{5}$이다.

(3) $y=\frac{2}{5}x+\frac{7}{5}$에 $x=-1$, $y=1$을 대입하면

$$1=-\frac{2}{5}+\frac{7}{5}$$

즉, 점 $(-1,1)$을 지난다.

(4) 그래프를 그리면 오른쪽 그림과 같으므로 제4사분면을 지나지 않는다.

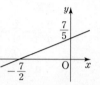

(5) 두 일차함수 $y=\frac{2}{5}x+\frac{7}{5}$과 $y=\frac{2}{5}x$의 그래프의 기울기가 $\frac{2}{5}$로 같고, y절편이 다르므로 두 그래프는 평행하다.

3 $6x+2y-5=0$에서 $2y=-6x+5$

$$\therefore y=-3x+\frac{5}{2}$$

(1) $y=-3x+\frac{5}{2}$에 $y=0$을 대입하면

$$0=-3x+\frac{5}{2},\ 3x=\frac{5}{2}\qquad\therefore x=\frac{5}{6}$$

따라서 x절편은 $\frac{5}{6}$이다.

(2) $y=-3x+\frac{5}{2}$에서 y절편은 $\frac{5}{2}$이다.

(3) $y=-3x+\frac{5}{2}$에 $x=\frac{1}{6}$, $y=2$를 대입하면

$$2=-\frac{1}{2}+\frac{5}{2}$$

즉, 점 $\left(\frac{1}{6},2\right)$를 지난다.

(4) 그래프를 그리면 오른쪽 그림과 같으므로 제1사분면, 제2사분면, 제4사분면을 지난다.

(5) 두 일차함수 $y=-3x+\frac{5}{2}$와 $y=6x+3$의 그래프의 기울기는 각각 -3, 6으로 다르므로 두 그래프는 한 점에서 만난다.

---

18 일차방정식 $x=m$, $y=n$의 그래프 81쪽

1 그래프는 풀이 참조
(1) -2, y (2) 12, 4, 4, y (3) 4, x (4) -6, -3, -3, x

2 (1) $x=5$ (2) $y=-6$

3 (1) $y=-1$ (2) $x=2$ (3) $x=-2$ (4) $y=3$

1

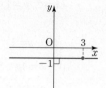

3 (1) 점 $(3,-1)$을 지나고, x축에 평행한 직선을 그리면 오른쪽 그림과 같다.

$$\therefore y=-1$$

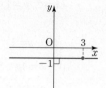

(2) 점 $(2,1)$을 지나고, y축에 평행한 직선을 그리면 오른쪽 그림과 같다.

$$\therefore x=2$$

(3) 점 $(-2,-4)$를 지나고, x축에 수직인 직선을 그리면 오른쪽 그림과 같다.

$$\therefore x=-2$$

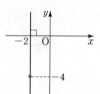

(4) 점 $(-5,3)$을 지나고, y축에 수직인 직선을 그리면 오른쪽 그림과 같다.

$$\therefore y=3$$

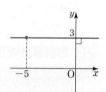

---

19 연립방정식의 해와 그래프 82쪽

1 (1) $x=3$, $y=1$ (2) $x=1$, $y=-\frac{3}{2}$

2 1, 3, -2, -1, -2, -1

3 그래프는 풀이 참조
(1) $x=3$, $y=1$ (2) $x=2$, $y=1$ (3) $x=1$, $y=-1$

3 (1) $\begin{cases} x+y=4 \\ x+2y=5 \end{cases}$ 에서 $\begin{cases} y=-x+4 \\ y=-\frac{1}{2}x+\frac{5}{2} \end{cases}$

두 일차방정식의 그래프를 좌표평면 위에 나타내면 오른쪽 그림과 같고, 두 직선은 한 점 $(3,1)$에서 만난다.
따라서 연립방정식의 해는
$x=3$, $y=1$

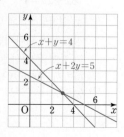

(2) $\begin{cases} x+2y=4 \\ 2x-y=3 \end{cases}$ 에서 $\begin{cases} y=-\dfrac{1}{2}x+2 \\ y=2x-3 \end{cases}$

두 일차방정식의 그래프를 좌표
평면 위에 나타내면 오른쪽 그
림과 같고, 두 직선은 한 점
$(2, 1)$에서 만난다.
따라서 연립방정식의 해는
$x=2, y=1$

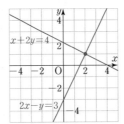

(3) $\begin{cases} 2x+y=1 \\ -x-4y=3 \end{cases}$ 에서 $\begin{cases} y=-2x+1 \\ y=-\dfrac{1}{4}x-\dfrac{3}{4} \end{cases}$

두 일차방정식의 그래프를 좌표
평면 위에 나타내면 오른쪽 그
림과 같고, 두 직선은 한 점
$(1, -1)$에서 만난다.
따라서 연립방정식의 해는
$x=1, y=-1$

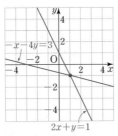

⑳ 연립방정식의 해의 개수와 두 그래프의 위치 관계 83쪽

1 그래프는 풀이 참조 (1) 해가 없다. (2) 해가 무수히 많다.

2 (1) $\dfrac{1}{3}$, $\dfrac{b}{9}$, -3, -9 (2) $a=-2$, $b=-3$

　　(3) $a=-7$, $b=7$

3 (1) -4, 8 (2) $\dfrac{1}{2}$ (3) 6

1 (1) $\begin{cases} x-2y=2 \\ \dfrac{1}{2}x-y=3 \end{cases}$ 에서 $\begin{cases} y=\dfrac{1}{2}x-1 \\ y=\dfrac{1}{2}x-3 \end{cases}$

두 일차방정식의 그래프를 좌표
평면 위에 나타내면 오른쪽 그림
과 같이 두 직선은 평행하다.
따라서 연립방정식의 해가 없다.

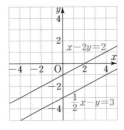

(2) $\begin{cases} 3x+y=2 \\ 6x+2y=4 \end{cases}$ 에서 $\begin{cases} y=-3x+2 \\ y=-3x+2 \end{cases}$

두 일차방정식의 그래프를 좌표
평면 위에 나타내면 오른쪽 그림
과 같이 두 직선은 일치한다.
따라서 연립방정식의 해가 무수
히 많다.

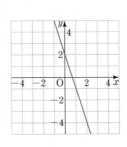

2 (2) $\begin{cases} 4x-6y=a \\ 2x+by=-1 \end{cases}$ 에서 $\begin{cases} y=\dfrac{2}{3}x-\dfrac{a}{6} \\ y=-\dfrac{2}{b}x-\dfrac{1}{b} \end{cases}$

두 일차함수의 그래프의 기울기와 y절편이 각각 같아야 하
므로

$\dfrac{2}{3}=-\dfrac{2}{b}$ 에서 $2b=-6$ ∴ $b=-3$

$-\dfrac{a}{6}=-\dfrac{1}{b}$ 에서 $-\dfrac{a}{6}=\dfrac{1}{3}$

$3a=-6$ ∴ $a=-2$

(3) $\begin{cases} 2x-ay=7 \\ 2x+7y=b \end{cases}$ 에서 $\begin{cases} y=\dfrac{2}{a}x-\dfrac{7}{a} \\ y=-\dfrac{2}{7}x+\dfrac{b}{7} \end{cases}$

두 일차함수의 그래프의 기울기와 y절편이 각각 같아야 하
므로

$\dfrac{2}{a}=-\dfrac{2}{7}$ 에서 $2a=-14$ ∴ $a=-7$

$-\dfrac{7}{a}=\dfrac{b}{7}$ 에서 $1=\dfrac{b}{7}$ ∴ $b=7$

3 (2) $\begin{cases} ax-y=5 \\ -2x+4y=3 \end{cases}$ 에서 $\begin{cases} y=ax-5 \\ y=\dfrac{1}{2}x+\dfrac{3}{4} \end{cases}$

두 일차함수의 그래프의 기울기가 같고, y절편이 달라야 하
므로

$a=\dfrac{1}{2}$

(3) $\begin{cases} 3x-2y=3 \\ ax-4y=-2 \end{cases}$ 에서 $\begin{cases} y=\dfrac{3}{2}x-\dfrac{3}{2} \\ y=\dfrac{a}{4}x+\dfrac{1}{2} \end{cases}$

두 일차함수의 그래프의 기울기가 같고, y절편이 달라야 하
므로

$\dfrac{3}{2}=\dfrac{a}{4}$ 에서 $2a=12$ ∴ $a=6$

대단원 개념 마무리 84쪽~86쪽

1 (1) ○ (2) ○ (3) × (4) ×

2 (1) 6 (2) -3 (3) -4 (4) -6

3 (1) $12-x$, ○ (2) $\dfrac{x}{2}$, ○ (3) $\dfrac{100}{x}$, ×

4 (1) $y=3x-5$ (2) $y=-\dfrac{6}{5}x+4$ (3) $y=-9x+1$

　　(4) $y=\dfrac{3}{8}x+\dfrac{9}{2}$

5 (1) 3, -9 (2) $\dfrac{3}{4}$, 6 (3) $-\dfrac{4}{3}$, -1

6 (1) 5 (2) $\dfrac{1}{3}$ (3) $-\dfrac{5}{8}$

7 (1) -6 (2) -1 (3) $\dfrac{2}{3}$

2 (1) $f(x)=-\dfrac{24}{-4}=6$

(2) $f(x)=-\dfrac{24}{8}=-3$

(3) $f(x)=-\dfrac{24}{6}=-4$

(4) $f(3)=-\dfrac{24}{3}=-8$,

$f(-12)=-\dfrac{24}{-12}=2$

$\therefore f(3)+f(-12)=-8+2=-6$

3 (1) (직사각형의 둘레의 길이)

$=2\times\{(\text{가로의 길이})+(\text{세로의 길이})\}$이므로

$24=2(x+y)$, $12=x+y$　$\therefore y=12-x$

(2) (속력)$=\dfrac{(\text{거리})}{(\text{시간})}$이므로 $y=\dfrac{x}{2}$

(3) (전체 끈의 길이)

$=(x\,\text{cm씩 자른 끈의 길이})\times(\text{잘린 끈의 개수})$이므로

$100=xy$　$\therefore y=\dfrac{100}{x}$

4 (3) $y=-9x-2+3=-9x+1$

(4) $y=\dfrac{3}{8}x+5-\dfrac{1}{2}=\dfrac{3}{8}x+\dfrac{9}{2}$

5 (1) $y=0$일 때, $0=3x-9$, $3x=9$　$\therefore x=3$

$x=0$일 때, $y=3\times0-9=-9$

➡ x절편: 3, y절편: -9

(2) $y=0$일 때, $0=-8x+6$, $8x=6$　$\therefore x=\dfrac{3}{4}$

$x=0$일 때, $y=-8\times0+6=6$

➡ x절편: $\dfrac{3}{4}$, y절편: 6

(3) $y=0$일 때, $0=-\dfrac{3}{4}x-1$, $\dfrac{3}{4}x=-1$　$\therefore x=-\dfrac{4}{3}$

$x=0$일 때, $y=-\dfrac{3}{4}\times0-1=-1$

➡ x절편: $-\dfrac{4}{3}$, y절편: -1

7 (1) (기울기)$=\dfrac{-7-5}{4-2}=-6$

(2) (기울기)$=\dfrac{6-9}{0-(-3)}=-1$

(3) (기울기)$=\dfrac{-9-(-1)}{-4-8}=\dfrac{2}{3}$

8 (1)
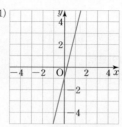
(2)
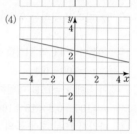
(3)
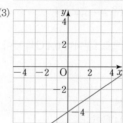
(4)
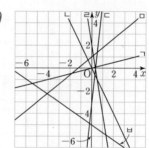

9

(1) 기울기가 양수인 일차함수 ➡ ㄱ, ㄷ, ㅁ

(2) 기울기가 음수인 일차함수 ➡ ㄴ, ㄹ, ㅂ

(3) y절편이 양수인 일차함수 ➡ ㄹ, ㅁ

(4) 제1사분면을 지나지 않는 직선 ➡ ㄴ, ㅂ

11 (1) $y=-ax+8$, $y=2x-b$에서

$-a=2$, $8=-b$　$\therefore a=-2$, $b=-8$

(2) $y=3ax-10$, $y=9x+2b$에서

$3a=9$, $-10=2b$　$\therefore a=3$, $b=-5$

12 (2) 일차함수 $y=-\dfrac{1}{3}x-5$의 그래프와 기울기는 같다.

즉, 기울기는 $-\dfrac{1}{3}$이므로 일차함수의 식을 $y=-\dfrac{1}{3}x+b$라

고 하자.

점 $(0, 2)$를 지나므로 (y절편)$=2$

따라서 구하는 일차함수의 식은 $y=-\dfrac{1}{3}x+2$

(3) 기울기가 -2이므로 일차함수의 식을 $y=-2x+b$라고 하자.

점 $(3, -1)$을 지나므로 $x=3$, $y=-1$을 대입하면

$-1=-6+b$　$\therefore b=5$

따라서 구하는 일차함수의 식은 $y=-2x+5$

(4) (기울기)$=\dfrac{10}{4}=\dfrac{5}{2}$이므로 일차함수의 식을 $y=\dfrac{5}{2}x+b$라

고 하자.

점 $(4, 2)$를 지나므로 $x=4$, $y=2$를 대입하면

$2=10+b$　$\therefore b=-8$

따라서 구하는 일차함수의 식은 $y=\dfrac{5}{2}x-8$

(5) $(기울기) = \dfrac{4-1}{1-(-5)} = \dfrac{3}{6} = \dfrac{1}{2}$이므로 일차함수의 식을

$y = \dfrac{1}{2}x + b$라고 하자.

점 $(1, 4)$를 지나므로 $x=1$, $y=4$를 대입하면

$4 = \dfrac{1}{2} + b$ $\therefore b = \dfrac{7}{2}$

따라서 구하는 일차함수의 식은 $y = \dfrac{1}{2}x + \dfrac{7}{2}$

(6) x절편이 8이고, y절편이 -4이므로

두 점 $(8, 0)$, $(0, -4)$를 지난다.

$\therefore (기울기) = \dfrac{-4-0}{0-8} = \dfrac{1}{2}$

따라서 구하는 일차함수의 식은 $y = \dfrac{1}{2}x - 4$

13 10분마다 $4^\circ C$씩 일정하게 낮아지므로 1분마다 $0.4^\circ C$씩 낮아진다.

$\therefore y = 100 - 0.4x$

이 식에 $x=15$를 대입하면

$y = 100 - 0.4 \times 15 = 100 - 6 = 94$

따라서 15분 후에 물의 온도는 $94^\circ C$이다.

14 (1) $3x - y + 2 = 0$

➡ $y = 3x + 2$

기울기가 3이고 y절편이 2인

직선이다.

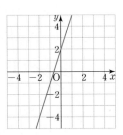

(2) $x + 4y - 8 = 0$

➡ $y = -\dfrac{1}{4}x + 2$

기울기가 $-\dfrac{1}{4}$이고 y절편이

2인 직선이다.

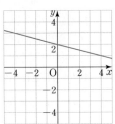

15 $12x + 4y - 9 = 0$에서 $4y = -12 + 9$

$\therefore y = -3x + \dfrac{9}{4}$

(1) $y = -3x + \dfrac{9}{4}$에 $y=0$을 대입하면

$0 = -3x + \dfrac{9}{4}$, $3x = \dfrac{9}{4}$ $\therefore x = \dfrac{3}{4}$

따라서 x절편은 $\dfrac{3}{4}$이다.

(3) $y = -3x + \dfrac{9}{4}$에 $x = -\dfrac{1}{4}$, $y=3$을 대입하면

$3 = \dfrac{3}{4} + \dfrac{9}{4}$

즉, 점 $\left(-\dfrac{1}{4}, 3\right)$을 지난다.

(4) $y = -3x + \dfrac{9}{4}$의 그래프는 오른쪽 그림과

같으므로 제3사분면을 지나지 않는다.

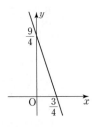

(5) 두 일차함수 $y = -3x + \dfrac{9}{4}$와

$y = 3x + 2$의 그래프의 기울기는 각각

-3, 3으로 다르므로 두 그래프는 한

점에서 만난다.

17 (1) $\begin{cases} x - 3y = -3 \\ 3x - 2y = 5 \end{cases}$ 에서 $\begin{cases} y = \dfrac{1}{3}x + 1 \\ y = \dfrac{3}{2}x - \dfrac{5}{2} \end{cases}$

두 일차방정식의 그래프를 좌표
평면 위에 나타내면 오른쪽 그림
과 같고 두 직선은 한 점 $(3, 2)$
에서 만난다.
따라서 연립방정식의 해는
$x=3$, $y=2$

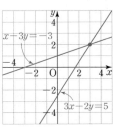

(2) $\begin{cases} x + 3y = 2 \\ 3x - 4y = -7 \end{cases}$ 에서 $\begin{cases} y = -\dfrac{1}{3}x + \dfrac{2}{3} \\ y = \dfrac{3}{4}x + \dfrac{7}{4} \end{cases}$

두 일차방정식의 그래프를 좌표
평면 위에 나타내면 오른쪽 그림
과 같고 두 직선은 한 점
$(-1, 1)$에서 만난다.
따라서 연립방정식의 해는
$x = -1$, $y = 1$

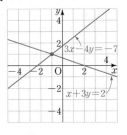

18 (1) $\begin{cases} 3x - ay = 5 \\ -x + 4y = b \end{cases}$ 에서 $\begin{cases} y = \dfrac{3}{a}x - \dfrac{5}{a} \\ y = \dfrac{1}{4}x + \dfrac{b}{4} \end{cases}$

두 일차함수의 그래프의 기울기와 y절편이 같아야 하므로

$\dfrac{3}{a} = \dfrac{1}{4}$에서 $a = 12$

$-\dfrac{5}{a} = \dfrac{b}{4}$에서 $-\dfrac{5}{12} = \dfrac{b}{4}$

$12b = -20$ $\therefore b = -\dfrac{5}{3}$

(2) $\begin{cases} -2x + 3y = a \\ bx - 6y = 4 \end{cases}$ 에서 $\begin{cases} y = \dfrac{2}{3}x + \dfrac{a}{3} \\ y = \dfrac{b}{6}x - \dfrac{2}{3} \end{cases}$

두 일차함수의 그래프의 기울기와 y절편이 같아야 하므로

$\dfrac{2}{3} = \dfrac{b}{6}$에서 $3b = 12$ $\therefore b = 4$

$\dfrac{a}{3} = -\dfrac{2}{3}$에서 $3a = -6$ $\therefore a = -2$

19 (1) $\begin{cases} ax + y = 4 \\ 5x - 3y = 4 \end{cases}$ 에서 $\begin{cases} y = -ax + 4 \\ y = \dfrac{5}{3}x - \dfrac{4}{3} \end{cases}$

두 일차함수의 그래프의 기울기가 같고, y절편이 달라야 하
므로

$-a = \dfrac{5}{3}$ $\therefore a = -\dfrac{5}{3}$

(2) $\begin{cases} -ax + 2y = 2 \\ 9x + 6y = 8 \end{cases}$ 에서 $\begin{cases} y = \dfrac{a}{2}x + 1 \\ y = -\dfrac{3}{2}x + \dfrac{4}{3} \end{cases}$

두 일차함수의 그래프의 기울기가 같고, y절편이 달라야 하
므로

$\dfrac{a}{2} = -\dfrac{3}{2}$에서 $2a = -6$ $\therefore a = -3$

I 유리수의 표현과 식의 계산
2쪽~10쪽

1 ㄱ, ㄷ, ㄹ, ㅂ **2** ㄱ, ㄹ, ㅁ

3 (1) $0.\dot{7}$ (2) $-1.\dot{2}\dot{8}$ (3) $-2.0\dot{4}\dot{3}$ (4) $3.5\dot{1}\dot{2}$ (5) $31.\dot{2}3\dot{1}$

4 (1) 0.032 (2) 0.175

5 유한소수: ㄱ, ㅁ, ㅅ, ㅇ 순환소수: ㄴ, ㄷ, ㄹ, ㅂ, ㅈ

6 (1) 7 (2) 3 (3) 9 (4) 21

7 (1) ㄱ (2) ㄴ (3) ㄷ (4) ㅁ

8 (1) $\dfrac{7}{9}$ (2) $\dfrac{124}{99}$ (3) $\dfrac{542}{999}$

(4) $\dfrac{142}{45}$ (5) $\dfrac{97}{330}$ (6) $\dfrac{80}{37}$

9 (1) 8 (2) 27, $\dfrac{3}{11}$ (3) 2, $\dfrac{245}{99}$

(4) 5, $\dfrac{49}{90}$ (5) 123, 900, $\dfrac{371}{300}$

10 (1) $\dfrac{1}{3}$ (2) $\dfrac{61}{33}$ (3) $\dfrac{161}{999}$

(4) $\dfrac{17}{90}$ (5) $\dfrac{1081}{495}$ (6) $\dfrac{86}{75}$

11 4개

12 (1) × (2) × (3) ○ (4) ○ (5) ×
(6) ○ (7) × (8) × (9) ○

13 (1) x^5 (2) 7^9 (3) a^8 (4) b^{12}
(5) $x^6 y^2$ (6) $2^9 \times 3^8$ (7) $a^5 b^6$ (8) $x^{10} y^3$

14 (1) x^{10} (2) a^{16} (3) 5^{18} (4) $x^{13} y^{16}$
(5) $a^{12} b^{28}$ (6) $x^{17} y^{17}$ (7) $x^{15} y^{12}$ (8) $a^{23} b^{24}$

15 (1) x^3 (2) $\dfrac{1}{7^5}$ (3) x^4 (4) 1
(5) x^{10} (6) $\dfrac{1}{3^8}$ (7) x^5 (8) $\dfrac{1}{a^5}$

16 (1) $64x^3$ (2) $a^6 b^6$ (3) $x^8 y^6$ (4) $-8a^9 b^{15}$
(5) $\dfrac{a^3}{b^{12}}$ (6) $\dfrac{32}{y^{15}}$ (7) $-\dfrac{y^9}{x^{12}}$ (8) $\dfrac{125b^{18}}{27a^9}$

17 (1) $35x^5$ (2) $12x^7 y^5$ (3) $4a^5 b^7$ (4) $2x^{10} y^{10}$
(5) $-4a^9 b^7$ (6) $36x^{14} y^{14}$ (7) $-6a^{11} b^{16}$ (8) $\dfrac{72}{5} x^{17} y^{12}$

18 (1) $3x$ (2) $\dfrac{5y}{x}$ (3) $-18a^4 b^2$ (4) $\dfrac{9x^2}{2y^3}$
(5) $-\dfrac{7a^3}{9b^{11}}$ (6) $\dfrac{9}{y^2}$ (7) $\dfrac{12y^3}{x}$ (8) $-\dfrac{b^2}{16a^2}$

19 (1) $-3x^4$ (2) $24a^4 b^6$ (3) $8x^9 y^2$ (4) $-\dfrac{9}{16} a^{15} b^{14}$
(5) $\dfrac{2}{9} x^5 y^7$ (6) $-\dfrac{1}{3} a^9 b^{11}$ (7) $\dfrac{2}{x^2 y^4}$ (8) $-\dfrac{24a^{12}}{b^3}$

20 (1) $7x+y$ (2) $-2a+9b$ (3) $-3y$
(4) $-\dfrac{1}{3} x + \dfrac{2}{5} y$ (5) $\dfrac{1}{4} x + \dfrac{3}{4} y$ (6) $\dfrac{17}{5} x - \dfrac{4}{5} y$
(7) $\dfrac{11}{12} x + \dfrac{7}{6} y$ (8) $-\dfrac{1}{15} a + \dfrac{4}{15} b$

21 (1) $3x+y$ (2) $5x-4y$ (3) $-6a+5b$ (4) $3a-8b$
(5) $-13a-7b$ (6) $-a+7b$ (7) x (8) $x-17y$

22 ㄱ, ㄷ, ㅁ, ㅂ

23 (1) $5x^2-6x+5$ (2) $2x^2-3$ (3) $5a^2-a-2$
(4) $-2x^2-2x-1$ (5) a^2-3a+4 (6) $-x^2+10$

24 (1) $6x^2+3x$ (2) $6a^2-9ab$
(3) $-4x^2+6xy$ (4) $-9xy+12y^2$
(5) $-6x^2+4xy-2x$ (6) $-3ab+9b^2-12b$
(7) $4xy-6y^2+3y$ (8) $9a^2-3ab-6a$

25 (1) $4x+2$ (2) $\dfrac{x^2}{y}-4y$ (3) $\dfrac{3}{2} x-2y$
(4) ab^3-3a^3 (5) $10y+6x^2$ (6) $3x-2x^3 y$
(7) $-21a^2+14b^2$ (8) $-2x+20x^3 y^3$

26 (1) $5x^2-4y^3$ (2) $5a^3+7a^2 b^2$ (3) $7x^4 y^2+4x^2 y$
(4) $a^3 b^3-2ab$ (5) $x+8$ (6) $-4a^2 b^4-b$
(7) xy (8) $-3a-b$

---

4 (1) $\dfrac{4}{125} = \dfrac{4}{5^3} = \dfrac{4 \times 2^3}{5^3 \times 2^3} = \dfrac{32}{10^3} = \dfrac{32}{1000} = 0.032$

(2) $\dfrac{7}{40} = \dfrac{7}{2^3 \times 5} = \dfrac{7 \times 5^2}{2^3 \times 5 \times 5^2} = \dfrac{175}{2^3 \times 5^3} = \dfrac{175}{10^3} = \dfrac{175}{1000} = 0.175$

5 ㄱ. $\dfrac{3}{20} = \dfrac{3}{2^2 \times 5}$, 즉 분모의 소인수가 2와 5뿐이므로 유한소수로 나타낼 수 있다.

ㄴ. $\dfrac{1}{60} = \dfrac{1}{2^2 \times 3 \times 5}$, 즉 분모에 2나 5 이외의 소인수 3이 있으므로 순환소수로 나타낼 수 있다.

ㄷ. $\dfrac{28}{140} = \dfrac{1}{5}$, 즉 분모의 소인수가 5뿐이므로 유한소수로 나타낼 수 있다.

ㅂ. $\dfrac{15}{180} = \dfrac{1}{12} = \dfrac{1}{2^2 \times 3}$, 즉 분모에 2나 5 이외의 소인수 3이 있으므로 순환소수로 나타낼 수 있다.

ㅅ. $\dfrac{27}{3^2 \times 5} = \dfrac{3}{5}$, 즉 분모의 소인수가 5뿐이므로 유한소수로 나타낼 수 있다.

ㅇ. $\dfrac{33}{2 \times 5^2 \times 11} = \dfrac{3}{2 \times 5^2}$, 즉 분모의 소인수가 2와 5뿐이므로 유한소수로 나타낼 수 있다.

ㅈ. $\dfrac{13}{36} = \dfrac{13}{2^2 \times 3^2}$, 즉 분모에 2나 5 이외의 소인수 3이 있으므로 순환소수로 나타낼 수 있다.

따라서 유한소수인 것은 ㄱ, ㅁ, ㅅ, ㅇ이고, 순환소수인 것은 ㄴ, ㄷ, ㄹ, ㅂ, ㅈ이다.

6 (2) $\dfrac{7}{2^2 \times 3 \times 5^3 \times 7} = \dfrac{1}{2^2 \times 3 \times 5^3}$

➡ 분모의 소인수가 2나 5뿐이 되도록 하는 가장 작은 자연수 3을 곱한다.

(3) $\dfrac{5}{18} = \dfrac{5}{2 \times 3^2}$

➡ 분모의 소인수가 2나 5뿐이 되도록 하는 가장 작은 자연수 $3^2=9$를 곱한다.

(4) $\dfrac{15}{630} = \dfrac{1}{42} = \dfrac{1}{2 \times 3 \times 7}$

➡ 분모의 소인수가 2나 5뿐이 되도록 하는 가장 작은 자연수 $3 \times 7=21$을 곱한다.

8 (2) $1.\dot{2}\dot{5}$를 x라고 하면 $x=1.2525\cdots$

$$100x=125.2525\cdots$$
$$-\underline{)\quad x=\quad\ 1.2525\cdots}$$
$$99x=124$$
$$\therefore x=\frac{124}{99}$$

(3) $0.\dot{5}4\dot{2}$를 x라고 하면 $x=0.542542\cdots$

$$1000x=542.542542\cdots$$
$$-\underline{)\qquad x=\quad\ 0.542542\cdots}$$
$$999x=542$$
$$\therefore x=\frac{542}{999}$$

(4) $3.1\dot{5}$를 x라고 하면 $x=3.1555\cdots$

$$100x=315.5555\cdots$$
$$-\underline{)\ \ 10x=\ \ 31.5555\cdots}$$
$$90x=284$$
$$\therefore x=\frac{284}{90}=\frac{142}{45}$$

(5) $0.2\dot{9}\dot{3}$을 x라고 하면 $x=0.29393\cdots$

$$1000x=293.9393\cdots$$
$$-\underline{)\ \ 10x=\quad\ 2.9393\cdots}$$
$$990x=291$$
$$\therefore x=\frac{291}{990}=\frac{97}{330}$$

(6) $2.\dot{1}6\dot{2}$를 x라고 하면 $x=2.162162\cdots$

$$1000x=2162.162162\cdots$$
$$-\underline{)\qquad x=\quad\ 2.162162\cdots}$$
$$999x=2160$$
$$\therefore x=\frac{2160}{999}=\frac{240}{111}=\frac{80}{37}$$

10 (2) $1.\dot{8}\dot{4}=\dfrac{184-1}{99}=\dfrac{183}{99}=\dfrac{61}{33}$

(4) $0.1\dot{8}=\dfrac{18-1}{90}=\dfrac{17}{90}$

(5) $2.1\dot{8}\dot{3}=\dfrac{2183-21}{990}=\dfrac{2162}{990}=\dfrac{1081}{495}$

(6) $1.14\dot{6}=\dfrac{1146-114}{900}=\dfrac{1032}{900}=\dfrac{86}{75}$

11 ㄷ, ㄹ. 순환소수가 아닌 무한소수이므로 유리수가 아니다.
따라서 유리수는 ㄱ, ㄴ, ㅁ, ㅂ의 4개이다.

12 (1), (2) $\dfrac{1}{3}$은 기약분수이면서 유리수이지만 유한소수로 나타낼 수 없다.

(5) 모든 순환소수는 무한소수이다.

(7) 분수를 소수로 나타내면 유한소수 또는 순환소수가 된다.

(8) 순환소수가 아닌 무한소수도 있다.

13 (4) $b^2\times b^5\times b^2\times b^3=b^{2+5+2+3}=b^{12}$

(6) $2^2\times3^5\times2^7\times3^3=2^2\times2^7\times3^5\times3^3=2^{2+7}\times3^{5+3}=2^9\times3^8$

(7) $a\times b^5\times a^4\times b=a\times a^4\times b^5\times b=a^{1+4}\times b^{5+1}=a^5b^6$

(8) $x\times y\times y^2\times x^3\times x^6=x\times x^3\times x^6\times y\times y^2$
$$=x^{1+3+6}\times y^{1+2}=x^{10}y^3$$

14 (4) $(x^5)^2\times x^3\times(y^4)^4=x^{10}\times x^3\times y^{16}=x^{10+3}\times y^{16}=x^{13}y^{16}$

(5) $(a^3)^4\times(b^5)^2\times(b^6)^3=a^{12}\times b^{10}\times b^{18}$
$$=a^{12}\times b^{10+18}=a^{12}b^{28}$$

(6) $x^5\times(y^3)^4\times(x^6)^2\times y^5=x^5\times y^{12}\times x^{12}\times y^5$
$$=x^5\times x^{12}\times y^{12}\times y^5$$
$$=x^{5+12}\times y^{12+5}=x^{17}y^{17}$$

(7) $(x^2)^3\times(y^4)^2\times(x^3)^3\times(y^2)^2=x^6\times y^8\times x^9\times y^4$
$$=x^6\times x^9\times y^8\times y^4$$
$$=x^{6+9}\times y^{8+4}=x^{15}y^{12}$$

(8) $(a^3)^5\times(b^6)^2\times(a^4)^2\times(b^3)^4=a^{15}\times b^{12}\times a^8\times b^{12}$
$$=a^{15}\times a^8\times b^{12}\times b^{12}$$
$$=a^{15+8}\times b^{12+12}=a^{23}b^{24}$$

15 (2) $7^4\div7^9=\dfrac{1}{7^{9-4}}=\dfrac{1}{7^5}$

(3) $x^9\div x^2\div x^3=x^{9-2}\div x^3=x^7\div x^3=x^{7-3}=x^4$

(4) $a^6\div a^4\div a^2=a^{6-4}\div a^2=a^2\div a^2=1$

(5) $(x^6)^3\div(x^2)^4=x^{18}\div x^8=x^{18-8}=x^{10}$

(6) $(3^2)^6\div(3^4)^5=3^{12}\div3^{20}=\dfrac{1}{3^{20-12}}=\dfrac{1}{3^8}$

(7) $(x^5)^4\div x^9\div(x^2)^3=x^{20}\div x^9\div x^6=x^{20-9}\div x^6$
$$=x^{11}\div x^6=x^{11-6}=x^5$$

(8) $(a^4)^4\div(a^5)^3\div(a^3)^2=a^{16}\div a^{15}\div a^6=a^{16-15}\div a^6$
$$=a\div a^6=\dfrac{1}{a^{6-1}}=\dfrac{1}{a^5}$$

16 (4) $(-2a^3b^5)^3=(-2)^3a^{3\times3}b^{5\times3}=-8a^9b^{15}$

(6) $\left(\dfrac{2}{y^3}\right)^5=\dfrac{2^5}{y^{3\times5}}=\dfrac{32}{y^{15}}$

(7) $\left(-\dfrac{y^3}{x^4}\right)^3=(-1)^3\times\dfrac{y^{3\times3}}{x^{4\times3}}=-\dfrac{y^9}{x^{12}}$

(8) $\left(\dfrac{5b^6}{3a^3}\right)^3=\dfrac{5^3b^{6\times3}}{3^3a^{3\times3}}=\dfrac{125b^{18}}{27a^9}$

17 (2) $\dfrac{3}{4}x^5y^2\times16x^2y^3=\dfrac{3}{4}\times16\times x^5\times x^2\times y^2\times y^3=12x^7y^5$

(3) $2a^2\times\dfrac{1}{4}a^3b^2\times8b^5=2\times\dfrac{1}{4}\times8\times a^2\times a^3\times b^2\times b^5=4a^5b^7$

(4) $3x^5y^2\times(-4xy^3)\times\left(-\dfrac{1}{6}x^4y^5\right)$
$$=3\times(-4)\times\left(-\dfrac{1}{6}\right)\times x^5\times x\times x^4\times y^2\times y^3\times y^5$$
$$=2x^{10}y^{10}$$

(5) $(-a^2b)^3\times4a^3b^4=(-1)^3a^6b^3\times4a^3b^4$
$$=(-1)\times4\times a^6\times a^3\times b^3\times b^4$$
$$=-4a^9b^7$$

(6) $(2x^3y^5)^2\times(-3x^4y^2)^2=2^2x^6y^{10}\times(-3)^2x^8y^4$
$$=4\times9\times x^6\times x^8\times y^{10}\times y^4$$
$$=36x^{14}y^{14}$$

(7) $\dfrac{3}{4}ab^3\times(-2a^2b)^3\times(-a^2b^5)^2$
$$=\dfrac{3}{4}ab^3\times(-2)^3a^6b^3\times(-1)^2a^4b^{10}$$
$$=\dfrac{3}{4}\times(-8)\times1\times a\times a^6\times a^4\times b^3\times b^3\times b^{10}$$
$$=-6a^{11}b^{16}$$

(8) $\left(-\dfrac{3}{5}x^6y\right)^2 \times 5x^2y^4 \times (2xy^2)^3$

$\quad = \left(-\dfrac{3}{5}\right)^2 x^{12}y^2 \times 5x^2y^4 \times 2^3x^3y^6$

$\quad = \dfrac{9}{25} \times 5 \times 8 \times x^{12} \times x^2 \times x^3 \times y^2 \times y^4 \times y^6$

$\quad = \dfrac{72}{5}x^{17}y^{12}$

18 (1) $24x^3 \div 8x^2 = \dfrac{24x^3}{8x^2} = \dfrac{24}{8} \times \dfrac{x^3}{x^2} = 3x$

(2) $20x^5y^2 \div 4x^6y = \dfrac{20x^5y^2}{4x^6y} = \dfrac{20}{4} \times \dfrac{x^5y^2}{x^6y} = \dfrac{5y}{x}$

(3) $24a^8b^5 \div \left(-\dfrac{4}{3}a^4b^3\right) = 24a^8b^5 \div \left(-\dfrac{4a^4b^3}{3}\right)$

$\quad\qquad = 24a^8b^5 \times \left(-\dfrac{3}{4a^4b^3}\right)$

$\quad\qquad = 24 \times \left(-\dfrac{3}{4}\right) \times a^8b^5 \times \dfrac{1}{a^4b^3}$

$\quad\qquad = -18a^4b^2$

(4) $(9x^4y^3)^2 \div 18x^6y^9 = 81x^8y^6 \div 18x^6y^9$

$\quad\qquad = \dfrac{81x^8y^6}{18x^6y^9} = \dfrac{81}{18} \times \dfrac{x^8y^6}{x^6y^9} = \dfrac{9x^2}{2y^3}$

(5) $21a^9b^4 \div (-3a^2b^5)^3 = 21a^9b^4 \div (-27a^6b^{15})$

$\quad\qquad = \dfrac{21a^9b^4}{-27a^6b^{15}}$

$\quad\qquad = \dfrac{21}{-27} \times \dfrac{a^9b^4}{a^6b^{15}} = -\dfrac{7a^3}{9b^{11}}$

(6) $6x^5y^2 \div \dfrac{2}{3}xy^4 \div x^4 = 6x^5y^2 \times \dfrac{3}{2xy^4} \times \dfrac{1}{x^4}$

$\quad\qquad = 6 \times \dfrac{3}{2} \times x^5y^2 \times \dfrac{1}{xy^4} \times \dfrac{1}{x^4}$

$\quad\qquad = \dfrac{9}{y^2}$

(7) $(4x^4y^3)^3 \div 16x^5y^2 \div \dfrac{1}{3}x^8y^4$

$\quad = 64x^{12}y^9 \div 16x^5y^2 \div \dfrac{x^8y^4}{3}$

$\quad = 64x^{12}y^9 \times \dfrac{1}{16x^5y^2} \times \dfrac{3}{x^8y^4}$

$\quad = 64 \times \dfrac{1}{16} \times 3 \times x^{12}y^9 \times \dfrac{1}{x^5y^2} \times \dfrac{1}{x^8y^4}$

$\quad = \dfrac{12y^3}{x}$

(8) $\left(-\dfrac{1}{4}a^4b^5\right)^2 \div \dfrac{1}{8}a^4b^2 \div (-2a^2b^2)^3$

$\quad = \dfrac{1}{16}a^8b^{10} \div \dfrac{a^4b^2}{8} \div (-8a^6b^6)$

$\quad = \dfrac{1}{16}a^8b^{10} \times \dfrac{8}{a^4b^2} \times \left(-\dfrac{1}{8a^6b^6}\right)$

$\quad = \dfrac{1}{16} \times 8 \times \left(-\dfrac{1}{8}\right) \times a^8b^{10} \times \dfrac{1}{a^4b^2} \times \dfrac{1}{a^6b^6}$

$\quad = -\dfrac{b^2}{16a^2}$

19 (1) $27x^2 \times 2x^5 \div (-18x^3) = 27x^2 \times 2x^5 \times \left(-\dfrac{1}{18x^3}\right)$

$\quad\qquad = 27 \times 2 \times \left(-\dfrac{1}{18}\right) \times x^2 \times x^5 \times \dfrac{1}{x^3}$

$\quad\qquad = -3x^4$

(2) $3a^6b^8 \times 4a^2b^3 \div \dfrac{1}{2}a^4b^5 = 3a^6b^8 \times 4a^2b^3 \times \dfrac{2}{a^4b^5}$

$\quad\qquad = 3 \times 4 \times 2 \times a^6b^8 \times a^2b^3 \times \dfrac{1}{a^4b^5}$

$\quad\qquad = 24a^4b^6$

(3) $(2x^3y)^4 \div 6x^4y^6 \times 3xy^4$

$\quad = 16x^{12}y^4 \div 6x^4y^6 \times 3xy^4$

$\quad = 16x^{12}y^4 \times \dfrac{1}{6x^4y^6} \times 3xy^4$

$\quad = 16 \times \dfrac{1}{6} \times 3 \times x^{12}y^4 \times \dfrac{1}{x^4y^6} \times xy^4$

$\quad = 8x^9y^2$

(4) $\dfrac{1}{6}a^8b^5 \times \left(-\dfrac{3}{2}a^3b^4\right)^3 \div a^2b^3$

$\quad = \dfrac{1}{6}a^8b^5 \times \left(-\dfrac{27}{8}a^9b^{12}\right) \div a^2b^3$

$\quad = \dfrac{1}{6}a^8b^5 \times \left(-\dfrac{27}{8}a^9b^{12}\right) \times \dfrac{1}{a^2b^3}$

$\quad = \dfrac{1}{6} \times \left(-\dfrac{27}{8}\right) \times a^8b^5 \times a^9b^{12} \times \dfrac{1}{a^2b^3}$

$\quad = -\dfrac{9}{16}a^{15}b^{14}$

(5) $(2x^3y^2)^3 \times \left(\dfrac{1}{3}x^2y^3\right)^2 \div 4x^8y^5$

$\quad = 8x^9y^6 \times \dfrac{1}{9}x^4y^6 \div 4x^8y^5$

$\quad = 8x^9y^6 \times \dfrac{1}{9}x^4y^6 \times \dfrac{1}{4x^8y^5}$

$\quad = 8 \times \dfrac{1}{9} \times \dfrac{1}{4} \times x^9y^6 \times x^4y^6 \times \dfrac{1}{x^8y^5}$

$\quad = \dfrac{2}{9}x^5y^7$

(6) $4a^6b^4 \div \left(-\dfrac{2}{3}a^3b^4\right)^2 \times \left(-\dfrac{1}{3}a^3b^5\right)^3$

$\quad = 4a^6b^4 \div \dfrac{4a^6b^8}{9} \times \left(-\dfrac{1}{27}a^9b^{15}\right)$

$\quad = 4a^6b^4 \times \dfrac{9}{4a^6b^8} \times \left(-\dfrac{1}{27}a^9b^{15}\right)$

$\quad = 4 \times \dfrac{9}{4} \times \left(-\dfrac{1}{27}\right) \times a^6b^4 \times \dfrac{1}{a^6b^8} \times a^9b^{15}$

$\quad = -\dfrac{1}{3}a^9b^{11}$

(7) $(x^3y^2)^4 \div (2x^4y^3)^5 \times (4x^2y)^3$

$\quad = x^{12}y^8 \div 32x^{20}y^{15} \times 64x^6y^3$

$\quad = x^{12}y^8 \times \dfrac{1}{32x^{20}y^{15}} \times 64x^6y^3$

$\quad = \dfrac{1}{32} \times 64 \times x^{12}y^8 \times \dfrac{1}{x^{20}y^{15}} \times x^6y^3$

$\quad = \dfrac{2}{x^2y^4}$

(8) $\left(-\dfrac{1}{3}a^5b^2\right)^2 \times (-6a^2b^3)^3 \div (ab^4)^4$

$\quad = \dfrac{1}{9}a^{10}b^4 \times (-216a^6b^9) \div a^4b^{16}$

$\quad = \dfrac{1}{9}a^{10}b^4 \times (-216a^6b^9) \times \dfrac{1}{a^4b^{16}}$

$\quad = \dfrac{1}{9} \times (-216) \times a^{10}b^4 \times a^6b^9 \times \dfrac{1}{a^4b^{16}}$

$\quad = -\dfrac{24a^{12}}{b^3}$

20 (2) $2(5a-3b)+3(-4a+5b)=10a-6b-12a+15b$
$\qquad\qquad\qquad\qquad\qquad\quad =10a-12a-6b+15b$
$\qquad\qquad\qquad\qquad\qquad\quad =-2a+9b$

(3) $4(2x-3y)-(8x-9y)=8x-12y-8x+9y$
$\qquad\qquad\qquad\qquad\quad =8x-8x-12y+9y$
$\qquad\qquad\qquad\qquad\quad =-3y$

(4) $\left(\dfrac{1}{3}x-\dfrac{2}{5}y\right)-\left(\dfrac{2}{3}x-\dfrac{4}{5}y\right)=\dfrac{1}{3}x-\dfrac{2}{5}y-\dfrac{2}{3}x+\dfrac{4}{5}y$
$\qquad\qquad\qquad\qquad\qquad =\dfrac{1}{3}x-\dfrac{2}{3}x-\dfrac{2}{5}y+\dfrac{4}{5}y$
$\qquad\qquad\qquad\qquad\qquad =-\dfrac{1}{3}x+\dfrac{2}{5}y$

(5) $\left(\dfrac{3}{4}x+\dfrac{1}{2}y\right)-\left(\dfrac{1}{2}x-\dfrac{1}{4}y\right)=\dfrac{3}{4}x+\dfrac{1}{2}y-\dfrac{1}{2}x+\dfrac{1}{4}y$
$\qquad\qquad\qquad\qquad\qquad =\dfrac{3}{4}x-\dfrac{1}{2}x+\dfrac{1}{2}y+\dfrac{1}{4}y$
$\qquad\qquad\qquad\qquad\qquad =\dfrac{3}{4}x-\dfrac{2}{4}x+\dfrac{2}{4}y+\dfrac{1}{4}y$
$\qquad\qquad\qquad\qquad\qquad =\dfrac{1}{4}x+\dfrac{3}{4}y$

(6) $\dfrac{2x+y}{5}+3x-y=\dfrac{2x+y+5(3x-y)}{5}$
$\qquad\qquad\qquad =\dfrac{2x+y+15x-5y}{5}$
$\qquad\qquad\qquad =\dfrac{17x-4y}{5}=\dfrac{17}{5}x-\dfrac{4}{5}y$

(7) $\dfrac{2x+5y}{3}+\dfrac{x-2y}{4}=\dfrac{4(2x+5y)+3(x-2y)}{12}$
$\qquad\qquad\qquad\qquad =\dfrac{8x+20y+3x-6y}{12}$
$\qquad\qquad\qquad\qquad =\dfrac{11x+14y}{12}=\dfrac{11}{12}x+\dfrac{7}{6}y$

(8) $\dfrac{2(4a-b)}{5}-\dfrac{5a-2b}{3}=\dfrac{6(4a-b)-5(5a-2b)}{15}$
$\qquad\qquad\qquad\qquad =\dfrac{24a-6b-25a+10b}{15}$
$\qquad\qquad\qquad\qquad =\dfrac{-a+4b}{15}=-\dfrac{1}{15}a+\dfrac{4}{15}b$

21 (1) $x+\{3x-(x-y)\}=x+(3x-x+y)$
$\qquad\qquad\qquad\quad =x+(2x-y)$
$\qquad\qquad\qquad\quad =x+2x+y=3x+y$

(2) $3x-2\{4y-(x+2y)\}=3x-2(4y-x-2y)$
$\qquad\qquad\qquad\qquad =3x-2(-x+2y)$
$\qquad\qquad\qquad\qquad =3x+2x-4y=5x-4y$

(3) $-a+[b-\{3a+(2a-4b)\}]=-a+\{b-(3a+2a-4b)\}$
$\qquad\qquad\qquad\qquad\qquad\quad =-a+\{b-(5a-4b)\}$
$\qquad\qquad\qquad\qquad\qquad\quad =-a+(b-5a+4b)$
$\qquad\qquad\qquad\qquad\qquad\quad =-a+(-5a+5b)$
$\qquad\qquad\qquad\qquad\qquad\quad =-a-5a+5b=-6a+5b$

(4) $5a-[7b+\{4a-(2a-b)\}]=5a-\{7b+(4a-2a+b)\}$
$\qquad\qquad\qquad\qquad\qquad\quad =5a-\{7b+(2a+b)\}$
$\qquad\qquad\qquad\qquad\qquad\quad =5a-(7b+2a+b)$
$\qquad\qquad\qquad\qquad\qquad\quad =5a-(2a+8b)$
$\qquad\qquad\qquad\qquad\qquad\quad =5a-2a-8b=3a-8b$

(5) $-2a+b-[3a+2\{6b+(4a-2b)\}]$
$\quad =-2a+b-\{3a+2(6b+4a-2b)\}$
$\quad =-2a+b-\{3a+2(4a+4b)\}$
$\quad =-2a+b-(3a+8a+8b)$
$\quad =-2a+b-(11a+8b)$
$\quad =-2a+b-11a-8b=-13a-7b$

(6) $4b-[2a+2b-\{3a-(2a+b)+6b\}]$
$\quad =4b-\{2a+2b-(3a-2a-b+6b)\}$
$\quad =4b-\{2a+2b-(a+5b)\}$
$\quad =4b-(2a+2b-a-5b)$
$\quad =4b-(a-3b)$
$\quad =4b-a+3b=-a+7b$

(7) $3x+y-[2y-\{4y-(5x+3y)\}-3x]$
$\quad =3x+y-\{2y-(4y-5x-3y)-3x\}$
$\quad =3x+y-\{2y-(-5x+y)-3x\}$
$\quad =3x+y-(2y+5x-y-3x)$
$\quad =3x+y-(2x+y)$
$\quad =3x+y-2x-y=x$

(8) $-x+5y-2[x+y-\{3x+2(x-5y)\}+3x]$
$\quad =-x+5y-2\{x+y-(3x+2x-10y)+3x\}$
$\quad =-x+5y-2\{x+y-(5x-10y)+3x\}$
$\quad =-x+5y-2(x+y-5x+10y+3x)$
$\quad =-x+5y-2(-x+11y)$
$\quad =-x+5y+2x-22y=x-17y$

23 (2) $(-x^2+4x-1)+(3x^2-4x-2)$
$\quad =-x^2+4x-1+3x^2-4x-2$
$\quad =-x^2+3x^2+4x-4x-1-2$
$\quad =2x^2-3$

(3) $3(3a^2-a+1)+(-4a^2+2a-5)$
$\quad =9a^2-3a+3-4a^2+2a-5$
$\quad =9a^2-4a^2-3a+2a+3-5$
$\quad =5a^2-a-2$

(4) $(2x^2-5x+1)-(4x^2-3x+2)$
$\quad =2x^2-5x+1-4x^2+3x-2$
$\quad =2x^2-4x^2-5x+3x+1-2$
$\quad =-2x^2-2x-1$

(5) $(3-2a-4a^2)-(-5a^2+a-1)$
$\quad =3-2a-4a^2+5a^2-a+1$
$\quad =-4a^2+5a^2-2a-a+3+1$
$\quad =a^2-3a+4$

(6) $3(-3x^2+2x)-2(-4x^2+3x-5)$
$=-9x^2+6x+8x^2-6x+10$
$=-9x^2+8x^2+6x-6x+10$
$=-x^2+10$

25 (1) $(12x^2+6x)\div 3x=\dfrac{12x^2+6x}{3x}$
$\qquad\qquad\qquad\quad=\dfrac{12x^2}{3x}+\dfrac{6x}{3x}$
$\qquad\qquad\qquad\quad=4x+2$

(2) $(5x^2y-20y^3)\div 5y^2=\dfrac{5x^2y-20y^3}{5y^2}$
$\qquad\qquad\qquad\qquad\quad=\dfrac{5x^2y}{5y^2}-\dfrac{20y^3}{5y^2}$
$\qquad\qquad\qquad\qquad\quad=\dfrac{x^2}{y}-4y$

(3) $(-3x^2+4xy)\div(-2x)=\dfrac{-3x^2+4xy}{-2x}$
$\qquad\qquad\qquad\qquad\qquad=\dfrac{-3x^2}{-2x}+\dfrac{4xy}{-2x}$
$\qquad\qquad\qquad\qquad\qquad=\dfrac{3}{2}x-2y$

(4) $(-3a^2b^4+9a^4b)\div(-3ab)=\dfrac{-3a^2b^4+9a^4b}{-3ab}$
$\qquad\qquad\qquad\qquad\qquad\qquad=\dfrac{-3a^2b^4}{-3ab}+\dfrac{9a^4b}{-3ab}$
$\qquad\qquad\qquad\qquad\qquad\qquad=ab^3-3a^3$

(5) $(15xy^2+9x^3y)\div\dfrac{3}{2}xy=(15xy^2+9x^3y)\times\dfrac{2}{3xy}$
$\qquad\qquad\qquad\qquad\qquad\quad=15xy^2\times\dfrac{2}{3xy}+9x^3y\times\dfrac{2}{3xy}$
$\qquad\qquad\qquad\qquad\qquad\quad=10y+6x^2$

(6) $(12x^3y^2-8x^5y^3)\div 4x^2y^2=\dfrac{12x^3y^2-8x^5y^3}{4x^2y^2}$
$\qquad\qquad\qquad\qquad\qquad\qquad=\dfrac{12x^3y^2}{4x^2y^2}-\dfrac{8x^5y^3}{4x^2y^2}$
$\qquad\qquad\qquad\qquad\qquad\qquad=3x-2x^3y$

(7) $(3a^4b-2a^2b^3)\div\left(-\dfrac{1}{7}a^2b\right)$
$\quad=(3a^4b-2a^2b^3)\times\left(-\dfrac{7}{a^2b}\right)$
$\quad=3a^4b\times\left(-\dfrac{7}{a^2b}\right)-2a^2b^3\times\left(-\dfrac{7}{a^2b}\right)$
$\quad=-21a^2+14b^2$

(8) $\left(\dfrac{3}{2}x^2y^3-15x^4y^6\right)\div\left(-\dfrac{3}{4}xy^3\right)$
$\quad=\left(\dfrac{3}{2}x^2y^3-15x^4y^6\right)\times\left(-\dfrac{4}{3xy^3}\right)$
$\quad=\dfrac{3}{2}x^2y^3\times\left(-\dfrac{4}{3xy^3}\right)-15x^4y^6\times\left(-\dfrac{4}{3xy^3}\right)$
$\quad=-2x+20x^3y^3$

26 (1) $2x^2+(3x^3-4xy^3)\div x$
$\quad=2x^2+\dfrac{3x^3}{x}-\dfrac{4xy^3}{x}$
$\quad=2x^2+3x^2-4y^3$
$\quad=5x^2-4y^3$

(2) $2a(a^2+3ab^2)+a^2(3a+b^2)$
$\quad=2a^3+6a^2b^2+3a^3+a^2b^2$
$\quad=5a^3+7a^2b^2$

(3) $2x(3xy+2x^3y^2)+(-4x^2y^3+6x^4y^4)\div 2y^2$
$\quad=6x^2y+4x^4y^2-\dfrac{4x^2y^3}{2y^2}+\dfrac{6x^4y^4}{2y^2}$
$\quad=6x^2y+4x^4y^2-2x^2y+3x^4y^2$
$\quad=7x^4y^2+4x^2y$

(4) $b(a+2a^3b^2)-(9a^4b^2+3a^6b^4)\div 3a^3b$
$\quad=ab+2a^3b^3-\left(\dfrac{9a^4b^2}{3a^3b}+\dfrac{3a^6b^4}{3a^3b}\right)$
$\quad=ab+2a^3b^3-(3ab+a^3b^3)$
$\quad=ab+2a^3b^3-3ab-a^3b^3$
$\quad=a^3b^3-2ab$

(5) $(6x^3+15x^2)\div 3x^2+(6x^3-2x^4)\div 2x^3$
$\quad=\dfrac{6x^3}{3x^2}+\dfrac{15x^2}{3x^2}+\dfrac{6x^3}{2x^3}-\dfrac{2x^4}{2x^3}$
$\quad=2x+5+3-x$
$\quad=x+8$

(6) $(3a^3b^5-ab^2)\div(-ab)-(8a^4b^2+4a^6b^5)\div 4a^4b$
$\quad=\dfrac{3a^3b^5}{-ab}-\dfrac{ab^2}{-ab}-\left(\dfrac{8a^4b^2}{4a^4b}+\dfrac{4a^6b^5}{4a^4b}\right)$
$\quad=-3a^2b^4+b-(2b+a^2b^4)$
$\quad=-3a^2b^4+b-2b-a^2b^4$
$\quad=-4a^2b^4-b$

(7) $(x-y)\times(-2x)+(18x^6y^2-9x^5y^3)\div(-3x^2y)^2$
$\quad=-2x^2+2xy+(18x^6y^2-9x^5y^3)\div 9x^4y^2$
$\quad=-2x^2+2xy+\dfrac{18x^6y^2}{9x^4y^2}-\dfrac{9x^5y^3}{9x^4y^2}$
$\quad=-2x^2+2xy+2x^2-xy$
$\quad=xy$

(8) $(a^6b^4+a^3b^4)\div(-ab)^3+\dfrac{a^5b^5-3a^3b^4}{4}\div\left(\dfrac{1}{2}ab^2\right)^2$
$\quad=(a^6b^4+a^3b^4)\div(-a^3b^3)+\dfrac{a^5b^5-3a^3b^4}{4}\div\dfrac{a^2b^4}{4}$
$\quad=\dfrac{a^6b^4}{-a^3b^3}+\dfrac{a^3b^4}{-a^3b^3}+\dfrac{a^5b^5-3a^3b^4}{4}\times\dfrac{4}{a^2b^4}$
$\quad=-a^3b-b+\dfrac{a^5b^5}{4}\times\dfrac{4}{a^2b^4}-\dfrac{3a^3b^4}{4}\times\dfrac{4}{a^2b^4}$
$\quad=-a^3b-b+a^3b-3a$
$\quad=-3a-b$

II 부등식과 연립방정식

1 (1) $x<3$ (2) $x\geq 5$
(3) $x-5\geq 8$ (4) $1500+900x>7000$

2 (1) -1 (2) $-1,\ 0$ (3) $0,\ 1$ (4) $-1,\ 0$

3 (1) $\geq$ (2) $<$ (3) $\geq$ (4) $<$

4 (1) $<$ (2) $>$ (3) $\geq$ (4) $\leq$

5 (1)
(2)
(3)
(4)
(5)

6 (1) $x\leq -2$ (2) $x>10$ (3) $x<-5$ (4) $x\geq 9$ (5) $x>-7$

7 ㄱ, ㄹ, ㅁ

8 (1) $x\geq 2$ (2) $x<-3$ (3) $x<-3$
(4) $x<2$ (5) $x\leq -2$ (6) $x\geq 3$

9 (1) $x\geq 2$ (2) $x<-1$ (3) $x<3$
(4) $x\geq 5$ (5) $x>-2$ (6) $x\geq -5$

10 (1) 4 (2) -1 (3) 1 **11** $25,\ 26,\ 27$

12 94점 **13** 9개 **14** $16\,\mathrm{cm}$ **15** $9\,\mathrm{cm}$

16 15개 **17** 63장 **18** $3\,\mathrm{km}$ **19** $5\,\mathrm{km}$

20 $1200\,\mathrm{m}$ **21** ㄱ, ㄹ

22 (1) $7x-2y=59$ (2) $2x+4y=38$
(3) $\dfrac{5}{2}(x+8)=y$

23 표는 풀이 참조
(1) $(1,\,8),\ (2,\,6),\ (3,\,4),\ (4,\,2)$
(2) $(1,\,9),\ (2,\,6),\ (3,\,3)$ (3) $(1,\,6),\ (3,\,3)$

24 ㄱ, ㄷ

25 (1) $a=-2,\ b=1$ (2) $a=2,\ b=-4$
(3) $a=-7,\ b=-3$ (4) $a=-1,\ b=2$

26 (1) $x=2,\ y=1$ (2) $x=4,\ y=5$
(3) $x=-3,\ y=-7$ (4) $x=4,\ y=3$
(5) $x=1,\ y=2$ (6) $x=3,\ y=2$

27 (1) $x=2,\ y=4$ (2) $x=3,\ y=2$
(3) $x=3,\ y=5$ (4) $x=1,\ y=-2$
(5) $x=2,\ y=-1$ (6) $x=-2,\ y=1$

28 (1) $x=2,\ y=3$ (2) $x=2,\ y=-3$
(3) $x=2,\ y=3$ (4) $x=1,\ y=1$
(5) $x=-2,\ y=5$ (6) $x=\dfrac{1}{2},\ y=-3$

29 (1) $x=1,\ y=2$ (2) $x=1,\ y=-1$
(3) $x=-1,\ y=2$

30 (1) $x=1,\ y=7$ (2) $x=3,\ y=6$
(3) $x=6,\ y=6$

31 (1) 해가 없다. (2) 해가 무수히 많다.
(3) 해가 없다. (4) 해가 무수히 많다.
(5) 해가 무수히 많다. (6) 해가 없다.

32 3개, 6개 **33** 48 **34** 14세, 41세 **35** $8\,\mathrm{cm}$

36 $1\,\mathrm{km},\ 1\,\mathrm{km}$ **37** $85\,\mathrm{km}$ **38** $2\,\mathrm{km}$ **39** $10\,\mathrm{km}$

---

2 (1)

x	좌변	부등호	우변	참, 거짓
-1	$-4\times(-1)+3=7$	$>$	5	참
0	$-4\times 0+3=3$	$<$	5	거짓
1	$-4\times 1+3=-1$	$<$	5	거짓

➡ 주어진 부등식의 해는 -1이다.

(4)

x	좌변	부등호	우변	참, 거짓
-1	$-2\times(-1+1)=0$	$>$	-2	참
0	$-2\times(0+1)=-2$	$=$	-2	참
1	$-2\times(1+1)=-4$	$<$	-2	거짓

➡ 주어진 부등식의 해는 $-1,\ 0$이다.

3 (1) $a\geq b$에서 $3a\geq 3b$ $\therefore\ 3a-1\geq 3b-1$
(3) $a\leq b$에서 $-2a\geq -2b$ $\therefore\ -2a-3\geq -2b-3$
(4) $a>b$에서 $-\dfrac{a}{6}<-\dfrac{b}{6}$ $\therefore\ -\dfrac{a}{6}+1<-\dfrac{b}{6}+1$

4 (2) $\dfrac{2}{3}a-5>\dfrac{2}{3}b-5$에서 $\dfrac{2}{3}a>\dfrac{2}{3}b$ $\therefore\ a>b$
(3) $-3a+4\leq -3b+4$에서 $-3a\leq -3b$ $\therefore\ a\geq b$
(4) $-\dfrac{3}{5}a-5\geq -\dfrac{3}{5}b-5$에서 $-\dfrac{3}{5}a\geq -\dfrac{3}{5}b$ $\therefore\ a\leq b$

7 ㄴ. $x(2x+1)\geq -x$를 정리하면 $2x^2+2x\geq 0$
➡ 일차부등식이 아니다.
ㄹ. $x^2-1>x(x-2)$를 정리하면 $2x-1>0$
➡ 일차부등식이다.
ㅁ. $3+x<-x+1$을 정리하면 $2x+2<0$
➡ 일차부등식이다.
ㅂ. $3x+1\leq 2(x+1)+x$를 정리하면 $-1\leq 0$
➡ 일차부등식이 아니다.

8 (2) $-3x+6>15$에서 $-3x>15-6$
$-3x>9$ $\therefore\ x<-3$
(3) $x-3>5x+9$에서 $x-5x>9+3$
$-4x>12$ $\therefore\ x<-3$
(4) $2x-1<9-3x$에서 $2x+3x<9+1$
$5x<10$ $\therefore\ x<2$
(5) $-3x-17\geq 4x-3$에서 $-3x-4x\geq -3+17$
$-7x\geq 14$ $\therefore\ x\leq -2$
(6) $5x+3\leq 9x-9$에서 $5x-9x\leq -9-3$
$-4x\leq -12$ $\therefore\ x\geq 3$

9 (1) $2x-(6x-3)\leq -5$에서 $2x-6x+3\leq -5$
$-4x\leq -8$ $\therefore\ x\geq 2$
(2) $-3(x+2)>2(x+2)+5x$에서 $-3x-6>2x+4+5x$
$-10x>10$ $\therefore\ x<-1$
(3) $0.5x+2.1>1.5x-0.9$에서 $5x+21>15x-9$
$-10x>-30$ $\therefore\ x<3$
(4) $3.8-2x\leq -1.2x-0.2,\ 38-20x\leq -12x-2$
$-8x\leq -40$ $\therefore\ x\geq 5$
(5) $\dfrac{1}{4}x-\dfrac{4}{5}<\dfrac{2}{5}x-\dfrac{1}{2}$에서 $5x-16<8x-10$
$-3x<6$ $\therefore\ x>-2$
(6) $1+\dfrac{2x+1}{3}\geq \dfrac{x-3}{4}$에서 $12+4(2x+1)\geq 3(x-3)$
$12+8x+4\geq 3x-9,\ 5x\geq -25$ $\therefore\ x\geq -5$

10 (1) $a-3x\leq -8$에서 $-3x\leq -8-a$

$\therefore x\geq \dfrac{8+a}{3}$

이때 부등식의 해가 $x\geq 4$이므로

$\dfrac{8+a}{3}=4$, $8+a=12$ $\therefore a=4$

(2) $9-3x>2x+a$에서 $-5x>a-9$

$\therefore x<-\dfrac{a-9}{5}$

이때 부등식의 해가 $x<2$이므로

$-\dfrac{a-9}{5}=2$, $a-9=-10$ $\therefore a=-1$

(3) $-2(x+2)<3x+a$에서 $-2x-4<3x+a$

$-5x<a+4$ $\therefore x>-\dfrac{a+4}{5}$

이때 부등식의 해가 $x>-1$이므로

$-\dfrac{a+4}{5}=-1$, $a+4=5$ $\therefore a=1$

11 연속하는 세 자연수를 x, $x+1$, $x+2$라고 하면

$x+(x+1)+(x+2)<81$, $3x<78$ $\therefore x<26$

이때 x의 값 중 가장 큰 수는 25이다.

따라서 연속하는 가장 큰 세 자연수는 25, 26, 27이다.

12 세 번째 수행평가 점수를 x라고 하면

(3회 수행평가 점수의 평균)≥ 90이므로

$\dfrac{84+92+x}{3}\geq 90$, $176+x\geq 270$ $\therefore x\geq 94$

따라서 세 번째 수행평가에서 94점 이상을 받아야 한다.

13 1200원짜리 도넛을 x개 산다고 하면

	1200원짜리 도넛	800원짜리 도넛
개수	x	$15-x$
총금액(원)	$1200x$	$800(15-x)$

(1200원짜리 도넛의 총금액)+(800원짜리 도넛의 총금액)

<16000(원)

이어야 하므로 부등식을 세우면

$1200x+800(15-x)<16000$

$1200x+12000-800x<16000$

$400x<4000$ $\therefore x<10$

x는 자연수이므로 부등식의 해는 1, 2, 3, ..., 9이다.

따라서 1200원짜리 도넛은 최대 9개까지 살 수 있다.

14 삼각형의 높이를 $x$cm라고 하면

(삼각형의 넓이)≥ 96(cm²)이므로

$\dfrac{1}{2}\times 12\times x\geq 96$, $6x\geq 96$ $\therefore x\geq 16$

따라서 높이는 16cm 이상이 되어야 한다.

15 직사각형의 세로의 길이를 $x$cm라고 하면

(직사각형의 둘레의 길이)≤ 30(cm)이므로

$2(6+x)\leq 30$, $12+2x\leq 30$

$2x\leq 18$ $\therefore x\leq 9$

따라서 세로의 길이는 9cm 이하가 되어야 한다.

16 음료수를 x개 산다고 하면

	편의점	할인점
음료수 x개의 가격(원)	$500x$	$400x$
왕복 교통비(원)	0	1400

(편의점에서 사는 비용)>(할인점에서 사는 비용)

이어야 하므로 부등식을 세우면

$500x>400x+1400$

$100x>1400$ $\therefore x>14$

x는 자연수이므로 부등식의 해는 15, 16, 17, ...이다.

따라서 음료수를 15개 이상 사야 할인점에서 사는 것이 유리하다.

17 사진을 x장 출력한다고 하면

	동네 사진관	인터넷 사진관
사진 x장의 가격(원)	$200x$	$160x$
배송비(원)	0	2500

(동네 사진관의 출력 비용)>(인터넷 사진관의 출력 비용)

이어야 하므로 부등식을 세우면

$200x>160x+2500$

$40x>2500$ $\therefore x>\dfrac{125}{2}(=62.5)$

x는 자연수이므로 부등식의 해는 63, 64, 65, ...이다.

따라서 63장 이상 출력해야 인터넷 사진관에서 출력하는 것이 유리하다.

18 집에서 $x$km 떨어진 곳까지 갔다 올 수 있다고 하면

	갈 때	올 때
거리	$x$km	$x$km
속력	시속 3km	시속 2km
시간	$\dfrac{x}{3}$시간	$\dfrac{x}{2}$시간

(갈 때 걸린 시간) + (올 때 걸린 시간) $\leq \dfrac{5}{2}$(시간)

이어야 하므로 부등식을 세우면

$\dfrac{x}{3}+\dfrac{x}{2}\leq \dfrac{5}{2}$

양변에 6을 곱하면 $2x+3x\leq 15$

$5x\leq 15$ $\therefore x\leq 3$

따라서 최대 3km 떨어진 곳까지 갔다 올 수 있다.

19 올라갈 때의 거리를 $x$km라고 하면

	올라갈 때	내려올 때
거리	$x$km	$x$km
속력	시속 2km	시속 3km
시간	$\dfrac{x}{2}$시간	$\dfrac{x}{3}$시간

(올라갈 때 걸린 시간)+(내려올 때 걸린 시간)$\leq \dfrac{25}{6}\left(=4\dfrac{1}{6}\right)$(시간)

이어야 하므로 부등식을 세우면

$\dfrac{x}{2}+\dfrac{x}{3}\leq \dfrac{25}{6}$

양변에 6을 곱하면 $3x+2x\leq 25$

$5x\leq 25$ $\therefore x\leq 5$

따라서 최대 5km까지 올라갔다가 내려올 수 있다.

20 집에서 약수터까지의 거리를 x m라고 하면

	갈 때	물을 받는 데 걸린 시간	올 때
거리	x m		x m
속력	분속 80 m		분속 60 m
시간	$\dfrac{x}{80}$ 시간	5분	$\dfrac{x}{60}$ 시간

$$\left(\begin{array}{c}\text{가는 데}\\\text{걸린 시간}\end{array}\right)+\left(\begin{array}{c}\text{물을 받는 데}\\\text{걸린 시간}\end{array}\right)+\left(\begin{array}{c}\text{오는 데}\\\text{걸린 시간}\end{array}\right)\leq 40(\text{분})$$

이어야 하므로 부등식을 세우면

$$\frac{x}{80}+5+\frac{x}{60}\leq 40$$

양변에 240을 곱하면 $3x+1200+4x\leq 9600$

$7x\leq 8400$ $\quad\therefore x\leq 1200$

따라서 집에서 약수터까지의 거리는 1200 m 이내이다.

23 (1)

x	1	2	3	4	5	$\cdots$
y	8	6	4	2	0	$\cdots$

➡ 해: $(1, 8), (2, 6), (3, 4), (4, 2)$

(2)

x	1	2	3	4	5	$\cdots$
y	9	6	3	0	-3	$\cdots$

➡ 해: $(1, 9), (2, 6), (3, 3)$

(3)

x	1	2	3	4	5	$\cdots$
y	6	$\dfrac{9}{2}$	3	$\dfrac{3}{2}$	0	$\cdots$

➡ 해: $(1, 6), (3, 3)$

24 ㄱ. $\begin{cases}2\times 2-3=1\\2-3=-1\end{cases}$ ㄴ. $\begin{cases}2+3=5\\2+2\times 3\neq 7\end{cases}$

ㄷ. $\begin{cases}2\times 2+3\times 3=13\\4\times 2-3=5\end{cases}$ ㄹ. $\begin{cases}3\times 2+3\neq 8\\5\times 2-2\times 3=4\end{cases}$

따라서 순서쌍 $(2, 3)$이 해인 것은 ㄱ, ㄷ이다.

25 (1) $\begin{cases}3x+ay=7\\bx+y=4\end{cases}\xrightarrow[\text{대입}]{x=3,\ y=1}\begin{cases}9+a=7\\3b+1=4\end{cases}$

➡ $a=-2$

$3b=3$ $\quad\therefore b=1$

(2) $\begin{cases}ax+3y=4\\-6x+by=-2\end{cases}\xrightarrow[\text{대입}]{x=-1,\ y=2}\begin{cases}-a+6=4\\6+2b=-2\end{cases}$

➡ $-a=-2$ $\quad\therefore a=2$

$2b=-8$ $\quad\therefore b=-4$

(3) $\begin{cases}6x+ay=12\\bx+2y=3\end{cases}\xrightarrow[\text{대입}]{x=-5,\ y=-6}\begin{cases}-30-6a=12\\-5b-12=3\end{cases}$

➡ $-6a=42$ $\quad\therefore a=-7$

$-5b=15$ $\quad\therefore b=-3$

(4) $\begin{cases}2x+y=4\\x-y=a\end{cases}\xrightarrow[\text{대입}]{x=1,\ y=b}\begin{cases}2+b=4\\1-b=a\end{cases}$

➡ $b=2$

$1-2=a$ $\quad\therefore a=-1$

26 (1) $\begin{cases}y=2x-3 & \cdots\text{㉠}\\2x+3y=7 & \cdots\text{㉡}\end{cases}$

㉠을 ㉡에 대입하면

$2x+3(2x-3)=7$

$2x+6x-9=7$

$8x=16$ $\quad\therefore x=2$

$x=2$를 ㉠에 대입하면

$y=4-3=1$

(2) $\begin{cases}2x-y=13 & \cdots\text{㉠}\\x=2y+14 & \cdots\text{㉡}\end{cases}$

㉡을 ㉠에 대입하면

$2(2y+14)-y=13$

$4y+28-y=13$

$3y=-15$ $\quad\therefore y=-5$

$y=-5$를 ㉡에 대입하면

$x=-10+14=4$

(3) $\begin{cases}y=2x-1 & \cdots\text{㉠}\\y=x-4 & \cdots\text{㉡}\end{cases}$

㉠을 ㉡에 대입하면

$2x-1=x-4$ $\quad\therefore x=-3$

$x=-3$을 ㉠에 대입하면

$y=-6-1=-7$

(4) $\begin{cases}2x-3y=-1 & \cdots\text{㉠}\\2x=-y+11 & \cdots\text{㉡}\end{cases}$

㉡을 ㉠에 대입하면

$(-y+11)-3y=-1$

$-4y=-12$ $\quad\therefore y=3$

$y=3$을 ㉡에 대입하면

$2x=-3+11, 2x=8$ $\quad\therefore x=4$

(5) $\begin{cases}x+y=3 & \cdots\text{㉠}\\2x+3y=8 & \cdots\text{㉡}\end{cases}$

㉠에서 x를 y에 대한 식으로 나타내면

$x=-y+3$ $\quad\cdots\text{㉢}$

㉢을 ㉡에 대입하면

$2(-y+3)+3y=8$

$-2y+6+3y=8$ $\quad\therefore y=2$

$y=2$를 ㉢에 대입하면

$x=-2+3=1$

(6) $\begin{cases}4x+y=14 & \cdots\text{㉠}\\3x-2y=5 & \cdots\text{㉡}\end{cases}$

㉠에서 y를 x에 대한 식으로 나타내면

$y=-4x+14$ $\quad\cdots\text{㉢}$

㉢을 ㉡에 대입하면

$3x-2(-4x+14)=5$

$3x+8x-28=5$

$11x=33$ $\quad\therefore x=3$

$x=3$을 ㉢에 대입하면

$y=-12+14=2$

27 (1) $\begin{cases} x+3y=14 & \cdots \text{㉠} \\ x+2y=10 & \cdots \text{㉡} \end{cases}$

x를 없애기 위하여 ㉠$-$㉡을 하면

$$\begin{array}{r} x+3y=14 \\ -)\ x+2y=10 \\ \hline y=4 \end{array}$$

$y=4$를 ㉠에 대입하면

$x+12=14 \qquad \therefore x=2$

(2) $\begin{cases} 4x-3y=6 & \cdots \text{㉠} \\ x+3y=9 & \cdots \text{㉡} \end{cases}$

y를 없애기 위하여 ㉠$+$㉡을 하면

$$\begin{array}{r} 4x-3y=6 \\ +)\ x+3y=9 \\ \hline 5x\quad=15 \qquad \therefore x=3 \end{array}$$

$x=3$을 ㉡에 대입하면

$3+3y=9,\ 3y=6 \qquad \therefore y=2$

(3) $\begin{cases} 3x+y=14 & \cdots \text{㉠} \\ x+2y=13 & \cdots \text{㉡} \end{cases}$

x를 없애기 위하여 ㉠$-$㉡$\times3$을 하면

$$\begin{array}{r} 3x+\ y=14 \\ -)\ 3x+6y=39 \\ \hline -5y=-25 \qquad \therefore y=5 \end{array}$$

$y=5$를 ㉡에 대입하면

$x+10=13 \qquad \therefore x=3$

(4) $\begin{cases} 5x+2y=1 & \cdots \text{㉠} \\ 3x-4y=11 & \cdots \text{㉡} \end{cases}$

y를 없애기 위하여 ㉠$\times2+$㉡을 하면

$$\begin{array}{r} 10x+4y=2 \\ +)\ 3x-4y=11 \\ \hline 13x\quad=13 \qquad \therefore x=1 \end{array}$$

$x=1$을 ㉠에 대입하면

$5+2y=1,\ 2y=-4 \qquad \therefore y=-2$

(5) $\begin{cases} 2x-3y=7 & \cdots \text{㉠} \\ 3x-2y=8 & \cdots \text{㉡} \end{cases}$

y를 없애기 위하여 ㉠$\times2-$㉡$\times3$을 하면

$$\begin{array}{r} 4x-6y=14 \\ -)\ 9x-6y=24 \\ \hline -5x\quad=-10 \qquad \therefore x=2 \end{array}$$

$x=2$를 ㉠에 대입하면

$4-3y=7,\ -3y=3 \qquad \therefore y=-1$

(6) $\begin{cases} -5x-4y=6 & \cdots \text{㉠} \\ 2x+7y=3 & \cdots \text{㉡} \end{cases}$

x를 없애기 위하여 ㉠$\times2+$㉡$\times5$를 하면

$$\begin{array}{r} -10x-\ 8y=12 \\ +)\ 10x+35y=15 \\ \hline 27y=27 \qquad \therefore y=1 \end{array}$$

$y=1$을 ㉠에 대입하면

$-5x-4=6,\ -5x=10 \qquad \therefore x=-2$

28 (1) 각 방정식의 괄호를 풀고 동류항끼리 정리하면

$\begin{cases} 3x-3+4y=15 \\ x-2y-6=-10 \end{cases} \blacktriangleright \begin{cases} 3x+4y=18 & \cdots \text{㉠} \\ x-2y=-4 & \cdots \text{㉡} \end{cases}$

y를 없애기 위하여 ㉠$+$㉡$\times2$를 하면

$$\begin{array}{r} 3x+4y=18 \\ +)\ 2x-4y=-8 \\ \hline 5x\quad=10 \qquad \therefore x=2 \end{array}$$

$x=2$를 ㉠에 대입하면

$6+4y=18,\ 4y=12 \qquad \therefore y=3$

(2) 각 방정식의 괄호를 풀고 동류항끼리 정리하면

$\begin{cases} 4x+2y+3x=8 \\ -3x-9y+10y=-9 \end{cases} \blacktriangleright \begin{cases} 7x+2y=8 & \cdots \text{㉠} \\ -3x+y=-9 & \cdots \text{㉡} \end{cases}$

y를 없애기 위하여 ㉠$-$㉡$\times2$를 하면

$$\begin{array}{r} 7x+2y=8 \\ -)\ -6x+2y=-18 \\ \hline 13x\quad=26 \qquad \therefore x=2 \end{array}$$

$x=2$를 ㉡에 대입하면

$-6+y=-9 \qquad \therefore y=-3$

(3) $\begin{cases} -0.2x+0.3y=0.5 \\ 0.3x+0.1y=0.9 \end{cases} \xrightarrow[\times10]{\times10} \begin{cases} -2x+3y=5 & \cdots \text{㉠} \\ 3x+y=9 & \cdots \text{㉡} \end{cases}$

y를 없애기 위하여 ㉠$-$㉡$\times3$을 하면

$$\begin{array}{r} -2x+3y=5 \\ -)\ 9x+3y=27 \\ \hline -11x\quad=-22 \qquad \therefore x=2 \end{array}$$

$x=2$를 ㉡에 대입하면

$6+y=9 \qquad \therefore y=3$

(4) $\begin{cases} \dfrac{1}{2}x-\dfrac{1}{3}y=\dfrac{1}{6} \\ \dfrac{3}{10}x+\dfrac{1}{5}y=\dfrac{1}{2} \end{cases} \xrightarrow[\times10]{\times6} \begin{cases} 3x-2y=1 & \cdots \text{㉠} \\ 3x+2y=5 & \cdots \text{㉡} \end{cases}$

y를 없애기 위하여 ㉠$+$㉡을 하면

$$\begin{array}{r} 3x-2y=1 \\ +)\ 3x+2y=5 \\ \hline 6x\quad=6 \qquad \therefore x=1 \end{array}$$

$x=1$을 ㉠에 대입하면

$3-2y=1,\ -2y=-2 \qquad \therefore y=1$

(5) $\begin{cases} \dfrac{1}{2}x+\dfrac{1}{3}y=\dfrac{2}{3} \\ -0.3x+0.5y=3.1 \end{cases} \xrightarrow[\times10]{\times6} \begin{cases} 3x+2y=4 & \cdots \text{㉠} \\ -3x+5y=31 & \cdots \text{㉡} \end{cases}$

x를 없애기 위하여 ㉠$+$㉡을 하면

$$\begin{array}{r} 3x+2y=4 \\ +)\ -3x+5y=31 \\ \hline 7y=35 \qquad \therefore y=5 \end{array}$$

$y=5$를 ㉠에 대입하면

$3x+10=4,\ 3x=-6 \qquad \therefore x=-2$

(6) $\begin{cases} 0.2x+0.4(x+y)=-0.9 \\ \dfrac{2}{5}x+\dfrac{1}{3}y=-\dfrac{4}{5} \end{cases} \xrightarrow[\times15]{\times10} \begin{cases} 2x+4(x+y)=-9 \\ 6x+5y=-12 \end{cases}$

$\blacktriangleright \begin{cases} 6x+4y=-9 & \cdots \text{㉠} \\ 6x+5y=-12 & \cdots \text{㉡} \end{cases}$

x를 없애기 위하여 ㉠-㉡을 하면

$$6x+4y=-9$$
$$-)\ 6x+5y=-12$$
$$\overline{\qquad -y=3\qquad}\qquad \therefore y=-3$$

$y=-3$을 ㉠에 대입하면

$$6x-12=-9,\ 6x=3\qquad \therefore x=\frac{1}{2}$$

29 (1) $x+2y=-3x+4y=5$ ➡ $\begin{cases} x+2y=5 & \cdots ㉠ \\ -3x+4y=5 & \cdots ㉡ \end{cases}$

x를 없애기 위하여 ㉠$\times 3$+㉡을 하면

$$3x+\ 6y=15$$
$$+)\ -3x+\ 4y=5$$
$$\overline{\qquad 10y=20\qquad}\qquad \therefore y=2$$

$y=2$를 ㉠에 대입하면

$$x+4=5\qquad \therefore x=1$$

(2) $5x+3y=x+y+2=4y+6$

➡ $\begin{cases} 5x+3y=x+y+2 \\ x+y+2=4y+6 \end{cases}$ $\begin{cases} 4x+2y=2 & \cdots ㉠ \\ x-3y=4 & \cdots ㉡ \end{cases}$

x를 없애기 위하여 ㉠-㉡$\times 4$를 하면

$$4x+\ 2y=2$$
$$-)\ 4x-12y=16$$
$$\overline{\qquad 14y=-14\qquad}\qquad \therefore y=-1$$

$y=-1$을 ㉡에 대입하면

$$x+3=4\qquad \therefore x=1$$

(3) $4x+4y+6=-4x+3y=x+2y+7$

➡ $\begin{cases} 4x+4y+6=-4x+3y \\ -4x+3y=x+2y+7 \end{cases}$ ➡ $\begin{cases} 8x+y=-6 & \cdots ㉠ \\ -5x+y=7 & \cdots ㉡ \end{cases}$

y를 없애기 위하여 ㉠-㉡을 하면

$$8x+y=-6$$
$$-)\ -5x+y=7$$
$$\overline{\qquad 13x\quad =-13\qquad}\qquad \therefore x=-1$$

$x=-1$을 ㉠에 대입하면

$$-8+y=-6\qquad \therefore y=2$$

30 (1) $\dfrac{x+2y}{3}=\dfrac{-x+3y}{4}=5$

$\begin{cases} \dfrac{x+2y}{3}=5 \\ \dfrac{-x+3y}{4}=5 \end{cases}$ $\xrightarrow{\times 3}$ $\xrightarrow{\times 4}$ $\begin{cases} x+2y=15 & \cdots ㉠ \\ -x+3y=20 & \cdots ㉡ \end{cases}$

x를 없애기 위하여 ㉠+㉡을 하면

$$x+2y=15$$
$$+)\ -x+3y=20$$
$$\overline{\qquad 5y=35\qquad}\qquad \therefore y=7$$

$y=7$을 ㉠에 대입하면

$$x+14=15\qquad \therefore x=1$$

(2) $\dfrac{4x-y}{2}=\dfrac{x+2y}{5}=3$

$\begin{cases} \dfrac{4x-y}{2}=3 \\ \dfrac{x+2y}{5}=3 \end{cases}$ $\xrightarrow{\times 2}$ $\xrightarrow{\times 5}$ $\begin{cases} 4x-y=6 & \cdots ㉠ \\ x+2y=15 & \cdots ㉡ \end{cases}$

y를 없애기 위하여 ㉠$\times 2$+㉡을 하면

$$8x-2y=12$$
$$+)\ x+2y=15$$
$$\overline{\qquad 9x\quad =27\qquad}\qquad \therefore x=3$$

$x=3$을 ㉠에 대입하면

$$12-y=6,\ -y=-6\qquad \therefore y=6$$

(3) $\dfrac{-x+2y}{2}=\dfrac{x+y}{4}=\dfrac{2x+3}{5}$

$\begin{cases} \dfrac{-x+2y}{2}=\dfrac{x+y}{4} \\ \dfrac{x+y}{4}=\dfrac{2x+3}{5} \end{cases}$ $\xrightarrow{\times 4}$ $\xrightarrow{\times 20}$ $\begin{cases} 2(-x+2y)=x+y \\ 5(x+y)=4(2x+3) \end{cases}$

➡ $\begin{cases} -2x+4y=x+y \\ 5x+5y=8x+12 \end{cases}$ ➡ $\begin{cases} -3x+3y=0 & \cdots ㉠ \\ -3x+5y=12 & \cdots ㉡ \end{cases}$

x를 없애기 위하여 ㉠-㉡을 하면

$$-3x+3y=0$$
$$-)\ -3x+5y=12$$
$$\overline{\qquad -2y=-12\qquad}\qquad \therefore y=6$$

$y=6$을 ㉠에 대입하면

$$-3x+18=0,\ -3x=-18\qquad \therefore x=6$$

31 (1) $\begin{cases} x-3y=4 \\ 3x-9y=6 \end{cases}$ $\xrightarrow{\times 3}$ $\begin{cases} 3x-9y=12 & \cdots ㉠ \\ 3x-9y=6 & \cdots ㉡ \end{cases}$

이때 ㉠과 ㉡에서 x, y의 계수는 각각 같고, 상수항은 다르므로 해가 없다.

(2) $\begin{cases} 2x-y=4 \\ -6x+3y=-12 \end{cases}$ $\xrightarrow{\times(-3)}$ $\begin{cases} -6x+3y=-12 & \cdots ㉠ \\ -6x+3y=-12 & \cdots ㉡ \end{cases}$

이때 ㉠과 ㉡이 서로 일치하므로 해가 무수히 많다.

(3) $\begin{cases} -x+5y=2 \\ 4x-20y=10 \end{cases}$ $\xrightarrow{\times(-4)}$ $\begin{cases} 4x-20y=-8 & \cdots ㉠ \\ 4x-20y=10 & \cdots ㉡ \end{cases}$

이때 ㉠과 ㉡에서 x, y의 계수는 각각 같고, 상수항은 다르므로 해가 없다.

(4) $\begin{cases} 4x+y=3 \\ 8x+2y=6 \end{cases}$ $\xrightarrow{\times 2}$ $\begin{cases} 8x+2y=6 & \cdots ㉠ \\ 8x+2y=6 & \cdots ㉡ \end{cases}$

이때 ㉠과 ㉡이 서로 일치하므로 해가 무수히 많다.

(5) $\begin{cases} 5x+2y=-4 \\ -10x-4y=8 \end{cases}$ $\xrightarrow{\times(-2)}$ $\begin{cases} -10x-4y=8 & \cdots ㉠ \\ -10x-4y=8 & \cdots ㉡ \end{cases}$

이때 ㉠과 ㉡이 서로 일치하므로 해가 무수히 많다.

(6) $\begin{cases} -7x-7y=-56 \\ x+y=-8 \end{cases}$ $\xrightarrow{\times(-7)}$ $\begin{cases} -7x-7y=-56 & \cdots ㉠ \\ -7x-7y=56 & \cdots ㉡ \end{cases}$

이때 ㉠과 ㉡에서 x, y의 계수는 각각 같고, 상수항은 다르므로 해가 없다.

32 빵의 개수를 x, 음료수의 개수를 y라고 하면

$\begin{cases} x+y=9 \\ 1200x+700y=7800 \end{cases}$ $\xrightarrow{\div 100}$ $\begin{cases} x+y=9 & \cdots ㉠ \\ 12x+7y=78 & \cdots ㉡ \end{cases}$

y를 없애기 위하여 ㉠$\times 7$-㉡을 하면

$$7x+7y=63$$
$$-)\ 12x+7y=78$$
$$\overline{\qquad -5x\quad =-15\qquad}\qquad \therefore x=3$$

$x=3$을 ㉠에 대입하면 $3+y=9\qquad \therefore y=6$

따라서 빵은 3개, 음료수는 6개를 샀다.

[확인] 빵과 음료수의 개수: $3+6=9$

총금액: $1200\times 3+700\times 6=7800$(원)

33 처음 수의 십의 자리의 숫자를 x, 일의 자리의 숫자를 y라고 하면

$$\begin{cases} x+y=12 \\ 10y+x=(10x+y)+36 \end{cases}$$

$$\Rightarrow \begin{cases} x+y=12 \\ -9x+9y=36 \end{cases} \xrightarrow{\div 9} \begin{cases} x+y=12 & \cdots \text{㉠} \\ -x+y=4 & \cdots \text{㉡} \end{cases}$$

x를 없애기 위하여 ㉠+㉡을 하면

$$\begin{array}{r} x+y=12 \\ +)\ -x+y=4 \\ \hline 2y=16 \end{array} \qquad \therefore y=8$$

$y=8$을 ㉠에 대입하면

$x+8=12$ $\therefore x=4$

따라서 처음 수는 48이다.

[확인] 각 자리의 숫자의 합: $4+8=12$

각 자리의 숫자를 바꾼 수: $84=48+36$

34 올해 지원이의 나이를 x세, 아버지의 나이를 y세라고 하면

$$\begin{cases} x+y=55 \\ y+13=2(x+13) \end{cases}$$

$$\Rightarrow \begin{cases} x+y=55 \\ y+13=2x+26 \end{cases} \Rightarrow \begin{cases} x+y=55 & \cdots \text{㉠} \\ -2x+y=13 & \cdots \text{㉡} \end{cases}$$

y를 없애기 위하여 ㉠-㉡을 하면

$$\begin{array}{r} x+y=55 \\ -)\ -2x+y=13 \\ \hline 3x=42 \end{array} \qquad \therefore x=14$$

$x=14$를 ㉠에 대입하면

$14+y=55$ $\therefore y=41$

따라서 올해 지원이의 나이는 14세, 아버지의 나이는 41세이다.

[확인] 올해 두 사람의 나이의 합: $14+41=55$(세)

13년 후 아버지의 나이: $41+13=54$(세)

$2\times$(13년 후 지원이의 나이): $2\times(14+13)=54$(세) $\Big]$같다.

35 직사각형의 가로의 길이를 x cm, 세로의 길이를 y cm라고 하면

$$\begin{cases} 2(x+y)=26 \\ x=y+3 \end{cases} \xrightarrow{\div 2} \begin{cases} x+y=13 & \cdots \text{㉠} \\ x=y+3 & \cdots \text{㉡} \end{cases}$$

㉡을 ㉠에 대입하면

$(y+3)+y=13$, $2y+3=13$

$2y=10$ $\therefore y=5$

$y=5$를 ㉡에 대입하면

$x=5+3=8$

따라서 직사각형의 가로의 길이는 8 cm이다.

[확인] 직사각형의 둘레의 길이: $2\times(8+5)=26$(cm)

직사각형의 가로의 길이: $8=5+3$(cm)

36 걸어간 거리를 x km, 뛰어간 거리를 y km라고 하면

$$\begin{cases} x+y=2 \\ \dfrac{x}{3}+\dfrac{y}{6}=\dfrac{1}{2} \end{cases} \xrightarrow{\times 6} \begin{cases} x+y=2 & \cdots \text{㉠} \\ 2x+y=3 & \cdots \text{㉡} \end{cases}$$

y를 없애기 위하여 ㉠-㉡을 하면

$$\begin{array}{r} x+y=2 \\ -)\ 2x+y=3 \\ \hline -x=-1 \end{array} \qquad \therefore x=1$$

$x=1$을 ㉠에 대입하면

$1+y=2$ $\therefore y=1$

따라서 걸어간 거리는 1 km, 뛰어간 거리는 1 km이다.

[확인] 전체 거리: $1+1=2$(km)

전체 걸린 시간: $\dfrac{1}{3}+\dfrac{1}{6}=\dfrac{1}{2}$(시간)

37 버스를 타고 간 거리를 x km, 걸어간 거리를 y km라고 하면

$$\begin{cases} x+y=90 \\ \dfrac{x}{60}+\dfrac{y}{4}=\dfrac{8}{3} \end{cases} \xrightarrow{\times 60} \begin{cases} x+y=90 & \cdots \text{㉠} \\ x+15y=160 & \cdots \text{㉡} \end{cases}$$

x를 없애기 위하여 ㉠-㉡을 하면

$$\begin{array}{r} x+\ \ y=90 \\ -)\ x+15y=160 \\ \hline -14y=-70 \end{array} \qquad \therefore y=5$$

$y=5$를 ㉠에 대입하면

$x+5=90$ $\therefore x=85$

따라서 버스를 타고 간 거리는 85 km이다.

[확인] 전체 거리: $85+5=90$(km)

전체 걸린 시간: $\dfrac{85}{60}+\dfrac{5}{4}=\dfrac{8}{3}$(시간)

38 올라간 거리를 x km, 내려온 거리를 y km라고 하면

$$\begin{cases} x+y=8 \\ \dfrac{x}{2}+\dfrac{y}{3}=3 \end{cases} \xrightarrow{\times 6} \begin{cases} x+y=8 & \cdots \text{㉠} \\ 3x+2y=18 & \cdots \text{㉡} \end{cases}$$

x를 없애기 위해 ㉠$\times 3$-㉡을 하면

$$\begin{array}{r} 3x+3y=24 \\ -)\ 3x+2y=18 \\ \hline y=6 \end{array}$$

$y=6$을 ㉠에 대입하면

$x+6=8$ $\therefore x=2$

따라서 올라간 거리는 2 km이다.

[확인] 전체 거리: $2+6=8$(km)

전체 걸린 시간: $\dfrac{2}{2}+\dfrac{6}{3}=3$(시간)

39 올라간 거리를 x km, 내려온 거리를 y km라고 하면

$$\begin{cases} y=x+4 \\ \dfrac{x}{3}+\dfrac{y}{4}=\dfrac{9}{2} \end{cases} \xrightarrow{\times 12} \begin{cases} y=x+4 & \cdots \text{㉠} \\ 4x+3y=54 & \cdots \text{㉡} \end{cases}$$

㉠을 ㉡에 대입하면

$4x+3(x+4)=54$

$4x+3x+12=54$

$7x=42$ $\therefore x=6$

$x=6$을 ㉠에 대입하면

$y=6+4=10$

따라서 내려온 거리는 10 km이다.

[확인] 내려온 거리: $10=6+4$(km)

전체 걸린 시간: $\dfrac{6}{3}+\dfrac{10}{4}=\dfrac{9}{2}$(시간)

1 (1) ○ (2) ○ (3) ×

2 (1) $y=3x$ (2) $y=\dfrac{24}{x}$ (3) $y=20x$ (4) $y=\dfrac{300}{x}$

(5) $y=40x$

3 (1) 2 (2) −8 (3) 1 (4) 6

4 (1) −12 (2) 3 (3) −6 (4) 7

5 (1) 2 (2) 3 (3) 4 (4) 5

6 ㄱ, ㄷ

7 (1) $3000-500x$, ○ (2) $100-2x$, ○ (3) $\dfrac{100}{x}$, ×

8 (1) −4 (2) 2

9 (1) $y=-3x+3$ (2) $y=6x-2$

(3) $y=\dfrac{3}{2}x+\dfrac{1}{2}$ (4) $y=-\dfrac{7}{4}x-\dfrac{3}{7}$

10 (1) 2, 2 (2) −2, 1

11 (1) −1, 1 (2) 4, −16 (3) 6, 2 (4) −4, −3

12 그래프는 풀이 참조

(1) 1, −1 (2) 2, 4 (3) −4, 2 (4) −4, −1

13 (1) 2 (2) $-\dfrac{2}{3}$

14 (1) 9 (2) $\dfrac{3}{4}$

15 (1) $\dfrac{1}{2}$ (2) $\dfrac{2}{3}$

16 그래프는 풀이 참조

(1) 1, 2 (2) −3, −1 (3) $\dfrac{2}{3}$, −2 (4) $-\dfrac{1}{2}$, 3

17 (1) ㄱ, ㄴ, ㄹ, ㅂ (2) ㄷ, ㅁ (3) ㄷ, ㄹ, ㅂ

18 (1) $a<0$, $b>0$ (2) $a<0$, $b<0$

(3) $a>0$, $b>0$ (4) $a>0$, $b<0$

19 (1) 4 (2) −7 (3) $-\dfrac{2}{5}$

20 (1) $a=3$, $b=\dfrac{1}{2}$ (2) $a=-\dfrac{5}{6}$, $b=-1$ (3) $a=5$, $b=2$

21 (1) $y=2x-3$ (2) $y=\dfrac{4}{5}x+7$ (3) $y=-3x-1$

(4) $y=3x-2$ (5) $y=-4x+9$ (6) $y=\dfrac{3}{2}x+4$

22 (1) $y=-6x-4$ (2) $y=\dfrac{1}{3}x-4$ (3) $y=-2x+24$

(4) $y=\dfrac{1}{2}x-\dfrac{13}{2}$ (5) $y=-3x+23$ (6) $y=\dfrac{2}{3}x+10$

23 (1) $y=-2x+4$ (2) $y=-\dfrac{1}{4}x+\dfrac{7}{2}$ (3) $y=-9x-28$

24 (1) $y=\dfrac{1}{2}x-\dfrac{3}{2}$ (2) $y=-x+6$ (3) $y=x-3$

25 (1) $y=\dfrac{3}{4}x+3$ (2) $y=\dfrac{1}{4}x-2$ (3) $y=3x+9$

26 (1) $y=-x+5$ (2) $y=-\dfrac{3}{4}x-6$ (3) $y=\dfrac{6}{7}x-6$

27 (1) $y=60-\dfrac{4}{5}x$ (2) 28 cm

28 (1) $y=22-6x$ (2) 5 km

29 (1) $y=400-80x$ (2) 3시간

30 (1) 풀이 참조 (2) 풀이 참조 **31** 풀이 참조

32 그래프는 풀이 참조

(1) $y=2x-3$ (2) $y=-x+2$ (3) $y=-\dfrac{1}{2}x-\dfrac{3}{2}$

33 (1) $x=-4$ (2) $y=\dfrac{5}{2}$

34 (1) $y=-6$ (2) $x=4$ (3) $x=3$ (4) $y=6$

35 그래프는 풀이 참조

(1) $x=2$, $y=4$ (2) $x=1$, $y=3$

(3) $x=0$, $y=2$ (4) $x=2$, $y=-1$

36 (1) $a=\dfrac{1}{4}$, $b=4$ (2) $a=3$, $b=6$ (3) $a=-2$, $b=-10$

37 (1) $-\dfrac{2}{3}$ (2) −6 (3) 6

---

1 (3) x의 값이 1이면 대응하는 y의 값은 없다.

x의 값이 5이면 y의 값은 2, 3이다.

즉, x의 값 하나에 y의 값이 대응하지 않거나 2개 이상 대응하는 x의 값이 있으므로 y는 x의 함수가 아니다.

2 (1) (바퀴의 총개수)

=(세발자전거의 바퀴의 수)×(세발자전거의 수)이므로

$y=3x$

(2) (직사각형의 넓이)=(가로의 길이)×(세로의 길이)이므로

$24=xy$ ∴ $y=\dfrac{24}{x}$

(3) (거리)=(속력)×(시간)이므로 $y=20x$

(4) (수조의 부피)=(1초당 받는 물의 부피)×(시간)이므로

$300=xy$ ∴ $y=\dfrac{300}{x}$

(5) (전구가 소비하는 전력량)

=(1시간에 소비하는 전력량)×(사용 시간)이므로

$y=40x$

3 (3) $f\left(\dfrac{1}{2}\right)=2\times\dfrac{1}{2}=1$

(4) $f(-3)=2\times(-3)=-6$, $f(6)=2\times6=12$

∴ $f(-3)+f(6)=-6+12=6$

4 (3) $f(3)=-\dfrac{12}{3}=-4$, $f(6)=-\dfrac{12}{6}=-2$

∴ $f(3)+f(6)=-4+(-2)=-6$

(4) $f(-2)=-\dfrac{12}{-2}=6$, $f(12)=-\dfrac{12}{12}=-1$

∴ $f(-2)-f(12)=6-(-1)=7$

5 (1) $f(1)=-1+3=2$

(2) $f(0)=0+3=3$

(3) $f(-1)=-(-1)+3=4$

(4) $f(-2)=-(-2)+3=5$, $f(3)=-3+3=0$

∴ $f(-2)+f(3)=5+0=5$

7 (3) (삼각형의 넓이)=$\dfrac{1}{2}\times$(밑변의 길이)×(높이)이므로

$50=\dfrac{1}{2}xy$ ∴ $y=\dfrac{100}{x}$

11 (1) $y=0$일 때, $0=x+1$ ∴ $x=-1$

$x=0$일 때, $y=0+1=1$

➡ x절편: −1, y절편: 1

(2) $y=0$일 때, $0=4x-16$, $4x=16$ ∴ $x=4$

$x=0$일 때, $y=4\times0-16=-16$

➡ x절편: 4, y절편: −16

(3) $y=0$일 때, $0=-\dfrac{1}{3}x+2$, $\dfrac{1}{3}x=2$ $\quad\therefore x=6$

$x=0$일 때, $y=-\dfrac{1}{3}\times 0+2=2$

➡ x절편: 6, y절편: 2

(4) $y=0$일 때, $0=-\dfrac{3}{4}x-3$, $\dfrac{3}{4}x=-3$ $\quad\therefore x=-4$

$x=0$일 때, $y=-\dfrac{3}{4}\times 0-3=-3$

➡ x절편: -4, y절편: -3

 12 (1) 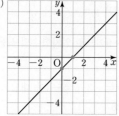 (2)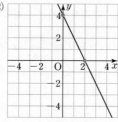

(3) 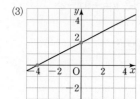 (4)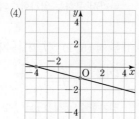

13 (1) 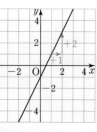 (2)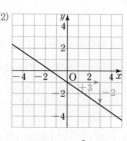

➡ 기울기: 2   ➡ 기울기: $-\dfrac{2}{3}$

14 (1) 일차함수 $y=3x-2$의 그래프의 기울기는 3이므로

$\dfrac{(y\text{의 값의 증가량})}{(x\text{의 값의 증가량})}=\dfrac{(y\text{의 값의 증가량})}{3}=3$

$\therefore (y\text{의 값의 증가량})=9$

(2) 일차함수 $y=\dfrac{1}{4}x+5$의 그래프의 기울기는 $\dfrac{1}{4}$이므로

$\dfrac{(y\text{의 값의 증가량})}{(x\text{의 값의 증가량})}=\dfrac{(y\text{의 값의 증가량})}{3}=\dfrac{1}{4}$

$\therefore (y\text{의 값의 증가량})=\dfrac{3}{4}$

15 (1) 두 점 $(-2, 3)$, $(4, 6)$을 지나는 일차함수의 그래프의 기울기는

$\dfrac{6-3}{4-(-2)}=\dfrac{1}{2}$

(2) 두 점 $(3, -5)$, $(0, -7)$을 지나는 일차함수의 그래프의 기울기는

$\dfrac{-7-(-5)}{0-3}=\dfrac{2}{3}$

16 (1) 일차함수 $y=x+2$의 그래프의 y절편이 2이므로 점 $(0, 2)$를 지난다. 또 기울기가 1이므로

$(0, 2)$ $\xrightarrow[\;y\text{축의 방향으로 1만큼 증가}\;]{\;x\text{축의 방향으로 1만큼 증가}\;}$ $(1, 3)$

즉, 두 점 $(0, 2)$, $(1, 3)$을 지나므로 그래프를 그리면 오른쪽 그림과 같다.

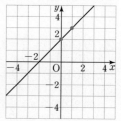

(2) 일차함수 $y=-3x-1$의 그래프의 y절편이 -1이므로 점 $(0, -1)$을 지난다. 또 기울기가 -3이므로

$(0, -1)$ $\xrightarrow[\;y\text{축의 방향으로 3만큼 감소}\;]{\;x\text{축의 방향으로 1만큼 증가}\;}$ $(1, -4)$

즉, 두 점 $(0, -1)$, $(1, -4)$를 지나므로 그래프를 그리면 오른쪽 그림과 같다.

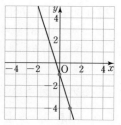

(3) 일차함수 $y=\dfrac{2}{3}x-2$의 그래프의 y절편이 -2이므로 점 $(0, -2)$를 지난다. 또 기울기가 $\dfrac{2}{3}$이므로

$(0, -2)$ $\xrightarrow[\;y\text{축의 방향으로 2만큼 증가}\;]{\;x\text{축의 방향으로 3만큼 증가}\;}$ $(3, 0)$

즉, 두 점 $(0, -2)$, $(3, 0)$을 지나므로 그래프를 그리면 오른쪽 그림과 같다.

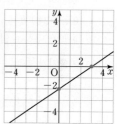

(4) 일차함수 $y=-\dfrac{1}{2}x+3$의 그래프의 y절편이 3이므로 점 $(0, 3)$을 지난다. 또 기울기가 $-\dfrac{1}{2}$이므로

$(0, 3)$ $\xrightarrow[\;y\text{축의 방향으로 1만큼 감소}\;]{\;x\text{축의 방향으로 2만큼 증가}\;}$ $(2, 2)$

즉, 두 점 $(0, 3)$, $(2, 2)$를 지나므로 그래프를 그리면 오른쪽 그림과 같다.

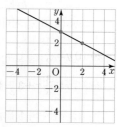

17 (1) 기울기가 양수인 일차함수 ➡ ㄱ, ㄴ, ㄹ, ㅂ

(2) 기울기가 음수인 일차함수 ➡ ㄷ, ㅁ

(3) y절편이 음수인 일차함수 ➡ ㄷ, ㄹ, ㅂ

19 (3) 두 일차함수 $y=\dfrac{2}{5}x-5$, $y=-ax+3$의 그래프가 평행하므로 기울기는 같고, y절편은 다르다.

$\dfrac{2}{5}=-a$ $\quad\therefore a=-\dfrac{2}{5}$

20 (3) 두 일차함수 $y=-2ax+6$, $y=-10x+3b$의 그래프가 일치하므로 기울기와 y절편이 각각 같다.

$-2a=-10$ ∴ $a=5$

$6=3b$ ∴ $b=2$

21 (4) (기울기)$=\dfrac{6}{2}=3$, (y절편)$=-2$ ➡ $y=3x-2$

(5) (기울기)$=\dfrac{-8}{2}=-4$, (y절편)$=9$ ➡ $y=-4x+9$

(6) 일차함수 $y=\dfrac{3}{2}x+3$의 그래프와 기울기가 같으므로

(기울기)$=\dfrac{3}{2}$

점 $(0, 4)$를 지나므로 (y절편)$=4$ ➡ $y=\dfrac{3}{2}x+4$

22 (1) 기울기가 -6이므로 일차함수의 식을 $y=-6x+b$라고 하자.

점 $(-2, 8)$을 지나므로 $x=-2$, $y=8$을 대입하면

$8=12+b$ ∴ $b=-4$

따라서 구하는 일차함수의 식은 $y=-6x-4$

(2) 기울기가 $\dfrac{1}{3}$이므로 일차함수의 식을 $y=\dfrac{1}{3}x+b$라고 하자.

점 $(-3, -5)$를 지나므로 $x=-3$, $y=-5$를 대입하면

$-5=-1+b$ ∴ $b=-4$

따라서 구하는 일차함수의 식은 $y=\dfrac{1}{3}x-4$

(3) 기울기가 -2이므로 일차함수의 식을 $y=-2x+b$라고 하자.

x절편이 12, 즉 점 $(12, 0)$을 지나므로 $x=12$, $y=0$을 대입하면

$0=-24+b$ ∴ $b=24$

따라서 구하는 일차함수의 식은 $y=-2x+24$

(4) 기울기가 $\dfrac{2}{4}=\dfrac{1}{2}$이므로 일차함수의 식을 $y=\dfrac{1}{2}x+b$라고 하자.

점 $(1, -6)$을 지나므로 $x=1$, $y=-6$을 대입하면

$-6=\dfrac{1}{2}+b$ ∴ $b=-\dfrac{13}{2}$

따라서 구하는 일차함수의 식은 $y=\dfrac{1}{2}x-\dfrac{13}{2}$

(5) 기울기가 $\dfrac{-6}{2}=-3$이므로 일차함수의 식을 $y=-3x+b$라고 하자.

점 $(6, 5)$를 지나므로 $x=6$, $y=5$를 대입하면

$5=-18+b$ ∴ $b=23$

따라서 구하는 일차함수의 식은 $y=-3x+23$

(6) 일차함수 $y=\dfrac{2}{3}x-4$의 그래프와 기울기가 같으므로

일차함수의 식을 $y=\dfrac{2}{3}x+b$라고 하자.

점 $(-9, 4)$를 지나므로 $x=-9$, $y=4$를 대입하면

$4=-6+b$ ∴ $b=10$

따라서 구하는 일차함수의 식은 $y=\dfrac{2}{3}x+10$

23 (1) (기울기)$=\dfrac{0-2}{2-1}=-2$이므로 일차함수의 식을

$y=-2x+b$라고 하자.

점 $(1, 2)$를 지나므로 $x=1$, $y=2$를 대입하면

$2=-2+b$ ∴ $b=4$

따라서 구하는 일차함수의 식은 $y=-2x+4$

(2) (기울기)$=\dfrac{3-6}{2-(-10)}=-\dfrac{1}{4}$이므로 일차함수의 식을

$y=-\dfrac{1}{4}x+b$라고 하자.

점 $(2, 3)$을 지나므로 $x=2$, $y=3$을 대입하면

$3=-\dfrac{1}{2}+b$ ∴ $b=\dfrac{7}{2}$

따라서 구하는 일차함수의 식은 $y=-\dfrac{1}{4}x+\dfrac{7}{2}$

(3) (기울기)$=\dfrac{8-(-1)}{-4-(-3)}=-9$이므로 일차함수의 식을

$y=-9x+b$라고 하자.

점 $(-3, -1)$을 지나므로 $x=-3$, $y=-1$을 대입하면

$-1=27+b$ ∴ $b=-28$

따라서 구하는 일차함수의 식은 $y=-9x-28$

24 (1) 두 점 $(5, 1)$, $(7, 2)$를 지나므로

(기울기)$=\dfrac{2-1}{7-5}=\dfrac{1}{2}$

일차함수의 식을 $y=\dfrac{1}{2}x+b$라 하고,

점 $(5, 1)$을 지나므로 $x=5$, $y=1$을 대입하면

$1=\dfrac{5}{2}+b$ ∴ $b=-\dfrac{3}{2}$

따라서 구하는 일차함수의 식은 $y=\dfrac{1}{2}x-\dfrac{3}{2}$

(2) 두 점 $(4, 2)$, $(7, -1)$을 지나므로

(기울기)$=\dfrac{-1-2}{7-4}=-1$

일차함수의 식을 $y=-x+b$라 하고,

점 $(7, -1)$을 지나므로 $x=7$, $y=-1$을 대입하면

$-1=-7+b$ ∴ $b=6$

따라서 구하는 일차함수의 식은 $y=-x+6$

(3) 두 점 $(-2, -5)$, $(4, 1)$을 지나므로

(기울기)$=\dfrac{1-(-5)}{4-(-2)}=1$

일차함수의 식을 $y=x+b$라 하고,

점 $(-2, -5)$를 지나므로 $x=-2$, $y=-5$를 대입하면

$-5=-2+b$ ∴ $b=-3$

따라서 구하는 일차함수의 식은 $y=x-3$

25 (1) x절편이 -4이고, y절편이 3이므로

두 점 $(-4, 0)$, $(0, 3)$을 지난다.

∴ (기울기)$=\dfrac{3-0}{0-(-4)}=\dfrac{3}{4}$

따라서 구하는 일차함수의 식은 $y=\dfrac{3}{4}x+3$

(2) x절편이 8이고, y절편이 -2이므로

두 점 $(8, 0)$, $(0, -2)$를 지난다.

∴ (기울기)$=\dfrac{-2-0}{0-8}=\dfrac{1}{4}$

따라서 구하는 일차함수의 식은 $y=\dfrac{1}{4}x-2$

(3) 일차함수 $y=\dfrac{3}{4}x+9$의 그래프와 y축 위에서 만나므로 y절

편이 같다.

즉, 구하는 일차함수의 그래프는 x절편이 -3이고, y절편이

9이므로 두 점 $(-3, 0)$, $(0, 9)$를 지난다.

$\therefore (기울기)=\dfrac{9-0}{0-(-3)}=3$

따라서 구하는 일차함수의 식은 $y=3x+9$

26 (1) x절편이 5이고, y절편이 5이므로

두 점 $(5, 0)$, $(0, 5)$를 지난다.

$\therefore (기울기)=\dfrac{5-0}{0-5}=-1$

따라서 구하는 일차함수의 식은 $y=-x+5$

(2) x절편이 -8이고, y절편이 -6이므로

두 점 $(-8, 0)$, $(0, -6)$을 지난다.

$\therefore (기울기)=\dfrac{-6-0}{0-(-8)}=-\dfrac{3}{4}$

따라서 구하는 일차함수의 식은 $y=-\dfrac{3}{4}x-6$

(3) x절편이 7이고, y절편이 -6이므로

두 점 $(7, 0)$, $(0, -6)$을 지난다.

$\therefore (기울기)=\dfrac{-6-0}{0-7}=\dfrac{6}{7}$

따라서 구하는 일차함수의 식은 $y=\dfrac{6}{7}x-6$

27 (1) 초의 길이가 5분마다 $4\,\text{cm}$씩 짧아지므로 1분마다 $\dfrac{4}{5}\,\text{cm}$씩

짧아진다. 즉, x분 후에 $\dfrac{4}{5}x\,\text{cm}$만큼 짧아지므로

$y=60-\dfrac{4}{5}x$

(2) $y=60-\dfrac{4}{5}x$에 $x=40$을 대입하면

$y=60-32=28$

따라서 불을 붙인 지 40분 후에 남아 있는 초의 길이는

$28\,\text{cm}$이다.

28 (1) 지면으로부터 높이가 $100\,\text{m}$씩 높아질 때마다 기온은

$0.6\,^{\circ}\text{C}$씩 내려가므로 $1\,\text{km}$씩 높아질 때마다 기온은 $6\,^{\circ}\text{C}$씩

내려간다.

즉, 지면의 높이가 $x\,\text{km}$ 높아지면 기온은 $6x\,^{\circ}\text{C}$ 내려가므로

$y=22-6x$

(2) $y=22-6x$에 $y=-8$을 대입하면

$-8=22-6x$, $6x=30$ $\therefore x=5$

따라서 기온이 $-8\,^{\circ}\text{C}$인 지점의 지면으로부터의 높이는

$5\,\text{km}$이다.

29 (1) $(거리)=(속력)\times(시간)$이므로

시속 $80\,\text{km}$로 x시간 동안 달린 거리는 $80x\,\text{km}$이다.

$\therefore y=400-80x$

(2) $y=400-80x$에 $y=160$을 대입하면

$160=400-80x$, $80x=240$ $\therefore x=3$

따라서 출발한 지 3시간 후에 남은 거리가 $160\,\text{km}$가 된다.

30 (1) 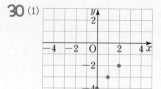 (2)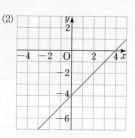

31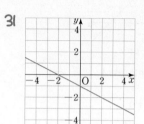

32 (1) $6x-3y-9=0$에서 $-3y=-6x+9$

$\therefore y=2x-3$

일차함수 $y=2x-3$의 그래프의 기울기는 2, x절편은 $\dfrac{3}{2}$,

y절편은 -3이므로 그래프를 그리면 다음과 같다.

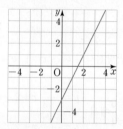

(2) $-3x-3y+6=0$에서 $-3y=3x-6$

$\therefore y=-x+2$

일차함수 $y=-x+2$의 그래프의 기울기는 -1, x절편은 2,

y절편은 2이므로 그래프를 그리면 다음과 같다.

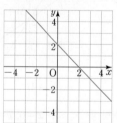

(3) $5x+10y+15=0$에서 $10y=-5x-15$

$\therefore y=-\dfrac{1}{2}x-\dfrac{3}{2}$

일차함수 $y=-\dfrac{1}{2}x-\dfrac{3}{2}$의 그래프의 기울기는 $-\dfrac{1}{2}$, x절편

은 -3, y절편은 $-\dfrac{3}{2}$이므로 그래프를 그리면 다음과 같다.

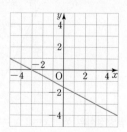

35 (1) $\begin{cases} 3x-y=2 \\ x+y=6 \end{cases}$ 에서 $\begin{cases} y=3x-2 \\ y=-x+6 \end{cases}$

두 일차방정식의 그래프를 좌표평면 위에 나타내면 다음 그림과 같고, 두 직선은 한 점 $(2, 4)$에서 만난다.

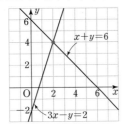

따라서 연립방정식의 해는 $x=2$, $y=4$

(2) $\begin{cases} x+y=4 \\ x-2y=-5 \end{cases}$ 에서 $\begin{cases} y=-x+4 \\ y=\dfrac{1}{2}x+\dfrac{5}{2} \end{cases}$

두 일차방정식의 그래프를 좌표평면 위에 나타내면 다음 그림과 같고, 두 직선은 한 점 $(1, 3)$에서 만난다.

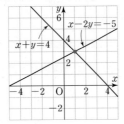

따라서 연립방정식의 해는 $x=1$, $y=3$

(3) $\begin{cases} 2x+3y=6 \\ 3x+2y=4 \end{cases}$ 에서 $\begin{cases} y=-\dfrac{2}{3}x+2 \\ y=-\dfrac{3}{2}x+2 \end{cases}$

두 일차방정식의 그래프를 좌표평면 위에 나타내면 다음 그림과 같고, 두 직선은 한 점 $(0, 2)$에서 만난다.

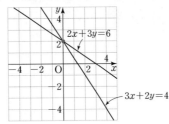

따라서 연립방정식의 해는 $x=0$, $y=2$

(4) $\begin{cases} 2x+y=3 \\ x-2y=4 \end{cases}$ 에서 $\begin{cases} y=-2x+3 \\ y=\dfrac{1}{2}x-2 \end{cases}$

두 일차방정식의 그래프를 좌표평면 위에 나타내면 다음 그림과 같고, 두 직선은 한 점 $(2, -1)$에서 만난다.

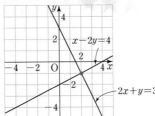

따라서 연립방정식의 해는 $x=2$, $y=-1$

36 (1) $\begin{cases} 2ax-y=2 \\ x-2y=b \end{cases}$ 에서 $\begin{cases} y=2ax-2 \\ y=\dfrac{1}{2}x-\dfrac{b}{2} \end{cases}$

두 일차함수의 그래프의 기울기와 y절편이 각각 같아야 하므로

$2a=\dfrac{1}{2}$ 에서 $a=\dfrac{1}{4}$

$-2=-\dfrac{b}{2}$ 에서 $b=4$

(2) $\begin{cases} x+ay=3 \\ 2x+6y=b \end{cases}$ 에서 $\begin{cases} y=-\dfrac{1}{a}x+\dfrac{3}{a} \\ y=-\dfrac{1}{3}x+\dfrac{b}{6} \end{cases}$

두 일차함수의 그래프의 기울기와 y절편이 각각 같아야 하므로

$-\dfrac{1}{a}=-\dfrac{1}{3}$ 에서 $a=3$

$\dfrac{3}{a}=\dfrac{b}{6}$ 에서 $1=\dfrac{b}{6}$ $\therefore b=6$

(3) $\begin{cases} 3x+ay=5 \\ -6x+4y=b \end{cases}$ 에서 $\begin{cases} y=-\dfrac{3}{a}x+\dfrac{5}{a} \\ y=\dfrac{3}{2}x+\dfrac{b}{4} \end{cases}$

두 일차함수의 그래프의 기울기와 y절편이 각각 같아야 하므로

$-\dfrac{3}{a}=\dfrac{3}{2}$ 에서 $3a=-6$ $\therefore a=-2$

$\dfrac{5}{a}=\dfrac{b}{4}$ 에서 $-\dfrac{5}{2}=\dfrac{b}{4}$

$2b=-20$ $\therefore b=-10$

37 (1) $\begin{cases} 2x-3y=3 \\ ax+y=2 \end{cases}$ 에서 $\begin{cases} y=\dfrac{2}{3}x-1 \\ y=-ax+2 \end{cases}$

두 일차함수의 그래프의 기울기가 같고, y절편이 달라야 하므로

$\dfrac{2}{3}=-a$ $\therefore a=-\dfrac{2}{3}$

(2) $\begin{cases} 3x+2y=-4 \\ ax-4y=7 \end{cases}$ 에서 $\begin{cases} y=-\dfrac{3}{2}x-2 \\ y=\dfrac{a}{4}x-\dfrac{7}{4} \end{cases}$

두 일차함수의 그래프의 기울기가 같고, y절편이 달라야 하므로

$-\dfrac{3}{2}=\dfrac{a}{4}$, $2a=-12$ $\therefore a=-6$

(3) $\begin{cases} ax+2y=5 \\ 3x+y=3 \end{cases}$ 에서 $\begin{cases} y=-\dfrac{a}{2}x+\dfrac{5}{2} \\ y=-3x+3 \end{cases}$

두 일차함수의 그래프의 기울기가 같고, y절편이 달라야 하므로

$-\dfrac{a}{2}=-3$ $\therefore a=6$

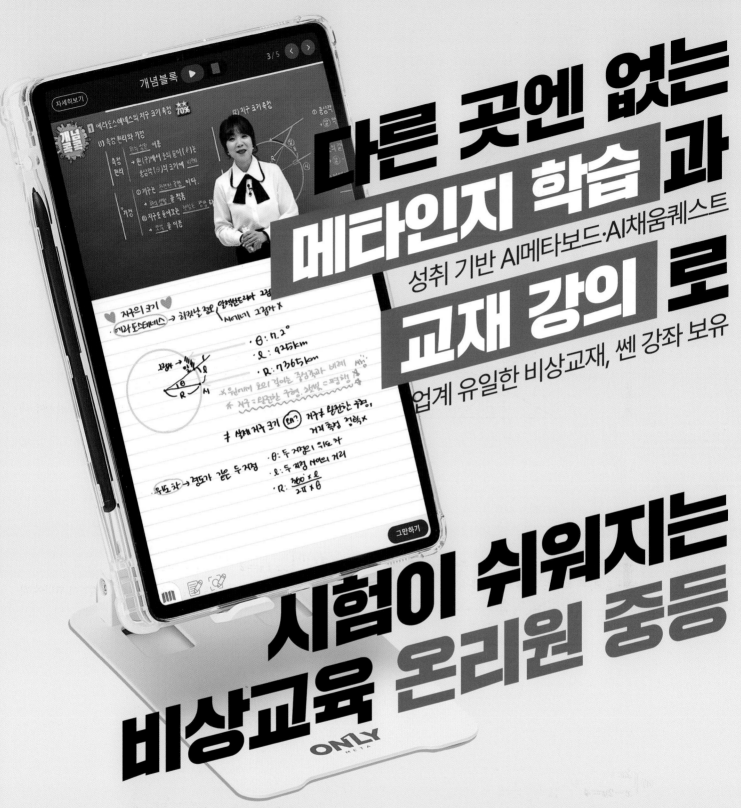

다른 곳엔 없는
메타인지 학습 과
성취 기반 AI메타보드·AI채움퀘스트
교재 강의 로
업계 유일한 비상교재, 쎈 강좌 보유

시험이 쉬워지는
비상교육 온리원 중등

0원 무제한 학습!
지금 신청하기

★★★ **10명 중 8명** 내신 최상위권
★★★ **특목고 합격생 167%** 달성
★★★ **1년** 만에 **2배** 장학생 증가

교과서
개념
잡기

교과서 내용을 쉽고 빠르게 학습하여 개념을 꽉! 잡아줍니다.

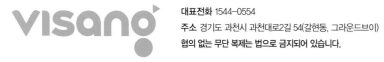

대표전화 1544-0554
주소 경기도 과천시 과천대로2길 54(갈현동, 그라운드브이)
협의 없는 무단 복제는 법으로 금지되어 있습니다.

개념익히기와 1:1 매칭되는
익힘북

중학 수학
2·1

2022 개정 교육과정

visang

ABOVE IMAGINATION

우리는 남다른 상상과 혁신으로
교육 문화의 새로운 전형을 만들어
모든 이의 행복한 경험과 성장에 기여한다

교과서
개념
잡기

개념별 문제와 1:1 매칭되는

익힘북

중학 수학

2·1

유리수의 표현과 식의 계산

▶ 정답과 해설 33쪽

Ⅰ·1   유리수와 순환소수

1 유한소수와 무한소수의 구분

1 다음 보기에서 유한소수를 모두 고르시오.

> **보기**
>
> ㄱ. 0.725   ㄴ. 0.2555···   ㄷ. 0.414141
>
> ㄹ. $\dfrac{5}{8}$ ㅁ. $\dfrac{3}{7}$ ㅂ. $-\dfrac{7}{10}$

_____

2 순환소수의 표현

2 다음 보기에서 순환소수를 모두 고르시오.

> **보기**
>
> ㄱ. 0.222···   ㄴ. 0.123123123
>
> ㄷ. 1.020030004···   ㄹ. 1.363636···
>
> ㅁ. 2.12353535···   ㅂ. 3.091929···

_____

3 다음 순환소수를 순환마디를 써서 간단히 나타내시오.

(1) $0.777\cdots$ _____

(2) $-1.282828\cdots$ _____

(3) $-2.0434343\cdots$ _____

(4) $3.512512512\cdots$ _____

(5) $31.231231231\cdots$ _____

3   유한소수 또는 순환소수로 나타낼 수 있는 분수

4 다음 분수를 10의 거듭제곱을 이용하여 유한소수로 나타내시오.

(1) $\dfrac{4}{125}$ _____

(2) $\dfrac{7}{40}$ _____

5 다음 보기에서 유한소수와 순환소수를 각각 모두 고르시오.

> **보기**
>
> ㄱ. $\dfrac{3}{20}$ ㄴ. $\dfrac{1}{60}$ ㄷ. $\dfrac{1}{2^2 \times 3}$
>
> ㄹ. $\dfrac{5}{2 \times 7^2}$ ㅁ. $\dfrac{28}{140}$ ㅂ. $\dfrac{15}{180}$
>
> ㅅ. $\dfrac{27}{3^2 \times 5}$ ㅇ. $\dfrac{33}{2 \times 5^2 \times 11}$ ㅈ. $\dfrac{13}{36}$

유한소수: _____ , 순환소수: _____

6 다음 분수가 유한소수로 나타내어질 때, a의 값이 될 수 있는 가장 작은 자연수를 구하시오.

(1) $\dfrac{1}{2 \times 5^2 \times 7} \times a$ _____

(2) $\dfrac{7}{2^2 \times 3 \times 5^3 \times 7} \times a$ _____

(3) $\dfrac{5}{18} \times a$ _____

(4) $\dfrac{15}{630} \times a$ _____

4 순환소수를 분수로 나타내기 (1)

7 다음 순환소수를 x라 하고 분수로 나타낼 때, 가장 편리한 식을 보기에서 찾아 그 기호를 쓰시오.

> **보기**
> ㄱ. $10x-x$ ㄴ. $100x-x$
> ㄷ. $100x-10x$ ㄹ. $1000x-x$
> ㅁ. $1000x-10x$ ㅂ. $1000x-100x$

(1) $0.\dot{5}$ _____

(2) $0.\dot{2}\dot{8}$ _____

(3) $2.4\dot{5}$ _____

(4) $1.7\dot{3}\dot{4}$ _____

8 다음 순환소수를 기약분수로 나타내시오.

(1) $0.\dot{7}$ _____

(2) $1.\dot{2}\dot{5}$ _____

(3) $0.5\dot{4}\dot{2}$ _____

(4) $3.1\dot{5}$ _____

(5) $0.2\dot{9}\dot{3}$ _____

(6) $2.\dot{1}6\dot{2}$ _____

5 순환소수를 분수로 나타내기 (2)

9 다음은 순환소수를 기약분수로 나타내는 과정이다. □ 안에 알맞은 수를 쓰시오.

(1) $0.\dot{8}=\dfrac{\boxed{}}{9}$

(2) $0.\dot{2}\dot{7}=\dfrac{\boxed{}}{99}=\boxed{}$

(3) $2.\dot{4}\dot{7}=\dfrac{247-\boxed{}}{99}=\boxed{}$

(4) $0.5\dot{4}=\dfrac{54-\boxed{}}{90}=\boxed{}$

(5) $1.2\dot{3}\dot{6}=\dfrac{1236-\boxed{}}{\boxed{}}=\boxed{}$

10 다음 순환소수를 기약분수로 나타내시오.

(1) $0.\dot{3}$ _____

(2) $1.\dot{8}\dot{4}$ _____

(3) $0.\dot{1}6\dot{1}$ _____

(4) $0.1\dot{8}$ _____

(5) $2.1\dot{8}\dot{3}$ _____

(6) $1.14\dot{6}$ _____

6 유리수와 소수의 관계

11 다음 보기 중 유리수는 모두 몇 개인지 구하시오.

> **보기**
> ㄱ. -2　　ㄴ. $4.\dot{5}$　　ㄷ. $0.123456\cdots$
> ㄹ. $\pi-6$　　ㅁ. $1.343434\cdots$　　ㅂ. $-\dfrac{4}{5}$

_____

12 다음은 유리수와 소수에 대한 설명이다. 옳은 것은 ○표, 옳지 <u>않은</u> 것은 ×표를 ( ) 안에 쓰시오.

(1) 모든 기약분수는 유한소수로 나타낼 수 있다.
　　　　　　　　　　　　　　　(　　)

(2) 모든 유리수는 유한소수로 나타낼 수 있다.
　　　　　　　　　　　　　　　(　　)

(3) 무한소수 중에는 유리수가 아닌 것도 있다.
　　　　　　　　　　　　　　　(　　)

(4) 순환소수는 모두 유리수이다. 　　(　　)

(5) 모든 순환소수는 유한소수이다. 　(　　)

(6) 모든 유한소수는 분모가 10의 거듭제곱의 꼴인 분수로 나타낼 수 있다. 　　(　　)

(7) 분수를 소수로 나타내면 순환소수 또는 무한소수가 된다. 　　　　　　　(　　)

(8) 무한소수는 모두 순환소수이다. 　(　　)

(9) 모든 순환소수는 $\dfrac{a}{b}$(a, b는 정수, $b\neq0$)의 꼴로 나타낼 수 있다. 　　　　　(　　)

---

7 지수법칙 (1)

13 다음 식을 간단히 하시오.

(1) $x^3\times x^2$　　　　　_____

(2) $7^4\times 7^5$　　　　　_____

(3) $a^4\times a\times a^3$　　　_____

(4) $b^2\times b^5\times b^2\times b^3$　_____

(5) $x\times y^2\times x^5$　　　_____

(6) $2^2\times 3^5\times 2^7\times 3^3$　_____

(7) $a\times b^5\times a^4\times b$　　_____

(8) $x\times y\times y^2\times x^3\times x^6$　_____

14 다음 식을 간단히 하시오.

(1) $(x^2)^5$ _____

(2) $(a^3)^4 \times (a^2)^2$ _____

(3) $(5^4)^2 \times (5^2)^5$ _____

(4) $(x^5)^2 \times x^3 \times (y^4)^4$ _____

(5) $(a^3)^4 \times (b^5)^2 \times (b^6)^3$ _____

(6) $x^5 \times (y^3)^4 \times (x^6)^2 \times y^5$ _____

(7) $(x^2)^3 \times (y^4)^2 \times (x^3)^3 \times (y^2)^2$ _____

(8) $(a^3)^5 \times (b^6)^2 \times (a^4)^2 \times (b^3)^4$ _____

15 다음 식을 간단히 하시오.

(1) $x^5 \div x^2$ _____

(2) $7^4 \div 7^9$ _____

(3) $x^9 \div x^2 \div x^3$ _____

(4) $a^6 \div a^4 \div a^2$ _____

(5) $(x^6)^3 \div (x^2)^4$ _____

(6) $(3^2)^6 \div (3^4)^5$ _____

(7) $(x^5)^4 \div x^9 \div (x^2)^3$ _____

(8) $(a^4)^4 \div (a^5)^3 \div (a^3)^2$ _____

16 다음 식을 간단히 하시오.

(1) $(4x)^3$ _____

(2) $(ab)^6$ _____

(3) $(x^4y^3)^2$ _____

(4) $(-2a^3b^5)^3$ _____

(5) $\left(\dfrac{a}{b^4}\right)^3$ _____

(6) $\left(\dfrac{2}{y^3}\right)^5$ _____

(7) $\left(-\dfrac{y^3}{x^4}\right)^3$ _____

(8) $\left(\dfrac{5b^6}{3a^3}\right)^3$ _____

17 다음을 계산하시오.

(1) $5x^2 \times 7x^3$ _____

(2) $\dfrac{3}{4}x^5y^2 \times 16x^2y^3$ _____

(3) $2a^2 \times \dfrac{1}{4}a^3b^2 \times 8b^5$ _____

(4) $3x^5y^2 \times (-4xy^3) \times \left(-\dfrac{1}{6}x^4y^5\right)$ _____

(5) $(-a^2b)^3 \times 4a^3b^4$ _____

(6) $(2x^3y^5)^2 \times (-3x^4y^2)^2$ _____

(7) $\dfrac{3}{4}ab^3 \times (-2a^2b)^3 \times (-a^2b^5)^2$ _____

(8) $\left(-\dfrac{3}{5}x^6y\right)^2 \times 5x^2y^4 \times (2xy^2)^3$ _____

18 다음을 계산하시오.

(1) $24x^3 \div 8x^2$ _____

(2) $20x^5y^2 \div 4x^6y$ _____

(3) $24a^8b^5 \div \left(-\dfrac{4}{3}a^4b^3\right)$ _____

(4) $(9x^4y^3)^2 \div 18x^6y^9$ _____

(5) $21a^9b^4 \div (-3a^2b^5)^3$ _____

(6) $6x^5y^2 \div \dfrac{2}{3}xy^4 \div x^4$ _____

(7) $(4x^4y^3)^3 \div 16x^5y^2 \div \dfrac{1}{3}x^8y^4$ _____

(8) $\left(-\dfrac{1}{4}a^4b^5\right)^2 \div \dfrac{1}{8}a^4b^2 \div (-2a^2b^2)^3$ _____

19 다음을 계산하시오.

(1) $27x^2 \times 2x^5 \div (-18x^3)$ _____

(2) $3a^6b^8 \times 4a^2b^3 \div \dfrac{1}{2}a^4b^5$ _____

(3) $(2x^3y)^4 \div 6x^4y^6 \times 3xy^4$ _____

(4) $\dfrac{1}{6}a^8b^5 \times \left(-\dfrac{3}{2}a^3b^4\right)^3 \div a^2b^3$ _____

(5) $(2x^3y^2)^3 \times \left(\dfrac{1}{3}x^2y^3\right)^2 \div 4x^8y^5$ _____

(6) $4a^6b^4 \div \left(-\dfrac{2}{3}a^3b^4\right)^2 \times \left(-\dfrac{1}{3}a^3b^5\right)^3$ _____

(7) $(x^3y^2)^4 \div (2x^4y^3)^5 \times (4x^2y)^3$ _____

(8) $\left(-\dfrac{1}{3}a^5b^2\right)^2 \times (-6a^2b^3)^3 \div (ab^4)^4$ _____

⑭ 다항식의 덧셈과 뺄셈

20 다음을 계산하시오.

(1) $(5x+4y)+(2x-3y)$ _____

(2) $2(5a-3b)+3(-4a+5b)$ _____

(3) $4(2x-3y)-(8x-9y)$ _____

(4) $\left(\dfrac{1}{3}x-\dfrac{2}{5}y\right)-\left(\dfrac{2}{3}x-\dfrac{4}{5}y\right)$ _____

(5) $\left(\dfrac{3}{4}x+\dfrac{1}{2}y\right)-\left(\dfrac{1}{2}x-\dfrac{1}{4}y\right)$ _____

(6) $\dfrac{2x+y}{5}+3x-y$ _____

(7) $\dfrac{2x+5y}{3}+\dfrac{x-2y}{4}$ _____

(8) $\dfrac{2(4a-b)}{5}-\dfrac{5a-2b}{3}$ _____

21 다음을 계산하시오.

(1) $x+\{3x-(x-y)\}$ _____

(2) $3x-2\{4y-(x+2y)\}$ _____

(3) $-a+[b-\{3a+(2a-4b)\}]$ _____

(4) $5a-[7b+\{4a-(2a-b)\}]$ _____

(5) $-2a+b-[3a+2\{6b+(4a-2b)\}]$ _____

(6) $4b-[2a+2b-\{3a-(2a+b)+6b\}]$ _____

(7) $3x+y-[2y-\{4y-(5x+3y)\}-3x]$ _____

(8) $-x+5y-2[x+y-\{3x+2(x-5y)\}+3x]$ _____

⑮ 이차식의 덧셈과 뺄셈

22 다음 보기에서 이차식을 모두 고르시오.

> **보기**
> ㄱ. x^2+2x+4 ㄴ. $2y+3x-1$
> ㄷ. $5-2y+3y^2$ ㄹ. $2x^4-x^2-3$
> ㅁ. $4a^2-1$ ㅂ. $-2b^2+b^3+3-b^3$

_____

23 다음을 계산하시오.

(1) $(2x^2+5)+(3x^2-6x)$ _____

(2) $(-x^2+4x-1)+(3x^2-4x-2)$

_____

(3) $3(3a^2-a+1)+(-4a^2+2a-5)$

_____

(4) $(2x^2-5x+1)-(4x^2-3x+2)$

_____

(5) $(3-2a-4a^2)-(-5a^2+a-1)$

_____

(6) $3(-3x^2+2x)-2(-4x^2+3x-5)$

_____

⑯ (단항식)×(다항식)

24 다음 식을 전개하시오.

(1) $3x(2x+1)$ _____

(2) $3a(2a-3b)$ _____

(3) $-\dfrac{1}{3}x(12x-18y)$ _____

(4) $(12x-16y)\times\left(-\dfrac{3}{4}y\right)$ _____

(5) $2x(-3x+2y-1)$ _____

(6) $-3b(a-3b+4)$ _____

(7) $\left(6x-9y+\dfrac{9}{2}\right)\times\dfrac{2}{3}y$ _____

(8) $\left(-a+\dfrac{1}{3}b+\dfrac{2}{3}\right)\times(-9a)$ _____

25 다음을 계산하시오.

(1) $(12x^2+6x)\div 3x$ _____

(2) $(5x^2y-20y^3)\div 5y^2$ _____

(3) $(-3x^2+4xy)\div(-2x)$ _____

(4) $(-3a^2b^4+9a^4b)\div(-3ab)$ _____

(5) $(15xy^2+9x^3y)\div \dfrac{3}{2}xy$ _____

(6) $(12x^3y^2-8x^5y^3)\div 4x^2y^2$ _____

(7) $(3a^4b-2a^2b^3)\div\left(-\dfrac{1}{7}a^2b\right)$ _____

(8) $\left(\dfrac{3}{2}x^2y^3-15x^4y^6\right)\div\left(-\dfrac{3}{4}xy^3\right)$ _____

26 다음을 계산하시오.

(1) $2x^2+(3x^3-4xy^3)\div x$ _____

(2) $2a(a^2+3ab^2)+a^2(3a+b^2)$ _____

(3) $2x(3xy+2x^3y^2)+(-4x^2y^3+6x^4y^4)\div 2y^2$ _____

(4) $b(a+2a^3b^2)-(9a^4b^2+3a^6b^4)\div 3a^3b$ _____

(5) $(6x^3+15x^2)\div 3x^2+(6x^3-2x^4)\div 2x^3$ _____

(6) $(3a^3b^5-ab^2)\div(-ab)-(8a^4b^2+4a^6b^5)\div 4a^4b$ _____

(7) $(x-y)\times(-2x)+(18x^6y^2-9x^5y^3)\div(-3x^2y)^2$ _____

(8) $(a^6b^4+a^3b^4)\div(-ab)^3+\dfrac{a^5b^5-3a^3b^4}{4}\div\left(\dfrac{1}{2}ab^2\right)^2$ _____

부등식과 연립방정식

▶ 정답과 해설 38쪽

II·1 일차부등식

1 부등식과 그 해

1 다음 문장을 부등식으로 나타내시오.

(1) x는 3보다 작다. _____

(2) x는 5보다 작지 않다. _____

(3) x에서 5를 빼면 8보다 크거나 같다.

_____

(4) 한 자루에 500원인 색연필 3자루와 한 권에 900원인 스케치북 x권의 값은 7000원보다 비싸다.

_____

2 x의 값이 -1, 0, 1일 때, 다음 부등식의 해를 모두 구하시오.

(1) $-4x+3>5$ _____

(2) $2x-6<-4$ _____

(3) $-3x+2\leq2$ _____

(4) $-2(x+1)\geq-2$ _____

2 부등식의 성질

3 다음 □ 안에 알맞은 부등호를 쓰시오.

(1) $a\geq b$이면 $3a-1$ □ $3b-1$이다.

(2) $a<b$이면 $\dfrac{5}{4}a+2$ □ $\dfrac{5}{4}b+2$이다.

(3) $a\leq b$이면 $-2a-3$ □ $-2b-3$이다.

(4) $a>b$이면 $-\dfrac{a}{6}+1$ □ $-\dfrac{b}{6}+1$이다.

4 다음 □ 안에 알맞은 부등호를 쓰시오.

(1) $5a+2<5b+2$이면 a □ b이다.

(2) $\dfrac{2}{3}a-5>\dfrac{2}{3}b-5$이면 a □ b이다.

(3) $-3a+4\leq-3b+4$이면 a □ b이다.

(4) $-\dfrac{3}{5}a-5\geq-\dfrac{3}{5}b-5$이면 a □ b이다.

③ 부등식의 해와 수직선

5 다음 부등식의 해를 수직선 위에 나타내시오.

(1) $x \leq 6$

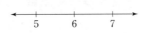

(2) $x > 3$

(3) $x \geq -2$

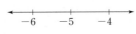

(4) $x < -7$

(5) $x \leq -5$

6 다음 수직선 위에 나타내어진 x의 값의 범위를 부등식으로 나타내시오.

(1)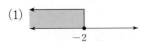
　　　　　　　　　　　　　_____

(2)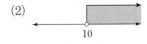
　　　　　　　　　　　　　_____

(3)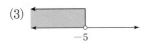
　　　　　　　　　　　　　_____

(4)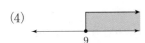
　　　　　　　　　　　　　_____

(5)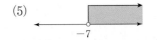
　　　　　　　　　　　　　_____

④ 일차부등식 풀기

7 다음 보기에서 일차부등식을 모두 고르시오.

> **보기**
> ㄱ. $x+1 > -4$　　ㄴ. $x(2x+1) \geq -x$
> ㄷ. $2x+1 = 4x-3$　　ㄹ. $x^2-1 > x(x-2)$
> ㅁ. $3+x < -x+1$　　ㅂ. $3x+1 \leq 2(x+1)+x$

　　　　　　　　　　　　　_____

8 다음 일차부등식을 푸시오.

(1) $2x+4 \geq 8$　　　　_____

(2) $-3x+6 > 15$　　　_____

(3) $x-3 > 5x+9$　　　_____

(4) $2x-1 < 9-3x$　　　_____

(5) $-3x-17 \geq 4x-3$　　_____

(6) $5x+3 \leq 9x-9$　　　_____

9 다음 일차부등식을 푸시오.

(1) $2x-(6x-3)\leq -5$ _____

(2) $-3(x+2)>2(x+2)+5x$ _____

(3) $0.5x+2.1>1.5x-0.9$ _____

(4) $3.8-2x\leq -1.2x-0.2$ _____

(5) $\dfrac{1}{4}x-\dfrac{4}{5}<\dfrac{2}{5}x-\dfrac{1}{2}$ _____

(6) $1+\dfrac{2x+1}{3}\geq \dfrac{x-3}{4}$ _____

10 다음 일차부등식에 대하여 상수 a의 값을 구하시오.

(1) 일차부등식 $a-3x\leq -8$의 해가 $x\geq 4$이다.

_____

(2) 일차부등식 $9-3x>2x+a$의 해가 $x<2$이다.

_____

(3) 일차부등식 $-2(x+2)<3x+a$의 해가 $x>-1$ 이다.

_____

11 연속하는 세 자연수의 합이 81보다 작다고 한다. 이를 만족시키는 세 자연수 중 가장 큰 세 자연수를 구하시오.

_____

12 하람이는 두 번의 수학 수행평가에서 각각 84점과 92점을 받았다. 세 번째 수행평가에서 몇 점 이상을 받아야 세 번에 걸친 수행평가 점수의 평균이 90점 이상이 되는지 구하시오.

_____

13 수연이는 한 개에 각각 1200원, 800원 하는 도넛을 합하여 15개를 사려고 한다. 총금액이 16000원 미만이 되게 하려면 1200원짜리 도넛은 최대 몇 개까지 살 수 있는지 구하시오.

_____

14 밑변의 길이가 12 cm인 삼각형의 넓이가 96 cm² 이상이려면 높이는 몇 cm 이상이 되어야 하는지 구하시오.

_____

15 가로의 길이가 6 cm인 직사각형의 둘레의 길이가 30 cm 이하가 되게 하려고 할 때, 세로의 길이는 몇 cm 이하가 되어야 하는지 구하시오.

_____

16 편의점에서 한 개에 500원인 음료수를 할인점에서는 한 개에 400원에 살 수 있다. 할인점에 다녀오는 데 드는 왕복 교통비가 1400원일 때, 음료수를 몇 개 이상 사야 할인점에서 사는 것이 유리한지 구하시오.

_____

17 다희가 여행을 다녀온 후 사진을 출력하려고 한다. 사진 한 장당 출력 요금이 동네 사진관에서는 200원, 인터넷 사진관에서는 160원이고, 인터넷 사진관에서 출력하면 2500원의 배송비가 든다고 한다. 사진을 몇 장 이상 출력해야 인터넷 사진관에서 출력하는 것이 유리한지 구하시오.

_____

7 일차부등식의 활용(2)

18 민정이가 집에서 출발하여 공원을 산책하려고 한다. 갈 때는 시속 $3\,km$로, 올 때는 같은 길을 시속 $2\,km$로 걸어서 2시간 30분 이내에 돌아오려고 할 때, 집에서 최대 몇 km 떨어진 곳까지 갔다 올 수 있는지 구하시오.

_____

19 등산을 하는데 올라갈 때는 시속 $2\,km$로, 내려올 때는 같은 길을 시속 $3\,km$로 걸어서 4시간 10분 이내로 등산을 마치려고 할 때, 최대 몇 km까지 올라갔다가 내려올 수 있는지 구하시오.

_____

20 준우가 집에서 약수터에 갈 때는 분속 $80\,m$로 걷고, 돌아올 때는 약수로 가득 찬 물통이 무거워서 분속 $60\,m$로 걸었다. 약수터에서 물을 받는 데 걸린 5분을 포함하여 왕복하는 데 걸린 총시간이 40분 이내라고 할 때, 집에서 약수터까지의 거리는 몇 m 이내인지 구하시오.

_____

II·2 연립일차방정식

8 미지수가 2개인 일차방정식

21 다음 보기에서 미지수가 2개인 일차방정식을 모두 고르시오.

> **보기**
> ㄱ. $x+3y-1=0$ ㄴ. $x+y^2=0$
> ㄷ. $3x-y=4x-y$ ㄹ. $2x+2=2y-2$

_____

22 다음을 미지수가 2개인 일차방정식으로 나타내시오.

(1) x의 7배에서 y의 2배를 뺀 값은 59이다.

_____

(2) 닭 x마리와 고양이 y마리의 다리의 수는 모두 38개이다. _____

(3) 윗변의 길이가 $x\,cm$, 아랫변의 길이가 $8\,cm$, 높이가 $5\,cm$인 사다리꼴의 넓이는 $y\,cm^2$이다.

_____

9 미지수가 2개인 일차방정식의 해

23 다음 일차방정식에 대하여 표를 완성하고, x, y의 값이 자연수일 때, 일차방정식의 해를 x, y의 순서쌍 (x, y)로 나타내시오.

(1) $2x+y=10$

x	1	2	3	4	5	...
y						...

➡ 해: _____

(2) $3x+y-12=0$

x	1	2	3	4	5	...
y						...

➡ 해: _____

(3) $3x+2y=15$

x	1	2	3	4	5	...
y						...

➡ 해: _____

🔟 미지수가 2개인 연립일차방정식

24 다음 보기의 연립방정식 중에서 $(2, 3)$이 해인 것을 모두 고르시오.

보기

ㄱ. $\begin{cases} 2x-y=1 \\ x-y=-1 \end{cases}$ ㄴ. $\begin{cases} x+y=5 \\ x+2y=7 \end{cases}$

ㄷ. $\begin{cases} 2x+3y=13 \\ 4x-y=5 \end{cases}$ ㄹ. $\begin{cases} 3x+y=8 \\ 5x-2y=4 \end{cases}$

_____

25 다음 연립방정식을 만족시키는 x, y의 순서쌍 (x, y)가 주어졌을 때, 상수 a, b의 값을 각각 구하시오.

(1) $\begin{cases} 3x+ay=7 \\ bx+y=4 \end{cases}$ ➡ $(3, 1)$

_____

(2) $\begin{cases} ax+3y=4 \\ -6x+by=-2 \end{cases}$ ➡ $(-1, 2)$

_____

(3) $\begin{cases} 6x+ay=12 \\ bx+2y=3 \end{cases}$ ➡ $(-5, -6)$

_____

(4) $\begin{cases} 2x+y=4 \\ x-y=a \end{cases}$ ➡ $(1, b)$

_____

1️⃣1️⃣ 대입법을 이용하여 연립방정식 풀기

26 다음 연립방정식을 대입법을 이용하여 푸시오.

(1) $\begin{cases} y=2x-3 \\ 2x+3y=7 \end{cases}$

_____

(2) $\begin{cases} 2x-y=13 \\ x=2y+14 \end{cases}$

_____

(3) $\begin{cases} y=2x-1 \\ y=x-4 \end{cases}$

_____

(4) $\begin{cases} 2x-3y=-1 \\ 2x=-y+11 \end{cases}$

_____

(5) $\begin{cases} x+y=3 \\ 2x+3y=8 \end{cases}$

_____

(6) $\begin{cases} 4x+y=14 \\ 3x-2y=5 \end{cases}$

_____

27 다음 연립방정식을 가감법을 이용하여 푸시오.

(1) $\begin{cases} x+3y=14 \\ x+2y=10 \end{cases}$ _____

(2) $\begin{cases} 4x-3y=6 \\ x+3y=9 \end{cases}$ _____

(3) $\begin{cases} 3x+y=14 \\ x+2y=13 \end{cases}$ _____

(4) $\begin{cases} 5x+2y=1 \\ 3x-4y=11 \end{cases}$ _____

(5) $\begin{cases} 2x-3y=7 \\ 3x-2y=8 \end{cases}$ _____

(6) $\begin{cases} -5x-4y=6 \\ 2x+7y=3 \end{cases}$ _____

28 다음 연립방정식을 푸시오.

(1) $\begin{cases} 3(x-1)+4y=15 \\ x-2(y+3)=-10 \end{cases}$ _____

(2) $\begin{cases} 2(2x+y)+3x=8 \\ -3(x+3y)+10y=-9 \end{cases}$ _____

(3) $\begin{cases} -0.2x+0.3y=0.5 \\ 0.3x+0.1y=0.9 \end{cases}$ _____

(4) $\begin{cases} \dfrac{1}{2}x-\dfrac{1}{3}y=\dfrac{1}{6} \\ \dfrac{3}{10}x+\dfrac{1}{5}y=\dfrac{1}{2} \end{cases}$ _____

(5) $\begin{cases} \dfrac{1}{2}x+\dfrac{1}{3}y=\dfrac{2}{3} \\ -0.3x+0.5y=3.1 \end{cases}$ _____

(6) $\begin{cases} 0.2x+0.4(x+y)=-0.9 \\ \dfrac{2}{5}x+\dfrac{1}{3}y=-\dfrac{4}{5} \end{cases}$ _____

⑭ $A=B=C$ 꼴의 방정식 풀기

29 다음 방정식을 푸시오.

(1) $x+2y=-3x+4y=5$

_____

(2) $5x+3y=x+y+2=4y+6$

_____

(3) $4x+4y+6=-4x+3y=x+2y+7$

_____

30 다음 방정식을 푸시오.

(1) $\dfrac{x+2y}{3}=\dfrac{-x+3y}{4}=5$

_____

(2) $\dfrac{4x-y}{2}=\dfrac{x+2y}{5}=3$

_____

(3) $\dfrac{-x+2y}{2}=\dfrac{x+y}{4}=\dfrac{2x+3}{5}$

_____

⑮ 해가 특수한 연립방정식 풀기

31 다음 연립방정식을 푸시오.

(1) $\begin{cases} x-3y=4 \\ 3x-9y=6 \end{cases}$

_____

(2) $\begin{cases} 2x-y=4 \\ -6x+3y=-12 \end{cases}$

_____

(3) $\begin{cases} -x+5y=2 \\ 4x-20y=10 \end{cases}$

_____

(4) $\begin{cases} 4x+y=3 \\ 8x+2y=6 \end{cases}$

_____

(5) $\begin{cases} 5x+2y=-4 \\ -10x-4y=8 \end{cases}$

_____

(6) $\begin{cases} -7x-7y=-56 \\ x+y=-8 \end{cases}$

_____

32 이슬이가 1개에 1200원인 빵과 1개에 700원인 음료수를 합하여 9개를 사고 7800원을 지불했다. 빵과 음료수를 각각 몇 개씩 샀는지 구하시오.

빵: _____ , 음료수: _____

33 두 자리의 자연수가 있다. 각 자리의 숫자의 합은 12이고, 십의 자리의 숫자와 일의 자리의 숫자를 바꾼 수는 처음 수보다 36만큼 크다고 할 때, 처음 수를 구하시오.

_____

34 올해 지원이와 아버지의 나이의 합은 55세이고, 13년 후에는 아버지의 나이가 지원이의 나이의 2배가 된다고 한다. 올해 지원이와 아버지의 나이를 각각 구하시오.

지원: _____ , 아버지: _____

35 둘레의 길이가 26 cm인 직사각형이 있다. 이 직사각형의 가로의 길이가 세로의 길이보다 3 cm 더 길다고 할 때, 직사각형의 가로의 길이를 구하시오.

_____

36 예은이가 집에서 2 km 떨어진 학교까지 가는데 시속 3 km로 걷다가 도중에 시속 6 km로 뛰어갔더니 30분 만에 도착하였다. 이때 걸어간 거리와 뛰어간 거리를 각각 구하시오.

걸어간 거리: _____ ,
뛰어간 거리: _____

37 민정이는 야구 경기를 보기 위해 집에서 90 km 떨어진 경기장까지 가는데 처음에는 시속 60 km로 달리는 버스를 타고 가다가 도중에 버스에서 내려서 시속 4 km로 걸었더니 총 2시간 40분이 걸렸다. 이때 버스를 타고 간 거리를 구하시오.

_____

38 등산을 하는데 올라갈 때는 시속 2 km로 걷고, 내려올 때는 다른 길로 시속 3 km로 걸었더니 총 3시간이 걸렸다. 총 거리가 8 km일 때, 올라간 거리를 구하시오.

_____

39 현서가 등산을 하는데 올라갈 때는 시속 3 km로 걷고, 내려올 때는 올라갈 때보다 4 km 더 먼 길을 시속 4 km로 걸어서 모두 4시간 30분이 걸렸다. 이때 내려온 거리를 구하시오.

_____

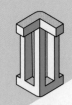

일차함수

▶ 정답과 해설 44쪽

Ⅲ·1 일차함수와 그 그래프

1 함수

1 다음 중 y가 x의 함수인 것은 ○표, 함수가 <u>아닌</u> 것은 ×표를 ( ) 안에 쓰시오.

(1) 자연수 x를 2배한 수 y (   )

(2) 자연수 x보다 3만큼 큰 수 y (   )

(3) 자연수 x보다 작은 소수 y (   )

2 다음 두 변수 x, y에 대하여 y를 x에 대한 식으로 나타내시오.

(1) 세발자전거 x대의 바퀴의 총개수는 y개이다.

_____

(2) 가로, 세로의 길이가 각각 $x$cm, $y$cm인 직사각형의 넓이가 $24\,\text{cm}^2$이다.

_____

(3) 시속 20 km로 달린 자동차가 x시간 동안 달린 거리는 $y$km이다.

_____

(4) 부피가 300 L인 수조에 1초당 xL씩 물을 받을 때, 물이 가득 차는 데 걸리는 시간은 y초이다.

_____

(5) 1시간에 40 Wh의 전력을 소비하는 전구를 x시간 사용할 때, 소비하는 전력량은 yWh이다.

_____

2 함숫값

3 함수 $f(x)=2x$에 대하여 다음을 구하시오.

(1) $x=1$일 때의 함숫값   _____

(2) $x=-4$에 대응하는 y의 값   _____

(3) $f\left(\dfrac{1}{2}\right)$의 값   _____

(4) $f(-3)+f(6)$의 값   _____

4 함수 $f(x)=-\dfrac{12}{x}$에 대하여 다음 함숫값을 구하시오.

(1) $f(1)$ _____

(2) $f(-4)$ _____

(3) $f(3)+f(6)$ _____

(4) $f(-2)-f(12)$ _____

5 함수 $f(x)=-x+3$에 대하여 다음 함숫값을 구하시오.

(1) $f(1)$ _____

(2) $f(0)$ _____

(3) $f(-1)$ _____

(4) $f(-2)+f(3)$ _____

6 다음 보기 중 일차함수인 것을 모두 고르시오.

> 보기
> ㄱ. $y = -\dfrac{1}{2}x + 3$ ㄴ. $y = x(1-x)$
> ㄷ. $-\dfrac{x}{2} + \dfrac{y}{5} = 2$ ㄹ. $y = \dfrac{3}{x} + 1$

_____

7 다음에서 y를 x에 대한 식으로 나타내고, 그 식이 일차함수인 것은 ○표, 일차함수가 <u>아닌</u> 것은 ×표를 ( ) 안에 쓰시오.

(1) 한 자루에 500원인 연필 x자루를 사고 3000원을 내었을 때 거스름돈 y원을 받았다.

➡ $y =$ _____   ( )

(2) 100개의 사탕을 하루에 2개씩 먹을 때, x일 동안 먹고 남은 사탕의 개수는 y개이다.

➡ $y =$ _____   ( )

(3) 밑변의 길이가 $x\,\text{cm}$, 높이가 $y\,\text{cm}$인 삼각형의 넓이는 $50\,\text{cm}^2$이다.

➡ $y =$ _____   ( )

8 주어진 일차함수의 그래프를 보고, □ 안에 알맞은 수를 쓰시오.

(1) 일차함수 $y = x - 4$의 그래프는 일차함수 $y = x$의 그래프를 y축의 방향으로 □ 만큼 평행이동한 것이다.

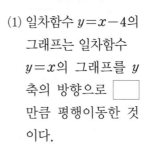
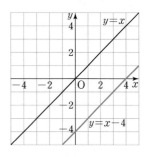

(2) 일차함수 $y = -\dfrac{1}{2}x + 2$의 그래프는 일차함수 $y = -\dfrac{1}{2}x$의 그래프를 y축의 방향으로 □만큼 평행이동한 것이다.

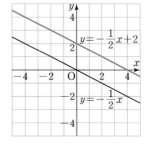

9 다음 일차함수의 그래프를 y축의 방향으로 [ ] 안의 수만큼 평행이동한 그래프가 나타내는 일차함수의 식을 구하시오.

(1) $y = -3x$ [3]   _____

(2) $y = 6x$ [-2]   _____

(3) $y = \dfrac{3}{2}x$ $\left[\dfrac{1}{2} \right]$ _____

(4) $y = -\dfrac{7}{4}x$ $\left[-\dfrac{3}{7} \right]$ _____

5 일차함수의 그래프의 x절편과 y절편

10 다음 일차함수의 그래프를 보고, x절편과 y절편을 각각 구하시오.

(1)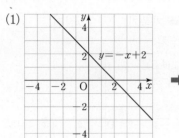

➡ x절편: ☐
  y절편: ☐

(2)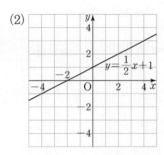

➡ x절편: ☐
  y절편: ☐

11 다음 일차함수의 그래프의 x절편과 y절편을 각각 구하시오.

(1) $y = x + 1$

➡ x절편: ☐, y절편: ☐

(2) $y = 4x - 16$

➡ x절편: ☐, y절편: ☐

(3) $y = -\dfrac{1}{3}x + 2$

➡ x절편: ☐, y절편: ☐

(4) $y = -\dfrac{3}{4}x - 3$

➡ x절편: ☐, y절편: ☐

6 일차함수의 그래프 그리기(1)

12 다음 일차함수의 그래프의 x절편과 y절편을 각각 구하고, 이를 이용하여 그래프를 그리시오.

(1) $y = x - 1$ ➡ x절편: ☐, y절편: ☐

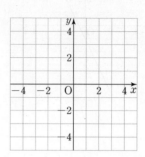

(2) $y = -2x + 4$ ➡ x절편: ☐, y절편: ☐
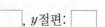
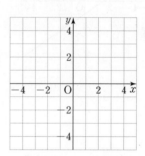

(3) $y = \dfrac{1}{2}x + 2$ ➡ x절편: ☐, y절편: ☐
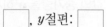
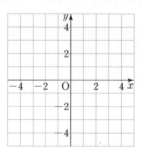

(4) $y = -\dfrac{1}{4}x - 1$ ➡ x절편: ☐, y절편: ☐
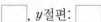
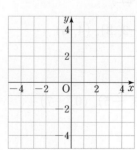

13 다음 일차함수의 그래프를 보고, 기울기를 구하시오.

(1)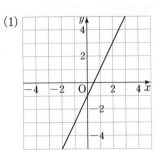

_____

(2)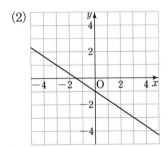

_____

14 다음 일차함수에서 x의 값의 증가량이 3일 때, y의 값의 증가량을 구하시오.

(1) $y=3x-2$ _____

(2) $y=\dfrac{1}{4}x+5$ _____

15 다음 두 점을 지나는 일차함수의 그래프의 기울기를 구하시오.

(1) $(-2,\ 3),\ (4,\ 6)$ _____

(2) $(3,\ -5),\ (0,\ -7)$ _____

16 다음 일차함수의 그래프의 기울기와 y절편을 각각 구하고, 이를 이용하여 그래프를 그리시오.

(1) $y=x+2$ ➡ 기울기: □ , y절편: □

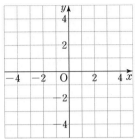

(2) $y=-3x-1$ ➡ 기울기: □ , y절편: □

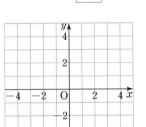

(3) $y=\dfrac{2}{3}x-2$ ➡ 기울기: □ , y절편: □

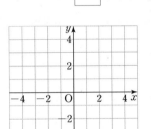

(4) $y=-\dfrac{1}{2}x+3$ ➡ 기울기: □ , y절편: □

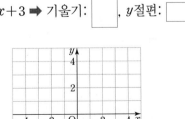

9 일차함수 $y=ax+b$의 그래프의 성질

17 다음을 만족시키는 직선을 그래프로 하는 일차함수 의 식을 보기에서 모두 고르시오.

> **보기**
> ㄱ. $y=\dfrac{3}{4}x$ ㄴ. $y=4x+9$
>
> ㄷ. $y=-2x-7$ ㄹ. $y=\dfrac{1}{2}x-\dfrac{1}{4}$
>
> ㅁ. $y=-\dfrac{2}{3}x+5$ ㅂ. $y=\dfrac{1}{4}(x-5)$

(1) x의 값이 증가할 때, y의 값도 증가하는 직선

_____

(2) 그래프가 오른쪽 아래로 향하는 직선

_____

(3) y축과 음의 부분에서 만나는 직선

_____

18 일차함수 $y=ax+b$의 그래프가 다음과 같을 때, 상 수 a, b의 부호를 말하시오.

(1)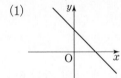

(2)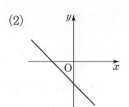

_____

(3)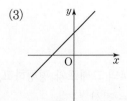

(4)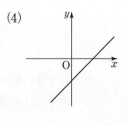

_____

10 일차함수의 그래프의 평행과 일치

19 다음 두 일차함수의 그래프가 서로 평행할 때, 상수 a 의 값을 구하시오.

(1) $y=4x+1$, $y=ax+4$

_____

(2) $y=ax-3$, $y=-7x+2$

_____

(3) $y=\dfrac{2}{5}x-5$, $y=-ax+3$

_____

20 다음 두 일차함수의 그래프가 일치할 때, 상수 a, b의 값을 각각 구하시오.

(1) $y=3x+\dfrac{1}{2}$, $y=ax+b$

_____

(2) $y=ax+1$, $y=-\dfrac{5}{6}x-b$

_____

(3) $y=-2ax+6$, $y=-10x+3b$

_____

21 다음과 같은 직선을 그래프로 하는 일차함수의 식을 구하시오.

(1) 기울기가 2이고, y절편이 -3인 직선

———————

(2) 기울기가 $-\dfrac{4}{5}$이고, y절편이 7인 직선

———————

(3) 기울기가 -3이고, 점 $(0, -1)$을 지나는 직선

———————

(4) x의 값이 2만큼 증가할 때 y의 값이 6만큼 증가하고, y절편이 -2인 직선

———————

(5) x의 값이 2만큼 증가할 때 y의 값이 8만큼 감소하고, y절편이 9인 직선

———————

(6) 일차함수 $y=\dfrac{3}{2}x+3$의 그래프와 평행하고, 점 $(0, 4)$를 지나는 직선

———————

22 다음과 같은 직선을 그래프로 하는 일차함수의 식을 구하시오.

(1) 기울기가 -6이고, 점 $(-2, 8)$을 지나는 직선

———————

(2) 기울기가 $\dfrac{1}{3}$이고, 점 $(-3, -5)$를 지나는 직선

———————

(3) 기울기가 -2이고, x절편이 12인 직선

———————

(4) x의 값이 4만큼 증가할 때 y의 값이 2만큼 증가하고, 점 $(1, -6)$을 지나는 직선

———————

(5) x의 값이 2만큼 증가할 때, y의 값이 6만큼 감소하고, 점 $(6, 5)$를 지나는 직선

———————

(6) 일차함수 $y=\dfrac{2}{3}x-4$의 그래프와 평행하고, 점 $(-9, 4)$를 지나는 직선

———————

⑬ 일차함수의 식 구하기(3)

23 다음 주어진 두 점을 지나는 직선을 그래프로 하는 일차함수의 식을 구하시오.

(1) $(1, 2)$, $(2, 0)$ _____

(2) $(-10, 6)$, $(2, 3)$ _____

(3) $(-3, -1)$, $(-4, 8)$ _____

24 다음 그림과 같은 직선을 그래프로 하는 일차함수의 식을 구하시오.

(1)
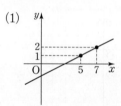
_____

(2)
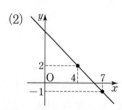
_____

(3)
_____

⑭ 일차함수의 식 구하기(4)

25 다음과 같은 직선을 그래프로 하는 일차함수의 식을 구하시오.

(1) x절편이 -4이고, y절편이 3인 직선
_____

(2) x절편이 8이고, y절편이 -2인 직선
_____

(3) 일차함수 $y = \dfrac{3}{4}x + 9$의 그래프와 y축 위에서 만나고, x절편이 -3인 직선
_____

26 다음 그림과 같은 직선을 그래프로 하는 일차함수의 식을 구하시오.

(1)
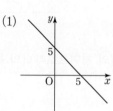
_____

(2)
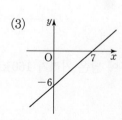
_____

(3)
_____

27 길이가 60 cm인 초에 불을 붙이면 5분마다 4 cm씩 일정하게 초가 짧아진다고 할 때, 다음 물음에 답하시오.

(1) 불을 붙인 지 x분 후에 남아 있는 초의 길이를 y cm라고 할 때, x와 y 사이의 관계식을 구하시오.

_____

(2) 불을 붙인 지 40분 후에 남아 있는 초의 길이는 몇 cm인지 구하시오.

_____

28 지면으로부터 높이가 100 m씩 높아질 때마다 기온은 0.6 °C씩 일정하게 내려간다고 한다. 현재 지면의 기온이 22 °C일 때, 다음 물음에 답하시오.

(1) 지면으로부터의 높이가 x km인 지점의 기온을 y °C라고 할 때, x와 y 사이의 관계식을 구하시오.

_____

(2) 기온이 -8 °C인 지점의 지면으로부터의 높이는 몇 km인지 구하시오.

_____

29 민정이가 집에서 400 km 떨어진 가람이네 집을 향해 자동차를 타고 시속 80 km로 갈 때, 다음 물음에 답하시오.

(1) x시간 후에 가람이네 집까지 남은 거리를 y km 라고 할 때, x와 y 사이의 관계식을 구하시오.

_____

(2) 출발한 지 몇 시간 후에 남은 거리가 160 km가 되는지 구하시오.

_____

16 미지수가 2개인 일차방정식의 그래프

30 다음 조건을 만족시키는 일차방정식 $x-y=4$의 그래프를 좌표평면 위에 그리시오.

(1) x의 값이 $-2, -1, 0, 1, 2$일 때

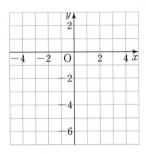

(2) x, y의 값의 범위가 수 전체일 때

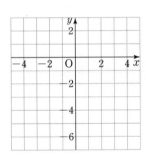

31 x, y의 값의 범위가 수 전체일 때, 일차방정식 $x+2y+2=0$의 그래프를 좌표평면 위에 그리시오.

17 일차방정식의 그래프와 일차함수의 그래프

32 다음 일차방정식을 $y=ax+b$의 꼴로 나타내고, 그 그래프를 좌표평면 위에 그리시오. (단, a, b는 상수)

(1) $6x-3y-9=0$ _____

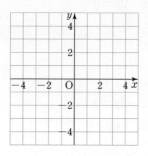

(2) $-3x-3y+6=0$ _____

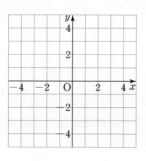

(3) $5x+10y+15=0$ _____

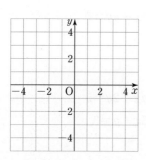

18 일차방정식 $x=m$, $y=n$의 그래프

33 다음 그래프가 나타내는 직선의 방정식을 구하시오.

(1)

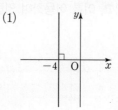

_____

(2)

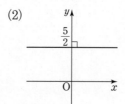

_____

34 다음 조건을 만족시키는 직선의 방정식을 구하시오.

(1) 점 $(-1, -6)$을 지나고, x축에 평행한 직선

_____

(2) 점 $(4, -7)$을 지나고, y축에 평행한 직선

_____

(3) 점 $(3, 5)$를 지나고, x축에 수직인 직선

_____

(4) 점 $(-2, 6)$을 지나고, y축에 수직인 직선

_____

🔵19 연립방정식의 해와 그래프

35 다음 연립방정식에서 두 일차방정식의 그래프를 각각 좌표평면 위에 나타내고, 이를 이용하여 연립방정식의 해를 구하시오.

(1) $\begin{cases} 3x-y=2 \\ x+y=6 \end{cases}$

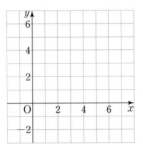

해: _____

(2) $\begin{cases} x+y=4 \\ x-2y=-5 \end{cases}$

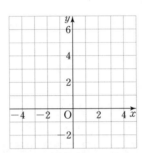

해: _____

(3) $\begin{cases} 2x+3y=6 \\ 3x+2y=4 \end{cases}$

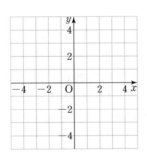

해: _____

(4) $\begin{cases} 2x+y=3 \\ x-2y=4 \end{cases}$

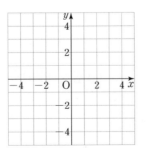

해: _____

🔵20 연립방정식의 해의 개수와 두 그래프의 위치 관계

36 다음 연립방정식의 해가 무수히 많을 때, 상수 a, b의 값을 각각 구하시오.

(1) $\begin{cases} 2ax-y=2 \\ x-2y=b \end{cases}$

_____

(2) $\begin{cases} x+ay=3 \\ 2x+6y=b \end{cases}$

_____

(3) $\begin{cases} 3x+ay=5 \\ -6x+4y=b \end{cases}$

_____

37 다음 연립방정식의 해가 없을 때, 상수 a의 값을 구하시오.

(1) $\begin{cases} 2x-3y=3 \\ ax+y=2 \end{cases}$

_____

(2) $\begin{cases} 3x+2y=-4 \\ ax-4y=7 \end{cases}$

_____

(3) $\begin{cases} ax+2y=5 \\ 3x+y=3 \end{cases}$

_____